ハヤカワ文庫 NF
〈NF432〉

〈数理を愉しむ〉シリーズ

ファインマンさんの流儀

量子世界を生きた天才物理学者

ローレンス・M・クラウス
吉田三知世訳

早川書房
7566

QUANTUM MAN

Richard Feynman's Life in Science

by

Lawrence M. Krauss

Translated by
Michiyo Yoshida
Published 2015 in Japan by
HAYAKAWA PUBLISHING, INC.
This book is published in Japan by
arrangement with
ATLAS & CO. / W. W. NORTON & COMPANY, INC.
through JAPAN UNI AGENCY, INC., TOKYO.

体面よりも真実を優先しなければならない。自然をごまかすことなどできないのだから。

――リチャード・P・ファインマン、一九一八‐一九八八年

目次

ファインマンさんの流儀

量子世界を生きた天才物理学者

はじめに

物理学はすばらしい学問だ。とてもたくさんのことを知ったうえで、それをごく少数の方程式にまとめるので、結局われわれはあまり多くを知らないとも言える。

　　　　　　　　　　――リチャード・ファインマン、一九四七年

子どものころの記憶となると、自分が勝手に想像したことと事実の区別が難しいことも多いが、わたしは、はっきりと覚えていることが一つある。それは、将来物理学者になるのは、ひょっとしたらほんとうにとても面白いかもしれないと初めて思ったときのことだ。子どものころのわたしは、科学に夢中だった。だが、わたしが教わっていたのは、優に半世紀は昔の科学で、ほとんど歴史と呼べそうなしろものだった。自然の謎はまだすべて解き明かされてはいないということをわたしが心に刻むようになるのは、まだ先のことだった。

じつはそういうことだったのだとわたしが察したのは、高校の理科の夏期講座に出席して

いたときのことだ。もしかしたら、わたしは退屈そうな顔をしていたのかもしれない。予定の授業を終えたあと、先生はわたしに、リチャード・ファインマンの『物理法則はいかにして発見されたか』という本を手渡し、過去と未来の違いについて書いてある章を読んでごらんと薦めてくださったのだ。こうしてわたしは生まれて初めて、エントロピーや無秩序という概念に触れ、多くの先人たち――このテーマに科学者人生のほとんどを捧げたあげく自殺を遂げた偉大な二人の物理学者、ルートヴィッヒ・ボルツマンやパウル・エーレンフェストも含めて――と同じように、当惑し、苛立ちを覚えた。地球と月のような二つの物体しか含まない単純な問題だけを考えていた状況から進んで、わたしが今これをタイプしている部屋のなかにある気体分子のような、夥《おびただ》しい数の物体を含む系を考えなければならなくなると、世界は微妙に、しかし大きく、変化してしまう――あまりに微妙かつ大きな変化で、当時のわたしには十分理解できなかったのは間違いない。

さて、次の日、先生はわたしに、反物質というもののことを聞いたことがあるかと尋ねた。そして、昨日の本を書いたのと同じファインマンが、反粒子は時間を逆向きに進む粒子だと解釈できることを説明した業績で最近ノーベル賞を取ったのだと話してくれた。そう聞いて、詳しいことはまったくわからなかったが（今振り返ってみると、先生もまったくわかっていなかったのだと思う）、すこぶる興味をかきたてられた。そして、こんな発見が、自分が生きている今の今なされていると知って、研究すべきことがまだまだたくさん残っているのだと感じた（じつのところ、わたしが至ったこの結論は正しかったが、そこへと導いてくれた情報は間違っていた。ファインマンがノーベル賞を受賞した研究の論文を発表したのは、わたしが生まれる一〇年近く前のことで、そこから派生した、反粒子は時間を逆向きに進む粒子だと考えることができるという考え方は、ファインマンが最初に主張したものですらなかった。悲しいかな、新しい物理概念が高校の教師や教科書にまで浸透してくるには、二五年から三〇年ほどかかるのが普通で、しかも、あまり正しくないかたちになっていることが多い）。

その後物理学を学び始めたわたしにとって、ファインマンはヒーローとなり、伝説となった。われわれ世代の物理の学生全員にとってそうだったように。大学に入ると、野心に燃える若き物理学徒の例に漏れず、わたしも彼のテキスト、『ファインマン物理学』を買ったが、実際にそれが使われている講座を取ったことはなかった。しかし、ファインマンのテキストが対象としている物理の入門課程が終わったあとも、わたしは折に触れてこのテキストに立ち帰った――この点も、わたしの同輩のほとんどがそうだった。彼が実際に行なった講義に基づいて書かれた何冊ものテキストを読むなかで、わたしは、自分が高校の夏休みに経験したことが、奇妙なことに、ファインマン自身の高校時代の特別な経験とよく似ていることを知った。これについてはあとで詳しく説明しよう。さしあたっては、わたしの経験も、彼の場合と同じぐらい大きな意義のある結果をもたらしていたならどんなによかったか、とだけ言っておこう。

高校の理科の先生がわたしに教えようとしていたことが物理学の世界にどれほど重要な意味を持っていたかがおぼろげながらわかってきたのは、大学院に進んでからのことだったと思うが、あの夏の日の朝生まれた、素粒子の世界、そして、それについて本を書いた、このファインマンという面白い男の世界に対する興味は初めからずっと、ほとんど薄れることなく続いている。これを書きながらふと思い出したのだが、わたしは自分の卒論のテーマに経路積分を選んだのだった。ファインマンが考案した手法である。

ちょっとした運命のめぐり合わせで、わたしはまだ学部学生だった当時に、リチャード・ファインマンと知り合う機会に恵まれた。そのころわたしは、〈カナダ学部学生・物理学協会〉という組織の一員だった。この組織の目的はただ一つ、全国的な集会を開いて、その会期のあいだに著名な物理学者たちに講演してもらい、一方学生たちは夏季研究課題の成果を発表するということだった。確か一九七四年のことだったと思うが、ファインマンは、この組織のとても魅力的な会長に説得されて（あるいは、その魅力に屈して、ということだったかもしれないが、わたしにはわからないし、推測で語るようなことでもなかろう）、バンクーバーで開かれたその年の集会で基調講演を行なった。このときわたしは、彼の講演のあとで質問をするという大胆な行動に出、カナダの全国誌の記者がその機を捉えて写真に収めた。だが、それより大きかったのは、わたしがガールフレンドを連れてきていたのがきっかけで、事が事を招いて、結局ファインマンはその週末のほとんどをわたしたち二人と一緒に、近くのバーをあちこち回って過ごしたことだった。

その後、大学院生としてマサチューセッツ工科大学（MIT）で過ごすあいだに、わたしはファインマンの講演を何度か聴いた。さらにその数年後、博士号を取ってハーバードに移ったあと、カリフォルニア工科大学（カルテック）でセミナーをやったときに聴衆のなかにファインマンがいるのに気付いて、少々あわてたことがある。彼は礼儀正しい態度で一つ二つ質問をし、さらにセミナーのあと、議論の続きをしようとわたしのところにやってきた。バンクーバーで一緒に過ごしたことは覚えていなかっただろうと思うが、そのことを確かめられなかったのがいまだに残念だ。というのも、ファインマンがわたしに話しかけようと待ってくれていたのに、しつこくてちょっと厄介者の助教授にこちらがつかまっているあいだに、とうとうファインマンはよそへ行ってしまったのだ。数年後ファインマンは亡くなり、わたしは二度と彼に会うことはなかった。

リチャード・ファインマンは、一般市民が初めて彼のことを知るようになるはるか以前から、ある世代の物理学者たちにとっては伝説的人物だった。ノーベル賞を受賞したことで、世界中の新聞の一面トップに彼の記事が載ったのは確かかもしれないが、その翌日の新聞にはもう別の見出しが躍っていたわけで、人や物の人気というものは、普通はそれが載った新聞紙面そのものと同じぐらいの寿命しかない。つまり一般市民にファインマンがよく知られるようになったのは、彼が行なった科学上の発見のせいではなく、彼が個人的な回想を記した一連の本から始まったことなのだ。語り手としてのファインマンは、物理学者ファインマンとまったく同様に独創的で魅力的であった。彼と個人的に接することになった者は誰も、彼が持つ豊かなカリスマ性にすぐさま打たれずには済まなかった。彼の射抜くような目、いたずらっぽい笑顔、そして、ニューヨーク訛《なまり》が相俟《あいま》って、「科学者とはこういうタイプ」という固定観念とは正反対の人物像をかたちづくり、さらに、ラテン音楽に欠かせない打楽器ボンゴや、ストリップ・バーにファインマンが夢中になっていたことも、彼の神秘性を深めるばかりだった。

しかし、ありがちなことではあるが、ファインマンを有名にした最大の要因は、偶然がもたらしたもので、しかもこの場合、その偶然とはある悲劇的な事故であった。スペースシャトル・チャレンジャーが、初の民間人宇宙飛行士を乗せて打ち上げられた直後、爆発した。その民間人飛行士は公立高校の教師で、宇宙から授業を行なう予定だった。その後調査が行なわれるなか、ファインマンはＮＡＳＡの調査委員会への参加を求められ、彼としては異例のことに（彼は、委員会にしろ何にしろ、研究から遠ざからねばならないようなことはすべて避けるのが常だった）、引き受けた。

ファインマンはこの仕事にいかにも彼らしい、しかし奇をてらったところのなに一つないやり方で取り組んだ。報告書の精査もしなければ、今後の再発防止のための役人たちの提言も無視して、ファインマンはＮＡＳＡの技術者や科学者と直接話をした。そして、テレビ中継された公聴会で、彼が小さなゴムのＯ《オー》リングをコップに入った氷水に浸ける実験を行ない、チャレンジャーの継ぎ目を塞ぐために使われたＯリングが、あの不運な打ち上げの日のような低温のもとでは用をなさなくなることを示した場面は、多くの人が知るところとなった。

その日以来、彼の回想録、書簡集、「失われた講義」のオーディオテープなどが次々と発売され、そして彼が亡くなると、その名声はますます高まっていった。ジェームズ・グリックの『ファインマンさんの愉快な人生』をはじめ、一般読者向けのファインマンの伝記も何冊も出版された。

人間ファインマンは、今後も魅力的であり続けるだろうが、彼の科学上の業績を通して、ファインマンの人物像を映し出すような、短くて読みやすい本を書いてもらえないかと声をかけられたとき、わたしは一も二もなく引き受けた。その仕事のためには、彼が書いたすべての論文に改めて目を通すことになろうと思うと、がぜんやる気が出てきたのだ（ほとんどの人はご存知ないと思うが、科学者が自分の専門分野の、ある概念や理論が提唱された最初の論文を参照することはめったになく、一世代以上前に発表されたものについては、特にそうだ。科学の概念や理論は、徐々に不要な部分が取り除かれて洗練されていくものであり、物理学上のある概念や理論の現在のかたちが、発表当時とは似ても似つかぬものになってしまっていることも珍しくない）。だが、それより重要だったのは、ファインマンの物理学は、二〇世紀後半に起こった物理学の重要な展開の縮図となっており、さらに、彼が解決しきれなかった謎の多くが、今日《こんにち》なお未解決のままだという事実に、わたしが思い至ったことだった。

この「はじめに」に続く本文のなかでわたしは、ファインマンの研究の、物理としての内容と、その精神の両方を、ファインマン本人も納得するように、正当に扱うように努力した。そのためか本書は何よりもまず、われわれの自然についての理解が、現在の水準にまで至るのにファインマンがどんな貢献を行なったかを、科学者ファインマンの伝記として示すものとなった。超一流の科学者ですら、科学の難問を解決して新たな理解に到達しようと必死に努力するなかで引き寄せられて迷い込む――ファインマンも例外ではなかった――、込み入った袋小路や思い違いには、本書ではほとんど触れていない。これらの「勘違い」を、物理の発展の本筋とは無関係なものとしてスキップできたとしてもなお、専門家でない人が、物理学者たちが自然界について今どこまで理解しているか、正しい全体像を得るのは容易ではない。これらの「勘違い」のなかには、とても「エレガント」で、それをおかしてしまった科学者の頭脳のすばらしさを物語るものもあるが、最終的に重要なのは、時の試練に耐え、実験による検証で確認された考え方だけなのである。

そのようなわけでわたしは謙虚に、科学者ファインマンの遺産が二〇世紀物理学の革命的な諸発見に及ぼした影響と、これから二一世紀の謎が解明されるうえでそれがどのような刺激を与えるだろうかという点を際立たせることを本書の目標としたい。もしもわたしにできるとしてだが、物理学者ではない方々にわたしがはっきりお伝えしたい真実は、現在地球上にいる物理学者のほぼ全員にとって、ファインマンが伝説的なヒーローとなっているのはなぜか、その理由である。それができたなら、読者の皆さんが近代物理学の核心にあるものを理解し、また、わたしたちの世界観を変えるうえでファインマンが演じた役割を知る手助けをしたことになるだろう。わたしにとっては、それこそが、リチャード・ファインマンという天才についてできる最良の証言である。

第1部　偉大さへの道

物事はどのようにして理解されるかということ、理解できないことは何かということ、物事はどの程度まで理解できるかということ（完全に理解できることなどないのだから）、疑いや不確かさにどう対処するかということ、証拠たるものが従っているはずのルール、判断できるように物事を考えるにはどうすればいいかということ、いんちきや人目を引くためだけの派手な演出と真実を区別する方法を教えること。それが科学だ。

――リチャード・ファインマン

第1章 光《ライト》、カメラ、作用《アクション》

ある事柄が、いくつかの異なる方法で完全に説明できるのだが、それらの方法で同じ一つのことを説明しているのだとそのときすぐには気付かないとき、おそらくその事柄は単純なのでしょう。

——リチャード・ファインマン

双葉より芳《かんば》し——比類なき集中力とショーマンシップ

リチャード・ファインマンが、まだ小さい子どものころから、この子は二〇世紀後半の、おそらく最も偉大で、そして、ほぼ間違いなく最も人気の高い物理学者になるだろうと思われていた、ということはありえただろうか？ そんな兆しはいろいろとあったとしても、そういうふうにみなされていたかどうかはよくわからない。彼が聡明だったことは間違いない。父親は子育て熱心で、彼に難しいパズルをいろいろと出題し、向学心を植え付け、彼が持って生まれた好奇心を伸ばし、彼の精神に与えられるものはすべて与えた。こうして彼は、化学実験セットを所有し、ラジオに興味を持つ少年となった。

だがこういったことは、当時の賢い子どもたちにはごく普通だった。リチャード・ファインマンは、第一次世界大戦後ロングアイランドで育ったユダヤ人の聡明な子どもの典型として、基本的な特徴をほぼすべて備えていたように思われる。彼が将来歴史のなかでどのような位置を占めるかを決めたのは、何はともあれ、まずはこの単純な事実だったのだろう。際立って聡明だったのは確かだが、人間存在の最も深遠な領域を探求するときでさえも、彼は常に地に足をしっかり着けていた。尊大さを軽蔑する姿勢は、そのようなものにじかに接することなどまったくなかった幼年時代に培《つちか》われ、権威への軽蔑は、彼の独立心を育てた父親から受け継いだのみならず、普通の子どもではありえないほどに、自分自身の情熱に従って振舞い、自分のせいで失敗することを許され、思う存分子どもでいられた、特別に自由な少年時代に身についたものだ。

彼の未来の姿を予告する最初の兆しとして、彼が一つの問題に文字通り倦《う》むことなく、何時間も続けて集中することができ、ほんとうにいつまでもやっているので、とうとう両親が心配しだすほどだったといったエピソードが挙げられよう。十代のころ、彼はラジオに対する興味を実益に結びつけた。ちょっとしたラジオ修理業とでも呼べそうなことを始めたのだ。だが、普通の修理工とは違い、ファインマンは、ただいじくり回すだけでなく、頭を使ってじっくり考えて、一台一台のラジオの問題を解決するのを大いに楽しんだのだった。

やがて、全エネルギーを一つの問題に集中するこの驚異的な能力が、生まれ持ったショーマンとしての才能――つまり、見ている人たちをぐいぐい引き付けるようなことを思いついて実行する才能――と結び付く。たとえば、少年ラジオ修理工ファインマンのエピソードで最も有名なものでは、問題のラジオの持ち主の立会いのもと、スイッチを入れるたびに甲高い不快な音を立てるラジオの前を、ファインマンは何が原因なのかと深く考え込みながら行ったり来たりした。やがて少年ファインマンが、ラジオの真空管を二本はずし、位置を入れ替えて取り付けると、問題はあっさりと解決した。思うにファインマンは、直ったときに持ち主が受ける印象をより劇的にするためだけに、必要以上に長いあいだ、考え込んでいるふりをしていたに違いない。

後年、これとよく似たエピソードが再び語り草になる。こちらは、人の主張を鵜呑みにしないことを常とするファインマンが、霧箱――素粒子が通過すると、目で見ることのできる軌跡が残る装置――で撮影された奇妙な写真を検討してくれと頼まれたときの話だ。しばらく考えたあと、写真のある特定の場所に鉛筆の先をあて、ここにボルトが一本あるはずだと言った。素粒子がその位置で異常な衝突を起こし、誤解を招くような軌跡を残したというわけだ。言うまでもないが、新発見だと騒いでいた実験担当者たちが改めて霧箱を調べると、ファインマンが言ったとおりの場所にボルトが一本見つかったのだった。

彼のショーマンシップは、さまざまなファインマン伝説を生み出すには役立ったが、研究にはさしたる意味はなかった。やはりのちに現れてくる、女性にすぐ惹きつけられてしまうという彼の質《たち》も、また同じだ。際立った集中力と、一つの問題にほとんど超人的なエネルギーを振り向けられる能力のコンビネーションこそ、彼の研究に重要だった。だが、この二つの性質を補って、彼の偉大さを最終的に確実にした、本質的な要素がある。それは、並ぶものなどほとんどない、数学の才能にほかならない。

ファインマンが数学の天才だということは、彼が高校に入るまでに明らかになりつつあった。まだ高校二年生のうちに、三角法、応用代数学、無限級数、解析幾何学、そして微分積分法を独学で習得してしまった。そして、独学していくなかで、ファインマンを他から際立たせるもう一つの特徴が徐々に確立されていった。それは、すべての知識を自分自身の方法で表現しなおさずにはおれない、ということで、その際、ほかの人とは違う彼独自の理解がはっきりかたちに表れるように、新しい言葉や新しい形式を作り出すことも珍しくなかった。「必要が発明の母」だった場合もある。一五歳だった一九三三年、複雑な数学の手順書をタイプで打つ際に、数学操作が正しく表記できるようにと、彼は「タイプライター記号」を考案した。というのも、彼のタイプライターには、そのような操作を表すキーがなかったからだ。このとき、それと同時に、自分が作り上げた積分表を使いやすいかたちに表示するために、新しい表記法も編み出したのである。

数学ではなく物理を選んだわけ

ファインマンは、数学を学ぼうという志《こころざし》を抱いてＭＩＴに入ったのだが、それは見当外れだった。彼は数学が大好きだったが、数学で何が「できる」のかを知りたいという思いをずっと抱えてきた。だが、数学科の学科長にこの問いを投げかけると、まったく毛色の違う二つの答えが返ってきた。一つは、数学でできるのは「保険の見積もり」。そしてもう一つは、「そんなことを尋ねなければならないとすれば、数学に君のための場所はない」、だった。どちらの答えにも納得できなかったファインマンは、自分は数学には向いていないと判断し、電気工学に転向した。この転向は、あまりに極端だという感じがして興味深い。数学というものがこれといった目的を持たないとすれば、工学は逆に極めて実際的だ。しかし、イギリスの童話『3びきのくま』のゴルディロックス嬢が味見したスープのように、ファインマンにとって「ちょうどいい」学問が物理学だった。そして一年生としての一年が終わるまでに、彼は物理学専攻になっていた。

専攻をこのように選択したのは、もちろんインスピレーションに導かれてのことだった。ファインマンの生まれ持った才能が、彼をして物理学で抜きん出させたのだ。だが、彼はもう一つ別の才能も持っており、おそらくこちらの才能のほうが一層重要だったのだろう。ただし、こちらの才能が生まれ付きのものだったのかどうか、わたしにはよくわからない。その才能とは、直感である。

物理学の直感はひじょうに興味深い能力だが、なかなかつかみどころがない。ある物理学の問題を解決するのに、どのような角度から取り組めば最大の成果が得られるかなど、どうすればわかるというのだろう？　ある種の直感が生まれたあとで獲得されるのは間違いない。

だからこそ物理学専攻の学生たちは、数々の問題を解かねばならないのだ。こうして彼らは、どの取り組み方はうまくいき、どの取り組み方はうまくいかないかを徐々に学び、そのなかで、自分が使える方法を増やしていく。だがその一方で、教えることは不可能な物理学の直感も確かにある。それは、特定の時代と場に共鳴して感得されるような類《たぐい》のものだ。アインシュタインにはそのような直感があり、それは二〇年以上にわたって、特殊相対性理論という画期的な研究から、一般相対性理論という最高の業績に至るまで、彼によい結果をもたらし続けた。しかし、アインシュタインが量子力学という二〇世紀物理学の中心から徐々に離れていくにつれて、直感はもはや彼を助けなくなっていったのだった。

ファインマンの直感は、これとは違った意味で独特だった。アインシュタインが自然に関するまったく新しい理論を構築したのに対して、ファインマンは既存の理論を、まったく新しい、しかもたいていい、より実り豊かな方向から探った。ファインマンにとって、物理学の概念や理論をほんとうに理解するためには、その概念や理論を自分自身の言葉を使って導き出す以外なかった。しかし、彼の用語法自体、たいていは独自に編み出されたものだったので、最終的な産物が、「一般通念」とされている知恵が生み出したものとは似ても似つかないことも珍しくなかった。このあと本書で見るように、ファインマンは彼独自の知恵を生み出したのだ。

だが、ファインマンの直感にしてもやはり、たゆまぬ努力の末、苦労して身につけられたものであることには変わりない。系統立った方法で徹底的に問題点を検討する彼の姿勢は、高校時代にすでにはっきりと見られた。彼は進捗状況をノートに記録し、自分で独自に計算した正弦《サイン》や余弦《コサイン》の数値を表にし、のちには、『実際的な人間のための微積分』と題した微積分用ノートブックも作成した――これにもやはり、独力で計算した総合的な積分表が含まれていた。やがて彼は、問題を解く新たな方法を提案したり、あるいは、複雑な問題の核心を即座につかんだりして、人々を驚かせるようになる。そんなことができたのは、多くの場合、自然を理解しようと努力しながらつけた何千ページものノートのなかで、同じ問題をすでに考えたことがあり、しかも一つではなく、いくつもの異なる方法で解こうと試みた経験があったからであった。一つの問題をあらゆる観点から調べ、あらゆる可能性を漏れなく検討し尽くすまで、気をゆるめることなく体系的かつ包括的に思考し続けようというこの意欲こそ、彼を他から際立たせたものである。そしてその意欲は、彼の深い知性と、倦むことなく集中し続けられるという能力との賜物《たまもの》であった。

今、「意欲」という言葉を使ったが、これは適切ではなかったかもしれない。そうせぬわけにはいかぬ「必要」と言うほうが正しいだろう。ファインマンは、直面した問題はどれも、ゼロから始めて、自分自身の方法で、しかもたいていは何通りもの異なるやり方で解決することによって、完全に理解せずにはおれなかったのである。のちには、この同じ理念を学生たちにも身につけさせようとした。そんな学生の一人が回想してこんなふうに語っている。「ファインマンは独創性を強調していました――それは、彼にとっては、ゼロから始めて自分で問題を解決するということでした。彼はわたしたち一人ひとりに、自分自身のアイデアの世界を創れと言っていました。そうすることで、わたしたちが生み出すもの——それがたとえ授業で出された課題の答えに過ぎないとしても——が、個々人の個性を反映するようにしなさいと強く勧めました。彼の研究からは必ず、彼以外にありえない独特の雰囲気が感じられたものですが、そんなふうに、ということだったのですね」。

ファインマンの少年時代からはっきり現れていたのは、長いあいだ集中できる能力だけではなかった。自分の思考をコントロールして、体系的に考える能力も、早くから目立っていた。わたし自身、子どものころ化学実験セットを持っていたが、たいていは、なんでもかんでもでたらめに混ぜ合わせて、何が起こるか様子を見ていただけだった。だがファインマンがのちに主張していたところによると、彼は「科学に関係のあることで、でたらめに『遊んだ』ことはなかった」そうだ。科学の「遊び」はいつも、何が起こっているかに常に注意を払いながら、ちゃんとコントロールしている状態でやっていたという。これについてもやはり、彼が死んだあと、残された膨大な量のノートから、彼が何かを試みるたびにそれを仔細に記録していたことがわかった。一時《いっとき》、未来の妻との家庭生活まで科学に沿ったものとして構築しようと真剣に考えていたこともあったが、さすがにこれは、そんな考えは救いようのないほど非現実的だと友人に言われてあきらめた。こういう純朴さはやがてなくなってじつに現実的になり、かなりのちのことだが、ある学生に、「物理学だけで人格を完成させることはできないよ。それ以外の生活の側面もちゃんと考慮しないとだめだ」と助言している。ファインマンはどんなときでも遊んだり悪ふざけをしたりするのが大好きだったが、こと科学に関しては、少年時代に始まり生涯をとおして、自分でそれが必要だと思えば、どこまでも真剣になった。

物理学を専攻すると実際に決めたのこそ大学初年度の終わりだったが、高校時代すでに、運命を告げる徴《しるし》は現れていた。振り返ってみると、「決定的瞬間」だったのだろうと思われるような出来事が起こっていたのだ。高校のベイダー先生が、観察可能な世界に隠された謎のなかでも最も捉えがたく不思議なもの、すなわちファインマンが生まれる三〇〇年前に、頭脳明晰だが孤独を好む、弁護士から転身した数学者、ピエール・ド・フェルマーが行なった発見に端を発して、それを巡って展開したある一つの競争を、ファインマンに紹介したのである。

フェルマーの「最短時間」原理

ファインマンと少し似ているが、フェルマーも、彼が挙げた最も実のある成果とは無関係なことで、後年――彼の場合、死後になって――広く知られるようになる。一六三七年フェルマーは、所有していた『算術』という本――有名な古代ギリシアの数学者、ディオファントスの名著だ――の余白に、ある注目すべき事実について、その単純な証明を発見したという走り書きを書き込んだ。その事実とは、$x^n+y^n=z^n$ という式は、$n\geq3$ のときには整数解を持たない（$n=2$ のとき、この式は直角三角形の辺の長さについて述べた、馴染み深いピタゴラスの定理となる）というものだ。フェルマーがほんとうにそんな証明を思いついたのか

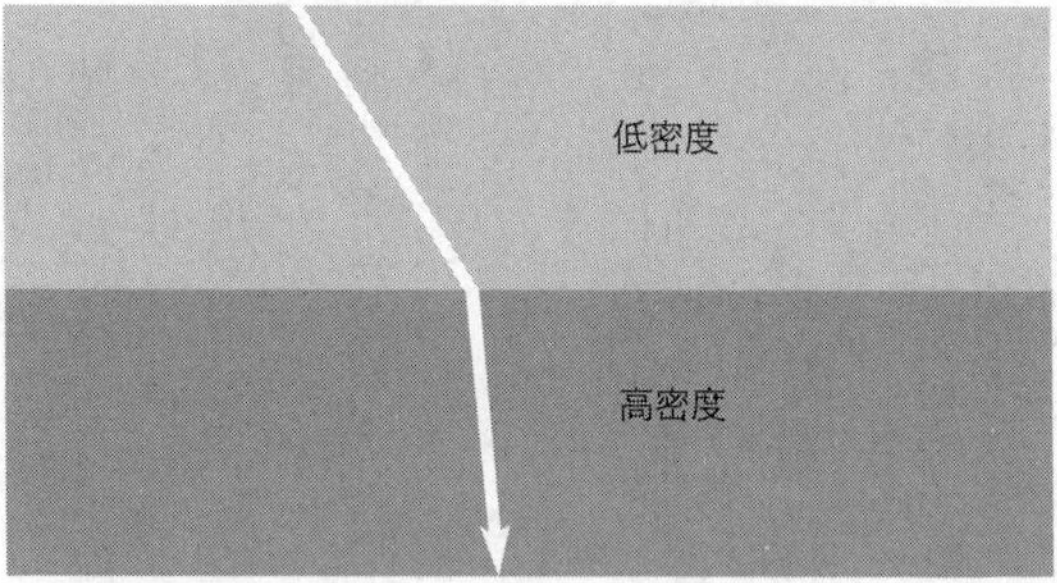

スネルの法則

どうかは疑わしい。なにしろ、三五〇年後にその証明が完成するには、二〇世紀に新たに達成された数学の成果のほぼすべてが投入され、何百ものページが費やされねばならなかったのだから。とはいえ、フェルマーが今日《こんにち》少しでも人々の記憶に残っているとすれば、それは、幾何学、微積分学、数論に数多くの重要な貢献を行なったからではなくて、これからも「フェルマーの最終定理」と呼ばれ続けるであろう、ある日の「ひらめき」を、本の余白に殴り書きしたことによってなのである。

ところでフェルマーは、このちょっといかがわしげな書き込みをした二五年後、別の原理の完全な証明を示している。その原理とは、物理現象全般に対する、あるアプローチの仕方を確立した、この世のものとは思えないほど奇妙で驚異的なものだったが、そのアプローチこそ、のちにファインマンが使って、現代世界における物理学の意義を変えてしまうものだった。一六六二年、フェルマーは、オランダの科学者ヴィレブロルト・スネルが四〇年前に述べていたある現象に関心を抱いた。スネルは、空気と水のよう

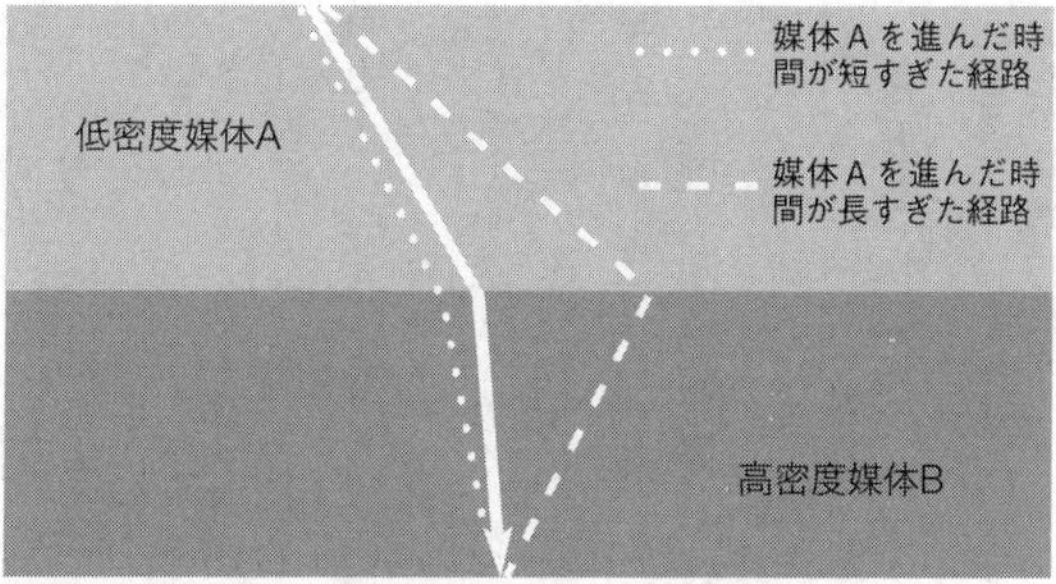

スネルの法則

に異なる二つの媒体の境界を通過するとき光がどのように屈折するかには、数学的な法則があることを発見した。今日わたしたちはこれをスネルの法則と呼んでおり、高校の物理の授業ではしばしば、暗記しなければならない無味乾燥な事実の一つとして教えられているが、じつのところこの法則、科学史においては極めて重要な役割を果したのである。

スネルの法則は、二つの媒体の境界面を通過する光線の角度に関するものだ。この法則が正確にどんな数式で表現されているかはここでは重要ではない。重要なのは、この法則が全体として持つ性質と、それがどのような物理から生じているのかである。単純な言い方をすれば、この法則が述べているのは、光が密度の低い媒体から密度の高い媒体へと進むとき、光線の経路は、二つの媒体の境界面に対して、より垂直に近くなるように曲がるということだ（上図を参照のこと）。

さて、では光はどうして曲がるのだろう？　ニュートンらが考えたように、光がたくさんの粒子の流れであったたなら、この関係は次のように考えれば理解できる。つまり、光の粒子は、低密度の媒体から高密度の媒体へと移る際に速度が上がると考えるのだ。このとき、光の粒子は高密度の媒体からの引力で前方に強く引っぱられ、通過したばかりの境界面に対して垂直な向きにより効率的にどんどん進むというわけだ。しかし、この説明は、当時でさえ眉唾だと思われた。なんといっても、高密度の媒体のなかでは、どんな粒子も、運動に対してより大きな抵抗を受けるはずではないか。道路を走っている自動車は渋滞にひっかかると速度が落ちるが、あれと同じことである。

しかし、オランダの科学者クリスティアーン・ホイヘンスが一六九〇年に示したように、この法則を説明できる、もう一つ別の考え方があった。光が粒子ではなく、波だったとしたら、音波が速度を減じると内側に曲がるのと同じように、光も高密度の媒体の中では速度を減じ、同じように内側に曲がるはずだ。物理学の歴史に詳しい人なら誰でも知っているとおり、光は実際に高密度の媒体中では速度が落ちる。したがってスネルの法則は、（この場合）光は波のように振舞うという重要な証拠を提供しているのである。

ホイヘンスのこの研究に三〇年近く先立ってフェルマーも、光は低密度の媒体よりも高密度の媒体の中でのほうが、速度が遅くなるはずだと推論した。数学者だったフェルマーは、光は波なのか、それとも粒子なのかと考えたわけではなく、この場合の光の経路は、ある普遍的な数学的原理によって説明できると示したのである。その数学的原理こそ、今日「フェルマーの最短時間原理」（訳注：一般的には幾何光学の「フェルマーの原理」と言われる）と呼ばれているものにほかならない。彼が示したように、「光は、与えられた任意の二点間を通過するとき、通過に要する時間が最短になるような経路に沿って進む」とすれば、光はスネルが提示したとおりの屈折した経路を進む。

試行錯誤的に考えてみると、次のように理解することができる。低密度の媒体内では光が速く進むとすると、最短時間で点Aから点B（三三ページの図を参照のこと）に到着するには、初めに通る低密度の媒体内を進む距離のほうを長くして、速度が落ちる、二つめの媒体内は短い距離しか通らないようにすべきだ。だが、最初の媒体にしても、あまり長く進みすぎては、せっかく速く進んで時間をかせいだのが無に帰してしまうどころか、余計に時間がかかってしまいかねない。最善の経路はただ一つ、ちょうどスネルが述べたとおりの角度で折れ曲がった経路である。

フェルマーの最短時間の原理は、波動やら粒子やらの構造など一切持ち出すことなしに光が取る経路を決定する、数学的にエレガントな方法だ。だが、一つだけ問題がある。この結果がどんな物理学的根拠から出てきたのかを考えると、まるで、月曜日のラッシュアワーに通勤しようとしている人が、交通情報を聞いてどんな経路で行こうか思案しているのと同じように、光が点Aを出発する前に、取りうるすべての経路を検討し、目的の点Bにいちばん速く到着する経路を選んでいるかのような感じがして、光は意図を持っていると暗に言っているように思われるのだ。

だが、うまくしたもので、光が意図を持って進むと考える必要はない。フェルマーの最短時間原理は、それよりなお一層驚異的な自然の物理学的特性の、見事な一例なのだ。その物理学的特性とは、「自然は数学によって理解できる」という、驚くべき、しかし確たる根拠が何かあって期待できるわけではない事実である。リチャード・ファインマンが物理学に取り組むときに導きの光となり、彼が行なったほとんどすべての発見にとって不可欠だった物理学的特性があったとすれば、それはこのフェルマーの原理であった。彼はこの特性をたいへん重要と考えており、ノーベル賞受賞者として記念講演をした際、少なくとも二度触れている。一度めは、このように述べた。

基本的な物理法則というものは、それが発見されるときには、いくつもの異なるかたちで現れ、しかも、一見しただけでは、それらが同じものだということははっきりとはわかりません。しかし、少し数学を使っていじってやると、それらのかたちのあいだには関係があるのだと示すことができます。これは、わたしが経験から学んだことですが、いつも、とても不思議な感じがします。どんな場合も必ず、前に自分が述べたのと同じだとはとても思えないようなものなのですが、同じことを言う、別の方法があるのです。……わたしは、これは自然は単純であるということの一つの現れだと思うのです。自然があれやこれやの奇妙なかたちを選ぶということにどんな意味があるのか、わたしにはわかりませんが、それは、単純さを定義する一つの方法なのかもしれません。ある事柄を、いくつかの異なる方法で完全に説明できるのだが、そのときすぐには、それらの方法で同じ一つのことを説明しているのだとは気付かないとき、おそらくその事柄は単純なのでしょう。

そしてさらに、次のように付け加えている（実はこちらのほうが、このあとの話には重要だ）。

異なる物理概念で記述されている複数の既知の理論が、まったく同じ予測しかしないなら、それらの理論は科学的には区別できません。しかし、そこを足場として、未知の領域へと進もうとするときには、科学者の心理のなかでは、それらは同じではありません。なぜなら、異なる視点から作られた理論は、修正したり変形したりするときに、違う方向へ向かう可能性があり、したがって、科学者が、まだ理解されていないことを理解しようとして仮説を生み出すときに、異なるものを提供しうるという点で違うからです。

フェルマーの最短時間原理は、ファインマンがそこまで魅了された、物理法則の摩訶不思議《まかふし》《ぎ》な冗長性の見事な例であり、また、同じ理論や原理を異なるかたちで表記したものが、異なる「心理的効用」を持つという好例でもあることは間違いない。光の屈折を、二つの媒体の境界における電磁気力から考えるなら、媒体の性質について何かが明らかになる。これを光の速さそのものという観点から考えるなら、光が持つ波動としての性質について何かが明らかになる。そして、フェルマーの原理によって考えるなら、特定の力や、光の波動性については何も明らかにならないだろうが、運動の本質について、何か深いことが照らし出される。ありがたいことに、そして、重要なことでもあるが、これらの異なる説明はどれも、まったく同じ予測をもたらす。

　こうしてわたしたちは、安心して物理をやることができる。光は、自分が最短時間の経路を進んでいると知っているわけではない。そのように振舞うだけである。

最小作用の原理との出会い

　だが、その高校時代の運命の日、ファインマンの人生を変えたのは、これよりも一層捉えがたい微妙な考え方だった。このときのことをファインマンは、のちにこのように語っている。「高校時代、ある日の物理の授業のあと、物理の先生――ベイダー先生という名前だった――が僕を呼んで、『君が退屈そうだったものだから、君に面白い話をしてやりたいんだ』と言った。そして先生は、ほんとうに面白くて、そのとき以来、僕が興味を引かれ続けることになった、あることを話してくれた。……それが、最小作用の原理だったのだ」。

　最小作用（訳注：英語では、「リースト・アクション」なので、「極力アクションをしない」とか、「極力動かない」という感じがするようだ）などと言うと、物理学のように、煎じ詰めれば「アクション（動き）」を記述することが中心の学問よりも、電話会社の顧客係の対応を記述するのに使うほうがふさわしいのではないかと思われるかもしれない。しかし、最小作用の原理は、フェルマーの最短時間原理ととてもよく似ているのである。

フェルマーの原理によれば、光は常に最短時間の経路を取るという。だが、野球のボール、大砲の弾、惑星、それにブーメランなどはどうだろう？　これらの物体は、必ずしもそう単純に振舞うわけではない。これらの物体が、それに作用しているさまざまな力によって決まる経路を進むとき、時間以外に最小でなければならない量が何かあるのだろうか？

運動している物体を何か――たとえば、落下している錘《おもり》など――思い浮かべていただきたい。このような物体は、二種類の異なるエネルギーを持っていると言われる。一つは運動エネルギーで、物体の運動に関係するエネルギーだ（ちなみに、英語では kinetic energy と呼ばれるが、これは運動を意味するギリシア語に由来する）。物体が速く運動するほど、運動エネルギーは大きくなる。物体が持つもう一つのエネルギーは、もっと微妙で理解しづらいもので、それが名前にも現れている――ポテンシャル・エネルギーというのがそれだ。このエネルギーは、隠れていることも多いが、物体がのちに仕事をする能力を決める。たとえば、高いビルの屋上から落ちてくる重い錘は、自動車の数センチ上から落とされた同じ錘よりも、自動車の屋根へ落ちたときにより大きな損傷を与える（つまり、より多くの仕事をする）。物体がより高いところにあればそれだけ、その物体が仕事をする潜在能力（すなわちポテンシャル）が大きくなるのは明らかであり、したがってポテンシャル・エネルギーも大きくなる。

　さて、最小作用の原理とは、「ある物体の、ある瞬間における運動エネルギーとポテンシャル・エネルギーの差を、その物体の運動経路のすべての点で計算し、経路に沿ってすべて足し合わせたものは、その物体が実際に取った経路において、可能なほかのどの経路よりも値が小さい」というものだ。物体はどういうわけか、経路全体で平均したときに、自分の運動エネルギーとポテンシャル・エネルギーが、できるかぎり近い大きさになるように調整しているようだ。

　これを不可思議で直感に反するとお感じになるとすれば、それはこれが実際に不可思議で直感に反するからだ。いったい誰が、そもそも運動エネルギーとポテンシャル・エネルギーを組み合わせようなんて思いついたのだろう？　ましてや、それを日常生活で出会う物の運動に適用するなんて。

　それは、フランスの数学者で物理学者でもあった、ジョゼフ・ルイ・ラグランジュである。彼は、天体力学の研究で最もよく知られている。たとえば彼は、太陽系のなかで、ある惑星の引力が太陽の引力とちょうど釣りあう点を特定した。これらの点はラグランジュ点と呼ばれており、ＮＡＳＡは今日《こんにち》、これらの点に無数の衛星を送り、宇宙をいろいろと調べている。

　しかし、ラグランジュが物理学にもたらした最大の貢献は、運動の法則を再定式化する仕事のなかでなされたと言えるのではないだろうか。ニュートンの三つの運動法則は、物体の運動を、それに働く正味の力で決定する。ところがラグランジュは、「作用」――運動エネルギーとポテンシャル・エネルギーの差を、経路にわたって足し合わせたもの。今日、これは、「ラグランジアン」という、じつにふさわしい名前で呼ばれている——を使えば、ニュートンの運動法則を完全に正しく再現できることを示し、さらに、「作用」という量を最小にする経路を取るのはどのような運動なのかを厳密に決定した。この作用最小経路を決めるプロセスは、微積分法（これもニュートンが発明したものだ）を必要とするが、ニュートンの運動法則とはまったく異なる数学的記述で表される。しかし、ファインマン流に言うなら、両者はたとえ「心理学的には」まったく異なるとしても、数学的にはまったく同じなのである。

ラグランジュとの束の間の別れ

あの日ベイダー先生が十代の少年だったファインマンに教えたのは、この、最小作用の原理（「ラグランジュの最小作用の原理」とも呼ばれる）という、いとも奇妙な原理だった。普通十代の子どもなら、この原理を面白いと感じるどころか、まず理解できないだろうが、ファインマンは理解し、面白いと感じた——少なくとも彼自身はそうだったと、ずっと歳を取ってから回想している。

だが、仮に、若きファインマンがそのとき、この原理がのちに彼自身の生涯の物語をすみずみまで彩ることになるだろうと薄々勘付いていたとしても、MITに入って物理学についてより多くを学び始めたとき、ラグランジュの原理は今後自分の科学者人生に大きくかかわる、大事なものだと思っているように振舞わなかったのは確かだ。それどころか、まったく正反対の態度を見せたのである。MITの学部学生時代の親友で、学部学生時代のほとんどを通し、さらに大学院でも一緒に学んだテッド・ウェルトンは、このように回想している。ファインマンは、「ラグランジュが何か役に立つようなことを物理学について発言しえたと認めるのを断固として拒否しました。わたしたちはみな、ラグランジュによる定式化の簡潔さ、エレガントさ、そして有用性に素直に感心していましたが、ディックときたら、真の物理学は、すべての力を特定し、それらを正しく構成要素に分解することにあると、頑なに主張し続けたのです」。

自然は、人生と同じように、ありとあらゆる不可解な紆余曲折《うよきよくせつ》を経るが、最も重要なのは、個人の好き嫌いには自然はほとんど無頓着だということである。ファインマン自身は、物理に取り組み始めた当初、自分の素朴な直感と一致するように運動を理解することに集中しようとしたにもかかわらず、偉大さへ至る彼の道は、これとはまったく異なる経路を取った。彼を導く見えざる手などなく、彼は、当時の諸問題が要求する方向へと、自分の直感を曲げねばならなかった——その逆ではなしに。この困難な仕事をなしとげるには、何時間、何日間、そして何カ月にもわたって絶え間ない努力を続け、二〇世紀物理学の最も偉大な人物たちが当時まだ解決できていなかった問題に包括的に取り組むため、精神を集中させなければならなかったのである。

ほんとうに必要になったときには、彼が最初に物理学に夢中になったきっかけである、まさにその原理へと、ファインマンはおのずと戻るのである——。

第２章　量子的な宇宙

僕はいつも物理学のことを気にかけていた。だめにしか見えない考え方は、だめに見えるよと言ったし、良さそうに見えるときは、良さそうだよと言った。

――リチャード・ファインマン

師、ホイーラーとの出会い

ファインマンが、ＭＩＴの二年めにテッド・ウェルトンに出会ったのは幸運なことだった。二人は、大学院の理論物理学の上級講座にただ二人の学部学生として出席していたのだ。似たものどうしで、二人とも高等数学の参考文献を前もって図書室で確認してから講義に臨み、しばらく互いに相手の上を行こうと張りあったあげく、結局、授業で「敵愾心《てきがいしん》むき出しの四年生と大学院生たちに対抗するために」協力することにした。

二人は一冊のノートを交互に使って、一般相対性理論から量子力学に及ぶさまざまなテーマについて、彼らが独自に見つけたとおぼしき解法や問いを互いに書き込みあって、相手を新たな高みに押し上げた。おかげで、物理学のすべてを自分自身の言葉で導き出したいという、ファインマンの執拗ともいうべき探求が促されたばかりか、その後生涯にわたってファインマンの拠《よ》りどころとなる、物理の歴史で実際に問題になった例を使って学習することもできた。なかでも一つ、注目に値するものがある。ファインマンとウェルトンは、シュレーディンガー方程式と呼ばれる量子力学の標準方程式を、アインシュタインの特殊相対性理論の結果を包含できるよう一般化することによって、水素原子内の電子のエネルギー準位を決定しようとしたのだ。そうして彼らが見出したものは、じつは、すでによく知られていた、クライン‐ゴルドン方程式（訳注：クラインとゴルドンが導出した、電子に対するシュレーディンガー方程式を相対論的形式に書きあらわしたもの）であった。ウェルトンがファインマンに、この式を水素原子にあてはめてみるようせっついてみたところ、残念なことに、実験結果とは完全に食い違う結果が出てきてしまった。これはなにも驚くようなことではなかった。というのも、クライン‐ゴルドン方程式は、電子を相対論的に記述する方程式としては使えないことがとっくに知られていたからだ。あの卓越した理論物理学者、ポール・ディラックがほんの一〇年前に示したとおりで、ディラックは正しい方程式を導き出し、それによってノーベル賞を受賞した。

ファインマンはこの経験を、「とんでもない」がとても大切な教訓で、決して忘れたことはないと言った。彼は、数学的理論の美しさや、その「すばらしい形式」に頼るのではなく、その理論を抽象的な形式から現実の物事——つまり、実験データ——と突き合わせるところまで持ってこられるかどうかこそが、その理論がほんとうに良い理論かどうかを決めるのだと認識せねばならないと学んだのである。

ファインマンとウェルトンは、物理学のすべてを自分たちだけで学んだわけではない。二人は講義にも出席した。二年生の二学期、理論物理学の講座の担当教授、フィリップ・モースは二人にひじょうに感心し、大学三年生の一年間、週一回午後に個人指導を行なうので、そこで量子力学を一緒に学ぼうじゃないかと、もう一人の学生と三人一緒に誘った。その後モースは、水素よりも複雑な原子の性質を計算する、「本物の研究プログラム」に取り掛かってはどうかと勧め、そのなかで彼らは第一世代の「計算機」をどう使うのかも学んだ。このスキルも、のちにファインマンにとって役立つことになる。

ファインマンは学部学生最後の年までに、学部、大学院両方の物理学のカリキュラムのほぼすべてを基本的には習得してしまい、研究者としての未来への展望にはやくも胸躍らせ、大学院に進もうと決心した。実際、彼の進歩はあまりに見事で、三年生のときに物理学科は、四年ではなく三年を修了した時点で彼に学士号を与えてはどうかと大学に提案した。だが大学はこれを拒否したので、彼は四年生の一年間、自分の研究を続け、分子の量子力学をテーマとした論文を書いた。これは《フィジカル・レビュー》という一流の物理学専門誌に掲載された。もう一件、宇宙線に関する論文もやはり同誌に載った。さらに、物理学の応用という、彼にとって最も根本的な関心を一層深めるためにもいくらか時間を取った。また、冶金《やきん》学《がく》や実験の講座も複数登録した――これらの講座は、のちにロスアラモスに赴いたときに、彼の役に立つことになる――おまけに彼は、回転する複数のシャフトの速度を測定する独創的な装置まで作ったのだった。

ファインマンは大きな一歩を踏み出してもう一段高度な教育を受けるべきだと、皆が皆納得していたわけではない。彼の両親は二人とも大学教育を修了していないのに、その息子に、大学の学部課程のあと、さらに三、四年の課程を修了させねばならないという根拠は薄弱だった。リチャードの父、メルヴィル・ファインマンは、一九三八年の秋MITを訪れ、モース教授に面会し、ほんとうにその価値があるのか、彼の息子はそれほど優秀なのかと尋ねた。モースは、ファインマンは自分がそれまでに出会った最も頭脳明晰な学部学生であり、そしてさらに、ファインマンが科学の道を進み続けたいのなら、大学院進学はする価値があるばかりか必須であると答えた。こうして賽は投げられたのだった。

ファインマン自身はMITに留まりたかった。しかし、賢明なる物理学の教授たちはみな、学生たち――最も優秀な者たちでさえも――には、それまで行ったことのない研究機関で大学院課程を学ぶよう勧めるものだ。学生たちは、科学者としてスタートを切った早い時点から、科学に取り組むいろいろなスタイルに広く接しておくことが大切だ。なぜなら、科学者生活を通してたった一つの研究機関で過ごすのは、多くの人にとって可能性を狭めることになるからだ。そのようなわけで、リチャード・ファインマンの卒業論文指導教官のジョン・スレイターは、「外の世界はいったいどんなところなのか、自分の目で確かめなければいけない」と言って、どこか別の研究機関の大学院課程に進むようファインマンに強く勧めたのだった。

ファインマンは、出願もしていないのにハーバードの奨学金を与えられた。というのも、一九三九年にウィリアム・ローウェル・パトナム数学競技会で優勝したからだ。この競技会は、学部学生に開かれた、最も名誉ある、しかも最も難度の高い全国規模の数学コンテストで、この年その二回めが開催されたのだった。わたし自身も、学部学生時代、学内で最も優秀な数学の学生たちが大学のチームを作り、競技会の何カ月も前から練習問題に取り組んでいたのを覚えている。競技会で出された問題のすべてを正解する学生などおらず、かなりの参加者が一問たりとも解けないという年も多い。ファインマンは二年生だった年、MITの数学科からうちのチームに参加してくれと要請を受けた。その結果、ファインマンの得点と、全米から参加したほかのすべての学生の得点の差に採点者たちは仰天したようで、ファインマンは褒美としてハーバードの奨学金を獲得したのだった。のちにファインマンは、物理学について話をするとき、自分は正式な数学の教育など受けていないというふりをすることがあったが、じつのところ、パトナム競技会での成績からもわかるとおり、彼は数学者としても世界最高の者たちと張りあえる実力の持ち主だったわけである。

だがファインマンはハーバードを断った。自分が行きたいのはプリンストンだと心に決めていたのだ。その理由は、ほかの大勢の若き物理学者たちがプリンストンに行きたがったのと同じだったとわたしはにらんでいる——アインシュタインがそこにいたからだ。さて、プリンストンはファインマンを受け入れ、その後ノーベル賞を取るユージン・ウィグナーの研究助手の仕事を提供した。しかし、ファインマンにとって幸運なことに、実際には若き助教、ジョン・アーチボルト・ホイーラーの下に付くことになった。ホイーラーは、ファインマンの高度な数学技能と見事に釣りあう、豊かな想像力の持ち主だったのである。

ファインマンの死後、ホイーラーは彼を偲《しの》んで、一九三九年春の大学院合格者選定委員会での議論を振り返り、こんなふうに語っている。一人の委員が、これまでプリンストン大学に応募した学生のなかで、数学と物理学でファインマンに少しでも迫るほど高い得点を取った者などいなかった（ファインマンは物理学で満点を取った）と絶賛するかと思えば、同時に別の委員が、歴史と英語でこれほど得点が低い者を合格にしたことはなかったと抗議した。科学の未来にとってありがたいことに、物理学と数学が歴史と英語よりも重視されたわけだ。

面白いことに、ホイーラーはそのとき持ち上がったもう一つの大きな問題については触れなかったが、それは彼がこの問題を意識していなかったからかもしれない。それは、いわゆるユダヤ人問題である。プリンストンの物理学科長は、フィリップ・モースに手紙を書き、ファインマンがどのような宗教組織に属しているのか問い合わせ、「本校には、ユダヤ人を排除するような具体的な規定があるわけではありませんが、学科内のユダヤ人学生の割合を、適度に低く抑える必要があります。というのも、彼らに接することには、難しさが伴いますので」と、言い添えた。結局、ファインマンは「態度の点で」妨げになるほどひどくユダヤ的ではないと判断された。多くの科学者がそうであるように、ファインマンも本質的には宗教に無関心だという事実は、議論にのぼることはなかった。

「電子の自己エネルギー」の問題

しかし、こういう外の世界で起こったあれこれの展開よりも重要だったのは、今やファインマンは、ほんとうにわくわくするような事柄――すなわち、既存の枠組みのなかではナンセンスとされてしまうような物理学――について考え始めることができる教育段階へと進んだという事実だ。最先端の科学は、常に矛盾や不整合と隣り合わせのところにあり、偉大な物理学者たちは、まるで猟犬のように、このような矛盾を孕む要素にぴたりと焦点を当てる。そのような要素にこそ獲物が潜んでいるからだ。

ファインマンがのちに語ったことによると、彼が学部学生時代に「夢中になった」問題は、当時すでに理論物理学の中核に属するものとしてもう一世紀近く馴れ親しまれていた、電磁気学の古典理論のなかに生じたものだった。深い問題の多くがそうであるように、ファインマンが夢中になったその問題も簡潔に述べることができる。同じ種類の二つの電荷のあいだには反発力が働き、そのため、両者を近づけるには仕事が必要だ。近づければ近づけるほど、さらに近づけるには、一層の仕事が必要になる。さて、ここで一個の電子を思い浮かべよう。電子は、ある半径を持った電荷の「ボール」だと考えることができる。電子のすべての電荷をこの半径に収めるには、先ほど述べたように、仕事が必要である。電荷を電子の大きさにまとめあげるために行なわれた仕事によって蓄積されたエネルギーを、「電子の自己エネルギー」と呼ぶ。

さて、その問題というのは、電子を一つの点にまで縮小しなければならないとしたら、電子の自己エネルギーは無限大になってしまうということだ。この理由は、電荷をすべて一つの点に運ぶためには、無限大のエネルギーが必要だからである。この問題は以前から知られており、さまざまな解決法が考案されていたが、最も簡単なのは、電子は実際には一つの点に封じ込められているのではなく、有限の大きさを持つと考えることだった。

だが二〇世紀初頭までには、この問題は新たな角度から議論されるようになった。量子力学が発展すると、電子や電場・磁場についての見方ががらりと変わった。たとえば、量子力学の一つの要素である「粒子と波動の二重性」によると、光も物質も——電子も物質の一例だ——、ときには粒子のように振舞い、ときには波のように振舞う。量子論的な宇宙について理解が深まるにつれて、その宇宙がますます奇妙になっていったのは確かだが、それでも、古典物理学が抱えていた重大な謎のいくつかは解決した。しかし、依然として残っている謎もあり、その一つが電子の自己エネルギーだった。この話を科学史のなかで捉えるには、量子の世界を少し探索しなければならない。

量子力学の短い解説

量子力学には、二つの、どちらも普通わたしたちが世界について抱いている直感とは完全に反する、大きな特徴がある。その一つめは、量子力学的に振舞っている物体は、無数のマルチタスクを同時にこなす、ということだ。そのような物体は、無数の異なる状態を一度に取ることができる。同時に違う複数の場所に存在したり、違うことをいくつも同時に行なったりする。たとえば、電子は、まるで回転する独楽《コマ》のように振舞うが、同時に多数の異なる軸を中心に自転しているかのように振舞うこともできる。

電子が床から上に向かって伸びている軸を中心に、反時計回りに自転しているとき、この電子は「スピンが上向き」だという。同じ軸を時計回りに自転しているとき、それは「スピンが下向き」だという（訳注：こういうかたちで電子が実際に自転しているわけではない）。任意の瞬間、ある電子のスピンが上向きである確率は五〇パーセント、そして、下向きである確率も五〇パーセントだ。もしも電子が、わたしたちの古典論的な直感に一致して振舞うなら、電子を測定してみると、そのスピンは上向きか下向きかのどちらか一方であり、電子の五〇パーセントが上向きスピンで、五〇パーセントが下向きスピンのはずだ。

ある意味、これは正しい。多数の電子を測定したなら、その五〇パーセントが上向きスピンで、五〇パーセントが下向きスピンになる。しかし――この「しかし」は、とりわけ重要な「しかし」だ――、測定を行なう前から個々の電子はいずれかの状態にあると仮定するのは間違いだ。量子力学では、個々の電子は、測定を行なう前には、「上向きスピンと下向きスピンの、二つの状態の重ね合わせ」になっているとする。もっと簡潔に言うと、電子は両方の向きにスピンしているのである！

電子がどちらか一方の状態にあるという仮定は「正しくない」と、どうしてわかるのだろう？　じつは、測定前に電子がどのように振舞っていたかによって異なる結果が出るような実験を行なうことができるのだ。しかも、その実験で出てくる結果は、測定と測定のあいだに電子が行儀よく振舞っていたなら――つまり、どちらか一方の状態だけにあったなら――得られるはずの結果とは、まったく違うのである。

この量子力学的事実の例として最もよく知られているのが、スリットが二つ刻まれた壁に多数の電子をぶつける実験だ。壁の向こう側には、シンチレーターを仕込んだスクリーンが立ててある。このスクリーンは、昔の真空管式のテレビのブラウン管に似たようなもので、電子がぶつかったところで発光するわけである。電子が源《みなもと》を出発してスクリーンにぶつかるまでのあいだ、電子を測定したりはしないことにして、個々の電子がどちらのスリットを通過したかはわからないようにしておくと、壁の向こうのスクリーンには、明暗の縞のパターンが現れるだろう――ちょうど、これと同様のスリットを二本備えた装置を、光や音の波が通過するときに生じる「回折パターン」とまったく同じものだ。二条《すじ》の水流がぶつかるときにできる、波の山と谷が交互に並んだ模様も同種のパターンで、こちらのほうが日常的によく見られるだろう。さて、この実験の結果得られたパターンが物語っているのは、驚くべきことに、どういうわけか電子は二本のスリットを同時に通過したあと、自分自身と「干渉する」ということにほかならない。

一見したところでは、「電子が自分自身と干渉する」なんて、まったく意味をなさないように思える。そこで、実験を少し変えてみたい。それぞれのスリットのそばに検出器を取り付けてから、電子を送ることにしよう。今度はそれぞれの電子に対して、それが通過したほうのスリットにある検出器だけが信号を出すので、個々の電子が実際にどちらか一方のスリットだけを通過することが確かめられ、さらに、それがどちらのスリットだったかもはっきりする。

ここまではすこぶる順調だ。だが、ここで量子力学の奇妙さが現れてくる。この一見何の影響も及ぼしそうにない細工をしたあと、スクリーンに現れたパターンを調べてみると、以前のパターンとはまったく違っていることがわかる。新しいパターンは、二本のスリットが開いた障壁をとおして弾丸を撃ったときに得られるパターンと似ている――つまり、それぞれのスリットの背後にだけ明るい点があり、それ以外は真っ暗なのだ。

このように、好むと好まざるとにかかわらず、電子をはじめとするすべての量子論的物体は、その振舞いの過程をわれわれが観察しないかぎり、違うことをいくつも同時に行なって、古典論ではマジックとしか考えられないようなことをやってのけるのである。

量子力学の中核をなすもう一つの基本的な特徴は、いわゆるハイゼンベルクの不確定性原理に関するものだ。これは、たとえばある粒子の位置とその運動量（または速さ）のように、同一の瞬間に両方を完全に正確に測定することはできない物理量の対《ペア》があるという原理だ。どんなに優れた顕微鏡や測定器を使っても、位置の不確定性に運動量の不確定性を掛けたものは、決してゼロにはならない。これらの積は常にある数――プランク定数と呼ばれている――よりも大きい。原子のエネルギー準位（訳注：原子内の電子は、量子力学的制約によって、特定のエネルギーを持つ軌道に存在するよう制限されている。その軌道が持つエネルギーが「エネルギー準位」で、プランク定数に関係するとびとびの値になる）の間隔を決めるのもこの定数だ。言い換えれば、もしも位置をひじょうに正確に測定して、位置の不確定性が小さくなるようにしたとすると、その粒子の運動量または速さは極めて不正確になり、結局位置の不確定性と運動量の不確定性の積はプランク定数よりも大きくなるのである。

「ハイゼンベルクの対《ペア》」には、ほかにもいくつか存在し、その一例がエネルギーと時間だ。ある粒子、または原子の量子状態をごく短い時間のあいだだけ測定したとすると、同時に測定されたその粒子または原子のエネルギーは大きな不確定性を持つだろう。エネルギーを正確に測定するためには、その物体を長い時間にわたって測定しなければならないが、そうすると、そのエネルギーが測定されたのはいつかを厳密に言うことはできなくなる。

すでに十分困難な状況なのに、このうえさらにアインシュタインの特殊相対性理論を持ち込むと、量子世界は一段と奇妙になる。その理由の一つは、相対性理論が質量とエネルギーを同等に扱うことにある。つまり、相対性理論によると、十分なエネルギーが手に入るなら、質量を持った何かを作り出すことができるのだ！

では、これらの事柄――量子の多重性、ハイゼンベルクの不確定性原理、そして相対性理論――をすべて結び合わせると、いったい何が出てくるのだろう？　それは、古典論で示されたよりも文字通りはるかにずっとややこしい電子像だ。しかし、そもそもその古典論的電子像にしても、自己エネルギーが無限大になってしまうという問題をすでに抱えていたのである。

たとえば、わたしたちが電子を思い描こうとするとき、それはただの一個の電子とは限らない！　これがどういうことかを理解するために、古典電磁気学に戻ろう。この理論の重要な側面の一つに、一個の電子を振動させると、その電子は光や電波などの電磁波を放出するという事実がある。これは一九世紀に、マイケル・ファラデーやハンス・クリスティアン・エルステッドらが行なった画期的な実験と、ジェームズ・クラーク・マクスウェルが成し遂げた革新的な理論的研究によって達成された偉大な発見だ。この現象は実際に観察されているのだから、量子力学が世界を正しく説明するものならば、この現象を古典電磁気学よりも正確に予測できなければならない。しかし、ここで新たに対処しなければならないことが出てくる。量子力学では放射も光子と呼ばれるばらばらの量子――つまり、エネルギーの塊《かたまり》――でできていると考えねばならないという点だ。

さて、ここで電子に戻ってみよう。ハイゼンベルクの不確定性原理によれば、一個の電子をある有限の時間のあいだ測定する場合、そのエネルギーは、ある有限の不確定性をもってしか知ることはできない。だが、そのような不確定性があるとすれば、ほんとうに電子だけを測定しているかどうか、ちゃんとわかるだろうか？　たとえば、電子が測定中に、ごくわずかなエネルギーを持った光子を一個放出したとすると、ごくわずかではあるが、系の総エネルギーは変化する。しかし、系の正確なエネルギーがわからないのなら、低エネルギーの光子が放出されたのか、それともされていないのかはわからない。そのため、実際に測定しているのは、電子のエネルギーに、その電子が放出した光子のエネルギーを加えたものかもしれないのだ。

だが、電子が光子一個を放出するところまでしか考えないというのは不十分ではないか？　電子は、低エネルギー光子を無数に放出したかもしれないではないか。電子を十分長いあいだ観察するなら、そのエネルギーを極めて正確に測定できるだけでなく、近くに光子計数器を置いて、電子のまわりに光子がいないか確認することもできる。この場合、測定時間のあいだに電子のそばをうろついているたくさんの光子には、どんなことが起こるのだろう？　わたしたちがそれらの光子を測定できる機会が訪れる前に、電子がすべての光子を吸収してしまうだろう――というのが、その問いの答えで、極めて単純である。

わたしたちが測定できないほど短い時間尺度で電子が放出し、また吸収する、このような光子は仮想光子と呼ばれている。本書でもあとで説明するが、ファインマンは相対性理論と量子力学の両方の効果を考慮するなら仮想光子なしで済ませることはできないと気付いた。つまり、一個の電子が運動しているところを考えるときには、その電子は、無数の仮想光子からなる雲がまとわりついた極めて複雑な物体だと見なさなければならないのである。

仮想光子をはじめとする仮想粒子は、電磁気学の量子理論において、もう一つ重要な役割を演じている。仮想粒子のおかげで、電場、磁場、そして粒子間に働く力について、考え方を改めねばならないのだ。例を一つ挙げよう。一個の電子が光子を一個放出するとしよう。光子放出された光子は、別の電子と相互作用をして、その電子に吸収されるかもしれない。光子のエネルギーによっては、その結果全体として見たときに、一個の電子から別の電子にエネルギーと運動量が移ったことになる場合がある。しかしこの現象は、これまでわたしたちが、二個の電子のあいだに働く電磁気力の表れとして理解していたことにほかならない。

実際、量子の世界では、電気力も磁気力も、仮想光子の交換によってもたらされると考えることができる（この点についてもあとで触れる）。光子は質量がゼロなので、放出された光子は、任意に小さな量のエネルギーを持ちうる。したがって、ハイゼンベルクの不確定性原理によれば、このような光子は、電子に再吸収されて、持っているエネルギーを電子に返すまでに、電子と電子のあいだを、任意に長い距離にわたって移動することができる。電磁気力が粒子のあいだで長距離にわたって働けるのは、まさにこの理由からだ。仮に光子に質量があったなら、光子はmを質量として$E=mc^2$で定義される最低限のエネルギーをいつでも持ち去ってしまえることになり、したがって、このようなかたちでエネルギー保存の法則が破られるのを量子力学的不確定性の範囲内に隠したままにしておくためには、ハイゼンベルクの不確定性原理から、光子は元の電子か、あるいは別の電子に、ある有限の時間内に——言い換えれば、その時間内に移動する有限の距離内で——再吸収されなければならないことになる。

こういう込み入った話をこの段階で持ち込むのは、先走りしすぎのきらいもあるし、このころのファインマンをはるかに先回りしているのは間違いないが、これには目的がある。つまり、ここの説明すべてがあまりに複雑で、捉えどころがないとお感じになるとしたら、それは大半の人、とりわけ第二次世界大戦前のほとんどの物理学者もそうだったのだ、ということを強調したいのである。これが、リチャード・ファインマンが学生として参入した当時の基礎物理学の世界であり、それは、次々と登場してくる新しい諸法則はどれも奇妙で、意味をなさないことをもたらすばかりだと思える世界だったのだ。たとえば、古典物理学でも問題になっていた電子の自己エネルギーが無限大になるという問題も、量子力学にも引き継がれることになったが、ごく短い時間尺度のなかでなら、電子は任意の高エネルギーを持つ光子を放出したり再吸収したりできるという事情からすると、そうならざるをえないように思われた。

だが、当時の物理学は、実際にはこれよりもっと混乱していた。全体的に見れば量子論は実験結果とよく一致していた。しかし、厳密な測定と比較するために、予測を正確に計算する際、たとえば、二個の粒子のあいだで、一個の光子だけではなくて二個以上の光子が交換される――一個の光子しか交換されない場合よりも、はるかに稀にしか起こらないはずのプロセスだが――とすると、この「高次」の効果が及ぼす影響は無限大になってしまう。おまけに、このような無限大を調べるのに量子論で必要な計算は、おそろしく困難で面倒であり、当時最高の頭脳をもってしても、一つの計算を終わらせるのに文字通り何カ月もかかったのだ。

「電子は自分自身に作用しない」と考えてみる

ファインマンには、まだ学部学生だったころから温め続けていたある考えがあって、大学院に入ってもまだそれを大事にしていた。それは、ここまで説明してきたような、古典的な電磁気力の描像が間違っていたとしたらどうだろう、という考えだ。たとえば、荷電粒子は自分自身とは相互作用できないという「新しい」規則があったとしたらどうだろう？　もしもそうなら、電子は自分自身の電場と相互作用はできないことになるので、電子の自己エネルギーが無限大になるという問題は強制的に排除できる。ここでわたしは強調したいのだが、この新しい規則によって排除される無限大は、純粋に古典的な理論のなかにすでにあったのであり、量子力学的効果を考慮に入れる前からのものだったのである。

だがファインマンはもっと大胆だった。荷電粒子どうしが仮想光子を交換して生じる、電磁場と呼ばれているもの自体が虚構だったとしたらどうだろうと彼は考えたのだ。電磁気力はすべて、荷電粒子どうしが直接相互作用することによって生じるのであって、場などまったく存在しないとしたらどうだろう？　古典論では、電場も磁場も、それを生み出す荷電粒子の運動で完全に決定されるので、ファインマンにとっては、場そのものは必要のないものだった。別の言い方をすれば、初めの状態において、電荷が最初どのように分布しており、どんな運動をしているかが特定されれば、その後どんな運動をするかは、電荷が直接互いに及ぼしあう影響を考えさえすれば、原則的には決定できたのである。

さらにファインマンは、古典論において電磁場なしで済ますことができるなら、それによって量子論の問題も解決できるだろうと推測した。なぜなら、量子論の計算のいたるところに登場して収拾が付かなくなっている無数の光子を全部省くことができて、その結果荷電粒子だけを考えればいいのなら、理に適った答えが得られるはずだからだ。彼がノーベル賞受賞記念講演で、次のように述べたとおりだ。「それで、粒子が自分自身に作用するという考え方は、不必要なものだということは、わたしにはまったく明らかだと思えたのです――じつのところ、かなりばかげた考え方だと思えたのです。ですからわたしは、電子は自分自身に作用することはできないんだよと、自分に提案しました。電子は、別の電子にしか作用できないんだと。これは、場などまったく存在しないということを意味します。電荷どうしは直接相互作用していたのです、遅れのある相互作用ではありますが」。

　これら一連の考え方はじつに大胆で、ファインマンはこれをすべてプリンストンの大学院に持ち込み、そこでジョン・アーチボルド・ホイーラーに説明した。ホイーラー以上に、このようなアイデアを一緒に考えてもらうのにふさわしい者はいなかった。わたしも知っているが、ホイーラーはこのうえなく親切で温厚で、度が過ぎるほど物腰が低く、思慮深い、いかにも南部の紳士といった雰囲気の人物だった（実際には中西部のオハイオ州出身だったが）。ところが、物理学についてしゃべりだすと、人が変わったように大胆不敵となった。当時のプリンストンの同僚の一人によれば、「外見はあれほど礼儀正しいのに、そのどこかに、鎖を解かれたトラがいたのです……。彼には、どんな常軌を逸した問題でも正面から見据える勇気がありました」。この大胆不敵さは、ファインマンが学問に取り組むときの姿勢と完全に一致した。ファインマンが、将来有望な若き物理学者の一人に送った手紙のなかで、

「魚雷など屁の河童だ。全速前進せよ」と書いたことがあったという逸話をわたしが紹介したとき、聞いていた人々のあいだに笑いの渦が起こった。このときファインマンが、一八六四年のモービル湾の戦いでのファラガット提督の言葉（訳注：アメリカの南北戦争で行なわれた海戦で、北軍が勝利した。ファラガットは北軍の指揮官で、南軍の激しい攻撃に対して、このように言って部下にはっぱをかけたと言われている）を借用したのは確かだが、そんな歴史的背景は無意味なようだった。この言葉は、ファインマンとホイーラーの姿勢そのものだったのだ。

それは天がもたらしたかのような出会いだった。この出会いからプリンストンで生まれたのは、二つの共鳴する精神のあいだで、互いに与えあい受け取りあう、対等な知のやりとりが行なわれた——すなわち、物理学が理想的なかたちで進められた——密度の高い三年間であった。どちらも、相手が持ち出した常軌を逸した考えを、聞くそばから軽んじたりなどしなかった。ホイーラーがのちに記したところによると、「わたしは、わたしたち二人をめぐり合わせ、二人一緒にいくつもの興味深いテーマに取り組ませてくれた運命に、一生感謝し続けます。……議論していたのがいつのまにか二人で大笑いし、その大笑いからジョークが生まれ、そのジョークがまたさらなるやり取りと、新たないくつものアイデアに結びつきました。……わたしの講座をいくつも受けた彼は、そのなかで、重要なことはすべて、その根本ではまったく単純なのだというわたしの信念を身につけたのです」。

ファインマンが、常軌を逸した考えを初めてホイーラーに打ち明けたとき、彼は冷笑されたりなどしなかった。それどころかホイーラーは、即座にその考えの欠陥をいくつも指摘し、そして、「幸運は備えある者に訪れる」（訳注：ルイ・パスツールの格言）という思いを強めた――じつはホイーラーも、ファインマンの着想に極めて近いことを以前から考えていたのである。

ファインマンはこれより前のあるとき、電子は自己相互作用しないという自分の考えに大きな問題点があることに気付いたことがあった。その問題点とはこうである。荷電粒子を加速させるには、電荷を持たない粒子の場合よりも大きな仕事が必要だということはよく知られている。その理由は、加速される過程で、荷電粒子は放射を出してエネルギーを消費するからだ。ということは、荷電粒子は、小突き回されているあいだに放射抵抗と呼ばれるよけいな抵抗を生み出して、自分自身に作用している、つまり、電子は必然的に自己相互作用しているいると考えざるをえないようなのだ。これは大問題だ。ファインマンは、荷電粒子は自分で自分に作用を返すのではなくて、その荷電粒子との相互作用で影響を受けるはずの、宇宙に存在するほかのすべての荷電粒子に、その最初の電子によって引き起こされた運動によって作用を返されると考えれば、なんとかこの問題を解決できるかもしれないと期待した。つまり、最初の粒子が他のすべての粒子に及ぼす力が、これらの粒子を動かし、その動きが生み出した電流が、最初の粒子に戻って作用する、とすれば、電子の自己相互作用は排除できるだろうと考えたのだ。

このアイデアを初めて聞いたホイーラーは、こう応じた。もしもそのとおりなら、最初の粒子が生み出した放射抵抗は、ほかの粒子の位置に依存するはずだが、実際にはそうではないし、おまけに、どんな信号も光速より速く伝わることはないので、放射抵抗は遅れて生じることになるはずだ。したがって、最初の粒子が、いくぶん離れたところにある第二の粒子と相互作用するには時間がかかることになり、第二の粒子が最初の粒子に作用を返すには、さらに時間がかかることになって、最初の粒子の初期状態での運動から、かなり遅れて作用が返ってくることになる。

だが、ホイーラーはこれで終わりにするのではなくて、続けて、ファインマンの考えよりももっと常軌を逸したアイデアを提案した。「他のすべての粒子からの反作用が、時間を逆向きに進んで及ぶとしたらどうだろう？」というのだ。すると、他の粒子からの反作用は、最初の粒子が運動を始めてしばらく経ってから生じるのではなくて、最初の粒子が運動し始めた、まさにその瞬間に生じる可能性だって出てくる！　分別ある新人なら、ここで、「ちょっと待ってください。そんなの、むちゃくちゃじゃないですか？　粒子が時間を遡《さかのぼ》って作用を及ぼしあえるなんて、物理学の神聖にして侵すべからざる原則がいくつも破られてしまうじゃありませんか、たとえば、原因は結果よりも先に生じなければならないという、因果律とか？」

時間を遡る反作用⁉

しかし、反作用が時間を遡って働くこともありうるとすると、理屈の上からは、因果律が破られる可能性が出てくるのは確かだが、物理学者はそのような定性的な議論に留まっていてはならず、まずは実際に計算をしてみなければならない。そこで、ファインマンとホイーラーもそうした。彼らは、新たに問題を生じることなく目下の問題を解決できるかどうか見るために、いろいろな計算をやってみた。彼らの期待を否定するような結果が出るまでは、疑う気持ちは棚上げにしようと決意して。

計算を始めたホイーラーは、このような問題について以前にいろいろ検討していたおかげで、ほとんどすぐさま、この場合に導出される放射抵抗は、他のすべての粒子の位置とは無関係で、また、原則的には、少し遅れてではなしに、最初の粒子が運動し始めるのと同時に生じるということを、ファインマンと共に明らかにした。

ホイーラーの提案にもそれ自体の問題がなかったわけではないが、それでもファインマンは、この提案のおかげで考え続け、計算し続けた。彼は詳細な点についてもすべて計算し、彼らの期待どおりにうまく現象が進行するためには、粒子どうしのあいだで時間を遡っての反作用がどの程度生じなければならないかを正確につきとめ、さらに、いかにもファインマンらしいことに、彼らの考え方が、観察されたことのないようなとんでもない現象を予測したり、常識に反するような結果を導き出したりしないことを確認した。そのうえで友人たちに、自分の盲点をつくような例を見つけてみてくれと挑んだ。そして仮に、宇宙のどの方角を選んでも、そちらの方角へとどんどん進んでいったときに、最初の粒子に時間を遡って反作用を及ぼすことのできる荷電粒子に一個、一〇〇パーセントの確率で出会えるとするなら、この常軌を逸した「時間を遡っての相互作用」を使って、「ボタンを押す前に稼動させられる装置」のようなものを作ることは絶対にできないということも示した。

「美しい友情の始まり」

ハンフリー・ボガートなら、これを「美しい友情の始まり」と呼んだかもしれない。ファインマンが数学の才能にあふれ、驚異的に鋭い直観力を持っていた一方で、ホイーラーには経験と大局観があった。ホイーラーはファインマンの思い違いのいくつかをすばやく見抜き、どうすれば改善できるかを提案することができたが、同時に、広い心を持ち、ファインマンに、いろいろなことを試し、彼の才能に釣り合うに十分たくさん、さまざまな計算の経験を積むようにと強く勧めた。才能と経験、この二つがちょうど釣り合って彼のものとなると、ファインマンを止めるものはもう何もないも同然だった。

第3章　新しい考え方

一見したところ、まったくの逆説と思える考え方も、そのあらゆる細部について、そして、それについて行ないうるあらゆる実験の状況について、あますところなく分析してみれば、じつは少しも逆説ではないかもしれない。

――リチャード・ファインマン

遊び心を伴った物理への情熱

リチャードが学部学生時代に指導を受けた教授が太鼓判を押してくれたにもかかわらず、メルヴィル・ファインマンは、息子の将来を心配する気持ちをどうにも鎮めることができなかった。リチャードが大学院に進み、ジョン・アーチボルド・ホイーラーのもとで研究を始めると、息子の成長や将来の見込みをもう一度確かめに、メルヴィルは今度はプリンストンに出向いた。このときもまた、リチャードには輝かしい未来が待ち受けているから心配ないと言われた――メルヴィル本人が言うところの、息子の「出自が平凡であること」や、「ユダヤ人に対する偏見」に直面するかもしれないおそれなどには関係なく、リチャードは大丈夫だとのことだった。だが、もしかするとホイーラーは、不安材料には触れないで、当たり障りのない話しかしなかったのかもしれないし、あるいは、彼の博愛主義的な傾向が表れて、このような言葉になっただけかもしれない――ホイーラーは、まだ学部学生だった当時に、〈キリスト教およびユダヤ教青年連盟〉という組織を設立し、その会長を務めていたのである。

とはいえ、学問の世界に残っていたどんなに根強い反ユダヤ主義も、リチャード・ファインマンの前進を阻《はば》むような力などなかっただろう。彼はとにかくあまりに優秀で、とことん楽しんでいた。彼の天才と可能性に気付かないのは愚か者だけだった。ファインマンの物理学に対する興味と、ほかの者たちには解けない問題を解決する能力は、深遠なテーマから一見ありきたりの事柄にわたるまで、物理学の全領域に及んでおり、それは彼の生涯をとおして変わることはなかった。

彼の、遊び心を伴った物理への情熱は、いたるところで垣間見《かいまみ》られた。ホイーラーの子どもたちは、ファインマンがやってくるのを心待ちにしていた。よく独特の芸当を披露して、楽しませてくれたからだ。ある日の午後、ファインマンが缶詰を一個貸してくれと言ったときのことをホイーラーはのちのちまで覚えていた。ファインマンは子どもたちに、缶詰を開けたり、ラベルを見たりせずに、中身が液体か固体かを当ててみせると言った。「どうやって?」と、子どもたちは声をそろえて尋ねた。「空中に投げ上げたときにどんなふうに回転するかでわかるんだ」と彼は答え、そのとおり、中身を当ててみせたのだった。ファインマン自身がまるで子どものように世界に興奮していたのだから、子どもたちのあいだで彼の人気が衰えることはありえなかった。一九四七年、ファインマンがコーネル大学の助教だった当時、そこの大学院で学んでいたフリーマン・ダイソンが書いた手紙からも読み取れるとおりだ。その手紙には、物理学者ハンス・ベーテが高名な訪問者に敬意を表して自宅でパーティーを開いたときのことが綴られていたのだが、そのなかでダイソンは、ベーテの五歳になる息子、ヘンリーが、「ディックに会いたいんだよ。お父さん、ディックも来るって言ってたじゃないか」と、ファインマンがいないと文句を言い続けたことに触れている。とうとうファインマンがやってきて、二階に駆け上がり、大声をあげながらヘンリーと遊び始めると、階下では一切の会話が止まってしまったという。

プリンストンでの一年め、ファインマンはホイーラーの子どもたちを楽しませながらも、ホイーラーとも、例の奇想天外なアイデア——無限の自己相互作用をする荷電粒子という厄介者を古典電磁気学から排除するために、無限の宇宙のなかに分散された外部吸収体(つまり、ほかのすべての荷電粒子)と時間を遡《さかのぼ》って相互作用するという奇妙な考え方を使うというアイデア——を詳細に検討し続けて、互いに相手を楽しませたのである。

ファインマンがこの研究を続けた動機は、単純でわかりやすかった。量子論で持ちあがっているもっと深刻な問題をいつかは解決したいという希望のもと、古典電磁気学の数学的問題を一つ、まずは解きたかったのだ。一方ホイーラーは、彼よりもはるかに過激な考えを抱いていた――そして、そのころ宇宙線のなかで発見され、その後原子核物理学の実験でも観察される、いくつもの新しい粒子が説明できるように、その考えを発展させたいとの思惑があったのだ。それは、すべての基本粒子は、複数の電子が異なるかたちで結びついたものに過ぎず、結びつき方が違うせいで、外界とのあいだに異なる相互作用をしているだけだという考え方だった。それはとんでもない考え方だったが、少なくとも、ファインマンと取り組んでいる研究に対する彼自身の熱意を維持する役に立ったのは確かだ。

理論物理学の研究にはつきものの焦燥感や障害に、ファインマンはユーモアのある態度で対処したが、その様子が、彼が母親に送った最も古い手紙の一通からも読み取れる。彼が大学院に入ってまもなく、ホイーラーとの研究が、電磁気学を再検討するという方向へと進み始める前に書かれたものだ。

先週は万事調子よくスムーズに進んだのに、目下、難しい数学上の問題に突き当たっています。これを克服するか、避けて通るか、それとも、まったく別の道を取るかですが、いずれにせよ、とんでもなく時間がかかりそうです。でも、どうしてもなんとかやりとげたいし、ほんとうに楽しみながらやっています。一つの問題を、これほど絶え間なく、ずっと考え続けたことはこれまでにありませんでした――ですから、もしも何の成果も得られなかったら、とてもがっかりすることでしょう。とはいえ、もうかなりの成果が出ていて、結構進んでいますし、それにはホイーラー教授も満足されています。しかし、問題はこれを完成させることではないのです。まだようやく、ゴールまでどのくらいあるのか、どうやったらそこに辿り着けるのか、わかり始めた（ただし、さっき書いた数学上の問題がたちはだかっています）ばかりではあるのですが——でも、楽しんでいます！

ファインマンに言わせれば、数学上の困難に打ち勝つことも楽しみのうちなのである——こういうところも、ファインマンを普通の人ではなくしている多くの要素の一つなのだろう。

アインシュタインの目の前でセミナーをする若造

一九四〇年から翌年にかけての秋と冬を通して、ホイーラーと対等にやり取りして張り詰めた数カ月を過ごしたあと、ついにファインマンはこれらのアイデアを、大学院生にではなく、プロの物理学者たちに、プリンストン大学物理学科のセミナーで発表する機会を師から与えられた。だが、この聴衆がそんじょそこらの物理学者集団であるはずなどなかった。のちに自身もノーベル賞を受賞するユージン・ウィグナーがセミナーを主催し、錚々《そうそう》たる面々を招待したのだ。高名な数学者、ジョン・フォン・ノイマン。威圧感あるノーベル賞受賞者で量子力学の創設者の一人、チューリッヒからやってきたヴォルフガング・パウリ。そして、ほかならぬアルベルト・アインシュタインその人が、出席したいと言って（おそらく、ホイーラーに勧められてその気になったのだろう）やってきた。

わたしは、自分がファインマンの立場で、こんな面々の前で話している大学院生だったらどんな気持ちがしただろうと何度も想像しようとしてみた。卓越した学者たちだということを別にしても、そう簡単に納得させられる聴衆ではない。たとえばパウリは、話に納得できないと急に立ち上がって、発表者の手からチョークを奪ってしまうことで有名だった。

ともかくファインマンは発表の準備を整えた。そして、話し始めたその瞬間に物理に集中し、少しばかり残っていた緊張もすっかり消えてしまった。案の定、パウリが異議をはさんだ――時間を遡っての反作用を導入するということは、単に、得られた正しい答えから数学的に逆の順序を辿っているだけであって、実際には何も新しいものなど生み出していないのではないかという懸念を表明したのだ。彼はまた、ファインマンが発表した考え方に「遠隔作用」という側面が含まれていることも問題視した。遠隔作用は、力や情報を伝える「場」という概念が登場すると同時に捨て去られたはずだった。この点についてパウリは、アインシュタインに、これが彼の一般相対性理論に関する研究と両立するかどうかについて意見を求めた。面白いことに、アインシュタインはじつに謙虚に、両立しないかもしれないが、結局彼自身の重力理論にしても、「それほどうまく構築されていない」と答えた（ほかの物理学者は全員、アインシュタインの重力理論こそ、ニュートン以来最大の研究と考えていたのだが）。じつのところ、のちにホイーラーが回想して語ったことによると、彼とファインマンがマーサー・ストリートにあるアインシュタインの自宅を訪問して、彼らの研究についてさらに深い議論を交わした際には、時間を順当な向きに辿る解だけでなく、時間を逆向きに辿る解も用いるという考え方に、アインシュタインは理解を示したという。

問題は、物理的世界が持つ特徴のなかでも、最も明白なものの一つに、「未来は過去とは違う」というものがあるということだ——これはほんとうに、わたしたちが毎朝目覚めたときから間違いようもなく明らかである。しかも、人間の経験のみならず、生命を持たない物体の振舞いもそうなのだ。コーヒーにミルクを注ぎスプーンでかき混ぜたなら、未来のある時点でミルクが集合して、はじめにコーヒーに注いだときと同じような滴《しずく》になって分離するというようなことはありえない。だが、ここで一つ疑問が生じる。自然界では時間は一方向にしか流れないように見えるのは、微視的なプロセスに非対称性があるからなのか、それとも、わたしたちが経験する巨視的な世界でのみ起こる現象なのか、というのがその疑問だ。

ファインマンやホイーラーと同じくアインシュタインも、微視的な現象を記述する物理学の方程式は、時間の矢には支配されないと考えていた——つまり、巨視的な世界でさまざまな現象が不可逆的に見えるのは、多数の粒子が関与しているときは、ある種の配置が、ほかの配置よりも自然に生じる可能性がはるかに高いからだという立場だ。ファインマンとホイーラーのアイデアは、ファインマンが仲間の大学院生たちに示したように、巨視的な塊については、物理学として直感的に納得できる結果を与えた——すなわち、ファインマンとホイーラーが持ち込んだ「時間を遡っての相互作用」があるにもかかわらず、彼らの理論で導き出される未来は、巨視的なレベルでは過去とは違ったのである。これはまさに、宇宙に散在している無数とおぼしき他の荷電粒子たちが件《くだん》の電荷の運動に応答して行なう振舞いに関わるさまざまな確率が相俟《あいま》って、わたしたちが身の回りで見慣れている巨視的な不可逆性をもたらしたからである。

その後一九六四年になって物理学者たちは、素粒子の微視的プロセスのなかには、時間の矢を伴っている――つまり、順方向のプロセスと、それを時間反転させたプロセスとでは、起こる確率がほんの少し違う――ものがあるということを発見し、たいそう驚いた〔訳注：一九六四年、フィッチとクローニンが中性K中間子の崩壊過程から、CP〔電荷とパリティの同時反転操作の対称性〕の破れを発見。これに先立つ一九五五年、パウリとリューダースによって独立にCPTの定理〔すべての物理現象で、電荷・パリティ・時間の同時反転操作の対称性は保存されているということ〕が証明されていたので、CP対称性が破れていればT対称性も破れているということになる〔CPT全体で対称性が保存されるように、CPの破れを補う意味で〕。したがってフィッチとクローニンの発見は時間反転対称性の破れをも意味する〕。あまりに思いがけない結果だったので、この実験を行なった物理学者たちにはノーベル賞が与えられた。とはいうものの、わたしたちの宇宙が持っているある種の特徴――たとえば、わたしたちが住んでいるのは物質からなる宇宙で、反物質からなる宇宙ではないのはなぜか、など――を理解するうえでこの事実が重要な役割を演ずる可能性もないわけではないが、科学者たちの通念としては今なお、巨視的なレベルで時間の矢が存在するのは、無秩序は増大していくという傾向が厳としてあるからこそであって、その原因は微視的レベルでの物理にあるのではなく、巨視的レベルでの確率にあるのだと考えるのが一般的だ。ちょうど、アインシュタイン、ファインマン、そしてホイーラーが推測していたのと同じように。

一九四一年の勘違い

結局のところ、ファインマンとホイーラーのアイデアをどう解釈するかを巡る、このかまびすしい議論は、すべて見当違いだった。彼らが提案した理論上のアイデアは、やはり現実には対応していなかったという意味で、多かれ少なかれ間違いだったということでけりがついた。電子は実際に自己相互作用を行ない、電磁場は、仮想粒子も含めて、現実の存在だということがはっきりしたのだ。ファインマンは、一〇年後にホイーラーに書いた手紙のなかで、これをうまいぐあいにまとめた。「で、一九四一年、わたしたちは勘違いしていたようですね。そう思いませんか？」ホイーラーからの返事は残っていないが、そのころまでには、議論の余地のない証拠が確認されていた。

だとすると、これだけ熱心に取り組んだ研究に、どんな意味があったのだろう？　それはこういうことだ——科学では、重要な新しいアイデアはほとんどすべて間違っているのだ。それが、些細《ささい》な間違い（単純な数学上のミスがあるなど）のときもあれば、もっと本質的な間違い（すばらしいアイデアなのだが、自然はそれを選ばなかった、という場合）のときもある。もしも科学がこのような状況になかったなら、科学の最前線をどんどん前に押し進めることは、あまりにたやすかっただろう。

この点を踏まえると、科学者には二つの選択肢がある。踏み均《なら》された道を進み、すでに確実なことが明らかな結果を、絶対に成功するという合理的な保証のもと、少しだけ先に進める、というのが一つ。そしてもう一つは、新しく危険な領域に突き進むというものだ。そこには保証などまったくなく、失敗する覚悟で臨まねばならない。やりきれない世界だと思われるかもしれない。しかし、行き止まりや袋小路をつぶさに探索していくなかで、科学者は経験を積み、直感を磨き、そして、便利なツールをひとそろい手にする。だが、それだけではない。元々の問題については何の結果ももたらさない提案から生まれた予期せぬアイデアが、まったく思いがけない、しかも、前進への鍵ともなりうる、新たな方向へと科学者を導くのである。科学のある領域でものにならなかったアイデアが、別の領域で行き詰まりを打開するに必要なものだったということもときにはある。このあと本書で見るように、ファインマンが電磁気学の荒野をさすらった長い旅も、そのようなものだったのだ。

魂の伴侶、アーリーン

ファインマンが学問の荒波にもまれていたこの時期、彼の個人的な生活も大きな展開を見せた。彼は、少年だったころから——というより、ほとんど子どもだったころから——ずっと、ある少女を知っており、その子にあこがれ、その子を夢見てきた。彼女は芸術的・音楽的才能、そして、それらに伴っていることが多い、社交の場での自信と優雅さという、ファインマンにはまったく欠けていた特質を備えていた。その少女、アーリーン・グリーンバウムは、彼が高校に入ってまもなく、彼の日常に欠かせぬ存在となった。一五歳のとき、彼はあるパーティーで、当時一三歳のアーリーンに出会った。彼女は、彼が探していたものをすべて持っていたに違いない。彼女はピアノを弾き、ダンスをし、絵を描いた。彼がMITに入るころまでには、アーリーンはファインマン家のクローゼットの扉にオウムの絵を描き、彼の妹のジョアンにピアノを教え、レッスンが終わるとジョアンを散歩に連れて行ってくれるなど、ファインマン家にとってなくてはならぬ存在となっていた。

　アーリーンのこのような親切がすべて、リチャードに取り入るための行動だったかどうかが明らかになることは決してないだろう。だが、彼女が彼こそ自分にふさわしい若者だと心に決めており、彼のほうも彼女にぞっこんだったのは間違いない。ジョアンがのちに断言したことによると、リチャードが一七歳になってMITに入るまでには、彼以外の家族は全員、二人はいつか結婚するだろうと確信していたという。それは正しかった。アーリーンは、リチャードが大学に入って一、二年のあいだ、週末になるとボストンにある彼の男子寮《フラタニティ》を訪れた。大学三年生になるまでには彼がプロポーズをし、彼女はそれを受け入れたのだった。

　リチャードとアーリーンは魂の伴侶だった。二人は、似たものどうしではなく、共生する対極だった——それぞれが相手を補って完全にしたのだ。アーリーンは、一目瞭然なリチャードの科学の才能に感服し、リチャードは、彼自身は当時ほとんど理解できなかった物事を彼女が愛し理解しているという事実に間違いなく心底感心していた。しかし、一番重要だったのは、二人とも人生を愛し、冒険する精神を愛したということである。

アーリーンが科学者ファインマンの伝記のこの箇所で登場するのは、単に彼女がファインマンの初恋の人で、おそらくは彼が最も深く愛した人だったからではなく、彼女の生き生きとした精神が、彼が進み続け、新しい道を見出し、科学でも他のことでも伝統を破っていくためには不可欠な勇気を与えたからだ。

彼のプロポーズから、彼女が結核で結局亡くなるまでの五年間、二人が交わした手紙には、とりわけ心を打たれ、揺さぶられる。若者らしい素朴な希望に満ち、それに互いへの愛と尊敬が加わって、これらの手紙からは、どんな障害が待ち受けようとも、世界を自分たちで切り開こうと決意した若い二人の姿が浮かび上がってくる。

リチャードの大学院での研究生活もかなり進み、そして、彼らが結婚するちょうど一年前にあたる一九四一年六月、アーリーンは何人かの医者に診てもらったことを伝えるために彼に手紙を書いた（何度も誤診されたすえ、ようやく正しい病状が判明したのだった）が、手紙でもっぱら触れられているのは彼のことであり、自分ではない。

いとしいリチャード、愛しています……人生とチェスのゲームでは、わたしたち、もう少し学ばなければならないことがありますね――それにあなたには、わたしのために何事をも犠牲にしてほしくないの……あなたはきっと、論文を発表するために一生懸命努力しているに違いないわ――それに、片手間にほかの問題にも取り組んでいるのでしょう――でも、あなたが何かを発表しようとしているのが、わたしもほんとうに嬉しいの――あなたの研究の価値が認められるとき、わたしもとびきりわくわくするんです――あなたには研究を続けてもらって、世界と科学に、あなたが与えられるすべてを与えてほしいの……そして、もしも人から批判されたときには――一人ひとり愛し方は違うということを思い出してください。

アーリーンは誰よりもリチャードをよく理解しており、そのため、彼を当惑させる力と、彼が信念を守り通すようにけしかける力の両方を持っていた。彼の信念のなかでも特に重要だったのが、誠実であること、そして、自分自身で選択する勇気を持つことの二つだった。ファインマンの自伝的要素が強い有名なエッセー集、『困ります、ファインマンさん』の原題、*What Do You Care What Other People Think?*（他人がどう思おうが、どうでもいいじゃない？）は、彼が怖気づいたり、不安になったりしているのに気付いたとき、彼女がよく口にした言葉だ。たとえば、こんなときだ。彼女が、一本一本に、「いとしいリチャード、愛してるわ！　プッツィー」（プッツィーというのは、リチャードがアーリーンを呼んだ愛称）という言葉を彫り込んだ鉛筆を箱いっぱいに詰めて彼に送ったところ、彼のほうは、ホイーラー教授と一緒に研究しているときに見られたくなくて、その文字を削り取ろうとした。それを彼女がみとがめたという事件があった。ファインマンが信念に従って行動し、最終的に成功することができたとすれば、それは少なからずアーリーンと、彼の心に生き続けた彼女の思い出のおかげだったのである。

メルヴィル・ファインマンが息子の研究者としての行く末を心配していたころ、リチャードの母、ルシールは、彼の私生活を案じていた。彼女がアーリーンを大好きだったのは間違いない。しかし、リチャードの大学院生生活の後半、彼に手紙を送り、ユダヤ人の母親の多くがそうであったように、アーリーンは彼が研究をして仕事を獲得する能力を削ぎ、経済的にも彼の足を引っ張ることになるのではないか心配だと伝えた。ルシールは、アーリーンの病気には特別な看護が必要で、時間と金もかかるだろう、というのだ。ルシールは、リチャードはそんな看護もできなければ、十分な時間も金もないだろうと心配していたのである。

リチャードは一九四二年の六月に博士号を取得し、アーリーンと結婚するが、その数週間前に母に送った返事は、驚くほど冷静な文面だ。

わたしは、過去に――今とは違う状況のもとで――した何かの約束で自分の未来の生活すべてを束縛するほど愚かではありません。……わたしがアーリーンと結婚したいのは、彼女を愛しているからで、ですから当然彼女の看護もしたいのです。ただそれだけのことです。

しかしわたしは、他にもこの世界に欲望や目標を持っています。その一つが、物理学にできるかぎりの貢献をしたいということです。わたしにとっては、これはアイリーンへの愛よりももっと重要です。

したがって、たいへんありがたいことに、結婚することがわたしの人生で一番重要な仕事に影響するようなことが万一あったとしても、それはごくわずかでしかないでしょう。わたしにはこの二つを同時にすることができるだろうと確信しています（結婚の幸せ――そして、その結果いつも妻から励ましと共感を得られるということ――が、わたしの努力の助けになるという可能性だってあります――ですが、実際これまでも、わたしの愛が物理の研究に影響を及ぼしたことはあまりありませんでしたし、今後、それがそれほど大きな支えになるということにしても、ないのではないかと思います）。自分の一番重要な仕事を続け、そのうえで愛する人の世話をするという幸福を味わうこともできると思いますので――わたしはまもなく結婚するつもりです。

彼の愛が彼の物理の研究に影響を及ぼしたかどうかはともかく、自分のアイデアがどんなところへ向かおうとしても、それに従って進もうという彼の決意をアーリーンが一層強めたのは間違いない。彼女は、彼の知的誠実さが確かなものになるように助けてきたのだから、彼が母に送った手紙の文面が冷静で感情を表していないように見えるとしても、それを仮に読んだとして、アーリーンはむしろ勇気付けられたのではないだろうか。というのも、そこには、彼女が深く愛し尊敬する男に身につけてもらいたいと、彼女自身が強く望んだ理性的な考え方が反映されていたからだ。

このずっとあと、リチャードも開発に携わった原子爆弾が広島上空で爆発する六週間前の一九四五年六月一六日、アーリーンが死んだ悲しい日に起こった胸が詰まるような出来事にも、彼女はやはり同じように感じたかもしれない。病院のベッドで彼女が息を引き取ると、彼は彼女にキスをし、看護師は、死亡時刻を午後九時二一分と記録した。しばらくして、彼がベッドのそばに置いてあった時計をふと見ると、ちょうどその時刻で止まっていたのだ！あまり理性的でない人なら、霊的なものによる奇跡だとか、神の啓示の証拠だとか思ったかもしれない――人間よりも高い、宇宙的な知性の存在を信じたくなるような現象だ。しかしファインマンは、自分でも何度か修理したことのあるその時計が不安定だったことをよく知っており、看護師がアーリーンの死亡時刻を確かめるために手に取ったときに、どこかがおかしくなって止まってしまったのだろうと推論した。その後も彼はこのとき示したのと同じように、ブレることなく理性的思考を発揮し続け、固い決意のもと、一九四一年に踏み出した道を歩み続け、やがて、わたしたちの世界観を根本から決定的に変えてしまうのである。

ラグランジュの最小作用との再会

詩人のルイーズ・ボーガンはかつて、「どんな旅の話を聞いても、必ず最初に湧き起こる謎がある。その旅人は、そもそもどうやって出発点に到達したのだろうという謎だ」と述べた。ファインマンの旅の場合、多くの壮大な旅がそうであるように、始まりはごく単純なことだった。彼とホイーラーは研究を完成させ、古典電磁気理論は異なる電荷どうしの直接の相互作用しか使わない形式によって表現できる（ただしその相互作用には、時間を順方向に辿るものと、逆方向に辿るものの両方が含まれる）ことを示した。このような形式を使うことで、どの荷電粒子でも自己エネルギーが無限大になるという問題が生じないようにできたのである。次に彼らが挑んだのは、この理論ははたして量子力学と調和させられるのか、そして、電磁気の量子力学的理論で持ちあがっている、これよりはるかに厄介な数学上の課題を解決できるのかを確かめることだった。

唯一の問題は、彼らの風変わりな理論は、古典電磁気学と等価な予測が出るようにするために、異なる時間・異なる場所で起こるいくつもの相互作用を扱わねばならなかったが（古典電磁気学では、これに相当する処理は、これらの相互作用を伝達する電場と磁場が担っていたのである）、そうするためには、当時の量子力学ではまだ扱えなかった数学的形式が必要だという点だった。この問題の根っこは、異なる時間における粒子間の相互作用が影響を及ぼしあうということにあった。つまり、ファインマンがのちに語った言葉を引用すると、このような状況だったのだ。「ある与えられた時間における一個の粒子の経路は、異なる時間における別の粒子の経路の影響を受けます。したがって、どんな具合になっているのか説明しようとすると……つまり、粒子たちの現在の状況はどのようなものか、そして、その現在の状況がどのように未来に影響を及ぼすのかを説明しようとすると、粒子たちだけではそんな説明は不可能なことに気付きます。なぜなら、粒子たちが過去に行なったことが、未来に影響を及ぼすからです」。そのときまで量子力学は一つの単純な原理に基づいていた。つまり、わたしたちがある時間におけるある系の量子状態を何らかの方法で知った、あるいは、誰かに教わったとすると、量子力学の方程式を使えば、その系のその後の力学的進化を正確に決定することができたのだった。もちろん、系の力学的進化を正確に決定することは、その後測定を行なったときにどんな結果が得られるかを厳密に予測することとは違う。量子系の力学的進化を決定するとは、系の最終状態ではなく、ある時間が経過したのちにその系を測定したときに、その系がある特定の状態にある可能性はどれぐらいかという一組の確率を厳密に決定することなのである。

問題は、ファインマンとホイーラーが定式化した電磁気学では、任意の時間に任意の粒子の状態を決定するためには、多数の他の粒子の位置と運動を知らなければならないということだった。このような場合、この粒子のその後の力学的進化を決定する量子力学の標準的な方法は、使えなかった。

一九四一年から翌年にかけての秋と冬のあいだファインマンは、彼らの理論を、例によって数学的には等価だが、異なるいくつもの形式で書き表すのに成功した。その作業のなかでファインマンは、学部学生時代に自分がとことん嫌っていたまさにその原理を使えば、彼らの理論を完全なかたちで書き換えることができるのに気付いた。

ファインマンが高校時代に、運動の法則の一つの定式化の方法として、ある瞬間に起こっていることだけに基づいてではなく、プロセス全体で起こることすべてに基づくやり方があるのを学んだことを思い出していただきたい。それは、ラグランジュの定式化と、彼による最小作用の原理だった。

また、最小作用の原理によると、一個の粒子が古典論に従って取る実際の軌跡を決定するには、出発点と終点のあいだでその粒子が取りうるすべての経路を考えて、そのなかで「作用」という量(「その粒子の総エネルギーをなす二つの異なるエネルギー、つまり、運動エネルギーとポテンシャル・エネルギーの差」と定義される)の平均値が最小になるものを選べばよかった。この原理は、すべての点で諸々の力を考慮し、それにニュートンの運動法則を当てはめて軌跡を計算するほうが好きだったファインマンにはエレガントすぎた。ある粒子の任意の点における振舞いを計算するのに、その粒子の経路全体を考慮せねばならないというのは、当時のファインマンにはまっとうな物理のやり方ではないと感じられた。

だが、大学院生となったファインマンは、自分がホイーラーと構築した理論は、荷電粒子が時間の経過に伴って取る経路だけで記述することによって、作用原理を使って完全に再定式化できることを見出したのだった。今振り返ってみると、粒子の経路に着目したそのような定式化が、どうしてファインマン-ホイーラー理論を記述するのに適していたかは明らかに思える。結局、そのような経路こそが、時間の経過のなかで、異なる経路に沿って運動する粒子たちの相互作用に完全に依存する彼らの理論を本質的に定義しているのだ。こうしてファインマンは、彼がホイーラーと共に検討しているような系の力学的振舞いを決定するには、通例になっている方法ではなくて、このような作用原理を使わねばならなかったことから、まずなすべきは、彼らが問題にしている系を量子力学的に扱うにはどうすればいいかを明らかにすることなのだと見極めた。

物理学を——少なくとも、ファインマンとホイーラーが思い描いていたような物理学を——

——追求するうちに、ファインマンは自分が六年前には期待もしていなかったところに辿り着いていたのだった。彼らの新理論を探求しようという集中的な努力のすえ、彼の考え方は劇的な変貌を遂げた。今や彼は確信していた——ある決まった瞬間に起こっている事象に注目するというやり方ではなく、空間と時間のなかに伸びている、粒子が取りうるあらゆる経路の全体を検討することこそが、彼が取るべき考え方なのだと。彼自身がのちにこう書いているとおりである。「空間と時間全体のなかでの経路の性質を記述するものが、［作用原理のなかに］ある。自然がいかに振舞うかは、全時空における自然の経路がどのような特性を持っているかによって決定される」。しかし、ある瞬間における系を定義しないことには、のちに何が起こるかを計算できない従来からの量子力学に、この原理を持ち込むには、どんな工夫が必要なのだろう？　ファインマンがその答えへの鍵を見つけたのは、プリンストンで行なわれたあるビール・パーティーにたまたま出席したときのことだった。しかし、この鍵を真に理解するには、わたしたちはまず、これからファインマンが変えようとしている奇妙な量子世界がどんなところだったのか、もう一度見ておく必要がある。そのために少し回り道をしよう。

第4章　量子の国のアリス

宇宙は、わたしたちが考えている以上に奇妙なだけでなく、わたしたちが考えられる以上に奇妙なのだ。

——J・B・S・ホールデン（一九二四年）

量子世界の奇妙さ

有名なイギリスの科学者J・B・S・ホールデンは、生物学者であって、物理学者ではなかったが、彼が宇宙について述べたこの言葉は、少なくとも、リチャード・ファインマンが征服しようとしていた量子力学の領域には、これ以上ないほどふさわしい。というのも、これまで本書でも見てきたように、量子力学的な効果が大きく効いてくる微視的な領域では、粒子は同時に多数の異なる位置に存在し、しかも、それぞれの位置で、たくさんの異なる事柄を行なっているように見えるからだ。

この一見とてもまともとは思えない状況を定量的に説明できる数学的なツールが、名高いオーストリアの物理学者、エルヴィン・シュレーディンガーが発見した関数である。彼は、その後量子力学の標準的な解釈となるこの関数を、彼自身同時に異なることをたくさん行なっていた多忙な二週間のあいだに——山荘に身を隠し、どうやら二人の女性と密会をしながら——導き出したのだった。古典的な振舞いのルールがすべて、ついには破られてしまう世界を思い描くには、最適な雰囲気だったことだろう。

この関数は、「シュレーディンガーの波動関数」と呼ばれており、量子力学の中核をなす、「すべての粒子はある意味波動のように振舞い、すべての波動はある意味粒子のように振舞う」という、不可思議な事実を説明する——そもそも粒子と波動の違いは、粒子は一つの特定の位置に存在するが、波動はある広がりを持った領域全体に広がっているというところにあるにもかかわらず。

したがって、ある一点に存在し、少しも広がっていない粒子を、何か波動のように振舞い、広がりを持っているものによって記述しなければならないのなら、波動関数は、この事実をちゃんと表現できなければならない。シュレーディンガーが発見したように、それ自体波のように振舞う波動関数が、粒子そのものではなく、任意の時間に任意の場所でその粒子を発見する確率を記述するのであれば、そのようなことが可能になる。もしも波動関数が——したがって、ある粒子を発見する確率が——任意の場所でゼロでなければ、その粒子は、任意の時間に多くの異なる場所に同時に存在しているかのように振舞う。

常識的な世界とはかけ離れた考え方ではあるが、ここまではまあよしとしよう。しかしじつのところ、量子力学の中核にはこれとは別にもう一つ、常識からかけ離れた考え方がある。強調しておきたいのだが、物理学者たちですら、自然がどうしてこのように振舞うのか、その理由については深い理解に至っておらず、ただ自然はそう振舞うのだと言うほかない状況だ。量子力学の諸法則が波動関数の振舞いを決定するならば、物理学者たちは量子力学を使うことによって、ある粒子のある時間における波動関数が与えられれば、それより後のある時間におけるその粒子の波動関数を、原理的には完全に決定論的なかたちで計算することが可能である。ここまでは、野球のボールの古典論的な運動が時間の経過にしたがってどのように展開するのかを告げるニュートンの運動法則、あるいは、時が過ぎるにつれて電磁波がどのように変化するかを告げるマクスウェルの方程式と、まったく同様である。違うのは、量子力学においては、時間の経過に従って決定論的に展開するのは、直接観察可能な量ではなく、ある粒子がある時間にある場所に存在することを観察する可能性を表す、一組の確率であるという点だ。

これだけでも十分奇妙だが、じつは、波動関数そのものは、ある時間ある場所にある粒子を発見する確率を直接記述しないのである。確率を与えるのは、波動関数の二乗なのだ。この事実こそが、量子力学の世界に満ちている奇妙さのすべての原因である——なぜなら、これからわたしが解説するように、粒子がまさに波動のように振舞い得るのはなぜかを説明するのが、この事実なのだから。

初めに、わたしたちが観察する事柄の確率は一般的に正であり（「何かを発見する確率がマイナス一パーセントである」などということは絶対にない）、さらに、ある量の二乗もやはり常に正なので、量子力学が予測する確率は正である――これはありがたいことだ――ということに注意していただきたい。ところが、このことは暗に、波動関数そのものは正でも負でもかまわないということを意味している。どうしてかというと、たとえば、$-1/2$も、$+1/2$も、どちらも二乗すると同じ数（1/4）になるからだ。

ある粒子をxという位置に見出す確率を記述するのが波動関数なら、まったく同じ粒子が二個あるとすると、どちらかの粒子を位置xに見出す確率は、二つの波動関数（そのどちらも必ず正であるはず）の和となるはずだ。しかし、粒子を発見する確率を決めるのは波動関数の二乗であり、しかも、二つの数の和の二乗は、それぞれの数を二乗したものの和とは違うので、量子力学においては、状況はこれよりもっと面白くなる。

たとえば、粒子Aを位置xに見出すことに対応する波動関数と確率がそれぞれP1と$P1^2$で、粒子Bを位置xに見出すことに対応する波動関数と確率がそれぞれP2と$P2^2$だったとすると、量子力学によれば、粒子AかBのどちらかを位置xに見出す確率は$(P1+P2)^2$である。P1＝1/2で、P2＝$-1/2$だったとしよう。すると、どちらか一方の粒子――Aだったとしよう――しか存在しないとすると、これを位置xに見出す確率は$(1/2)^2=1/4$である。同様に、位置xに粒子Bを見出す確率は$(-1/2)^2=1/4$である。ところが、粒子が二個存在するとき、いずれかの粒子を位置xに見出す確率は$((1/2)+(-1/2))^2=0$となる！

この現象は、一見不合理に思えるが、じつのところ、音波など、波動ではよく知られている。波動は互いに干渉しあう――たとえば弦に生じた二つの波が干渉しあうと、その結果、弦の上に、節と呼ばれる、まったく運動しない点がいくつかできる。同様に、部屋のなかに二つスピーカーがあって、それぞれから音波が出ているとすると、部屋のなかを歩き回ってみたときに、二つの波が打ち消しあう――これを物理学者は「互いにネガティブに干渉する」とか、「負の干渉」などと表現する――場所がいくつか見つかるはずだ（音響学の専門家は、このような、音が消えてしまう「デッド・スポット」がなるべくできないようにコンサートホールを設計する）。

量子力学では、波動関数の二乗で確率が決まるので、粒子どうしも互いに干渉しあい、そのため、一つの箱のなかに二個の粒子が存在する場合、そのどちらか一方をある位置に見出す確率は、同じ箱のなかに粒子が一個しか存在しない場合にその粒子を見出す確率よりも小さくなる場合がある。

波どうしが干渉するとき、その結果として生じた波が影響を受けるのはその高さ――すなわち振幅――であり、波の山か谷かに応じて振幅は正にも負にもなるので、粒子の波動関数は、確率振幅と呼ばれることもある（確率振幅は正、負、どちらにもなりうる）。

そして、音波の振幅と同じように、異なる粒子の確率振幅どうしが互いに打ち消しあう場合もある。

第2章で、発光スクリーンに向けて放った電子がどのように振舞うかを解説したが、その

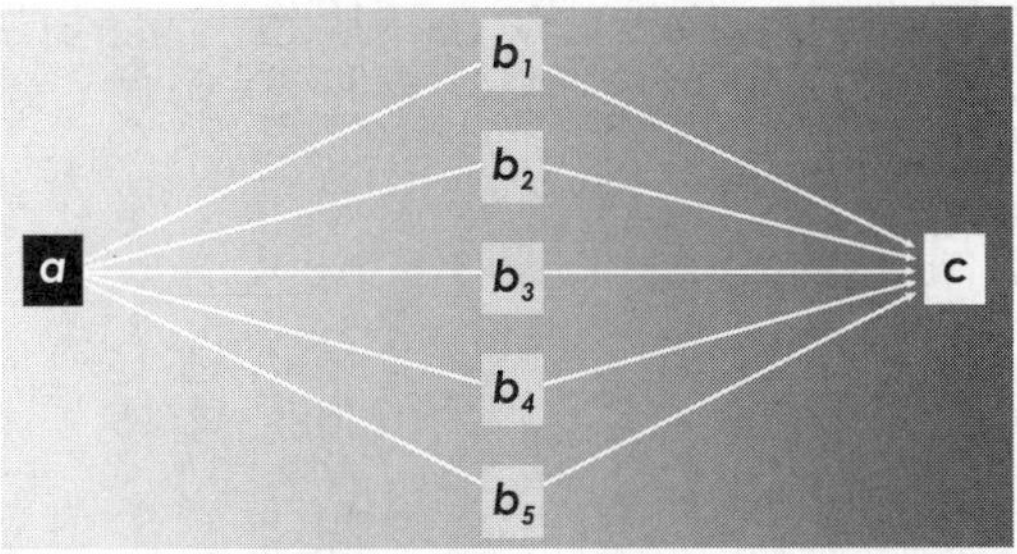

振舞いの背後にあったのが、まさにこのような波の振幅の演算だったのである。こうして、一個の電子が実際に自分自身と干渉しうるということが理解できる。つまり、任意の時間において、電子が一度に多くの場所に存在する確率はゼロではないから、というのがその理由である。

頼れる予言者、確率振幅

ではまず、常識が通用する古典的な世界ではどのように確率を計算するのかを考えてみよう。町aから町cに行くのに、途中にある町bを通っていくとする。町aから町bへ行くあるルートを選ぶ確率がP(ab)、その後町bから町cへ行くあるルートを選ぶ確率がP(bc)で与えられているとしよう。さらに、町bで起こることは、町a、町cで起こることとはまったく関係ないとすると、aからcへ、bを通る特定のルートを通って行く確率は、これら二つの確率を単純に掛け合わせたもの、P(abc) = P(ab) × P(bc)で与えられる。たとえば、bへ行くあるルートを選ぶ確率が五〇パーセントで、その後、bからcへの特定のルートを取る確率が五〇パーセントだったとする。このとき、四台の自動車を送り出したとすると、そのうち二台は、そのルートを通ってｂに行き、そして、これら二台のうち一台だけが、ｂからｃへ、その特定のルートを通って行くだろう。したがって、出発してから到着するまで、意図したルートを通る確率は二五パーセントである（＝0.5×0.5）。

さて、ａとｃのあいだで、どの特定のｂを通るかは問題にしないことにしよう。すると、P(ac)で与えられる、ａからｃへ行く確率は、ａとｃのあいだの任意の点ｂを通って行くことにする確率の単純な総和P(abc)となる。

これが理に適っているのは、古典論では、ａからｃへ行こうというとき、そのあいだで（たとえば、ａとｃのちょうど中間にあって）通りうるすべての町をｂで表すと、そのどれか一つを必ず通らねばならないからである（前ページ図を参照のこと）。

（この図は、第1章で登場した、光の経路を示す図とひじょうによく似ており、したがって、今論じている例でａからｃへ行くのが光だったとすると、光がいずれかの経路を進む確率を決定するのに、最短時間の原理を利用することができる。その結果、最短時間で行けるただ一つの経路を取る確率が一、それ以外の経路を取る確率はゼロとなる）

だが困ったことに、量子力学では、物事はこのようには進まない。確率は、ある場所から別の場所へ行く確率振幅の二乗で決まるので、ａからｃへ行く確率は、任意の中間地点ｂを通ってａからｃへ行く確率の和では表されない。なぜかというと、量子力学では、二つの事象の両方が起こる確率を求めるときに掛け算するのは、経路の各部分の確率振幅であって、確率そのものではないからだ。したがって、ある特定の点bを通ってaからcへ行く確率振幅は、「aからbへ行く確率振幅」に「bからcへ行く確率振幅」を掛け合わせたものとなる。

どの点bを通過するかを特定しなければ、aからcへ行く確率振幅は、古典的な場合と同じように通過しうるすべての点bについて、aからbに行く確率振幅に、bからcへ行く確率振幅を掛けたものを、足し合わせたものになる。だが、だとすると、実際の確率は、「これらの積の和」の二乗によって与えられることになる。和のなかのいくつかの項は負でもありうるので、第2章でご説明した、スクリーンにぶつかる電子たちが行なった、常軌を逸した量子論的振舞いが起こる可能性が出てくるわけだ。つまり、粒子がaからcへ行くのに、そのあいだにある二つのスリット（仮に、bとb′としよう）のどちらか一方を通るというプロセスが起こっているあいだ、粒子がbとb′のどちらを通るかは測定しないことにすると、粒子がスクリーン上の点cに到着する確率は、可能な二つの経路のそれぞれを通る確率振幅、それぞれを別々に二乗したものの和で表される。だが、粒子がaとcのあいだで、bとb′のどちらを通るのかを実際に測定するならば、確率は単純に、一つの経路の確率振幅の二乗となる。多数の電子を一度に放出するなら、スクリーンに最終的に描かれるパターンは、前者の場合、個々の粒子について、取りうる二つの経路のそれぞれに対する確率振幅を二乗したものの和を、すべての粒子について足し合わせたもので決定される。これに対して後者の場合は、個々の電子が取ったどちらか一方の経路について確率振幅を二乗したものを、すべての電子について足し合わせたもので表される。ここでもやはり、数の和を二乗したものと、同じこれらの数の二乗を足し合わせたものは違うので、前者の確率が後者の確率と大幅に違う場合もある。そして実際、第2章で見たように、出発点と終点のあいだで粒子を測定しなければ、これを測定した場合とはまったく違う結果となる。

量子力学は、常識に合うかどうかは別として、きちんと現象を予測するのである。

経路に注目する

リチャード・ファインマンが注目したのは、まさにこの、量子力学が持つ、一見理屈に合わない面だ。彼はのちにこのように言った――「粒子がaからcへ行く途中で、粒子の位置は特定のbという値を取るという主張が間違っているならば、古典的な描像は間違っている」。量子力学では、これとは異なり、可能な経路はすべて許され、bのあらゆる値が同時に選ばれる。

ファインマンの次なる疑問は、「はたして量子力学は、確率振幅そのものではなくて、確率振幅が付随している経路を軸に再構築できないだろうか？」というものだった。じつはこの疑問を掲げたのは彼が最初ではなかったのだが、彼はその答えを最初に導き出す人物となる。

第5章　終わりと始まり

僕は問題を精神、あるいは心理学に帰するのではなく、数に帰する。
──リチャード・ファインマン

ディラックのラグランジアン・アプローチ

ホイーラーと築き上げた奇妙な理論を包含できるようにするには、量子力学をどのように定式化すればいいのか、なかなか思いつかずに苦しんでいた最中、リチャード・ファインマンは、プリンストンにあったナッソーという居酒屋で、彼がのちに「ビール・パーティー」と呼ぶ集まりに出席した。パーティーで彼は、そのころプリンストンを訪れていた、ヘルベルト・イエラというヨーロッパの物理学者に出会い、今何に取り組んでいるのかと尋ねられた。ファインマンは、最小作用の原理を軸として量子力学を定式化する方法を編み出そうとしているのだと説明した。イエラは、量子力学の創設者の一人で、傑出した物理学者のポール・ディラックが発表したある論文に、もしかしたらその答えを探る鍵が潜んでいるかもしれないと言った。イエラの記憶によれば、ディラックは、作用を計算する大本になる量（第1章で紹介したように、この量がラグランジアンで、ある粒子系の運動エネルギーとポテンシャル・エネルギーの差と定義される）を、量子力学の枠組みのなかで使う方法をこの論文で提案したのだという。

翌日、二人はプリンストンの図書室に行き、ディラックによる一九三二年の、タイトルもまさにどんぴしゃの「量子力学におけるラグランジアン」という論文を調べた。この論文のなかでディラックは以下のような、先見の明ある見事な提案を行なっていた。「ラグランジアン［を使ったアプローチ］は、ほかの方法に比べ、より本質的だと考える理由がいくつかある。それらは、（a）ラグランジアンは作用原理に結びついているから、そして（b）（こちらの理由のほうこそ、ファインマンのその後の研究に極めて重要だったが、当時彼はまだ気付いていなかった）ラグランジアンはアインシュタインの特殊相対性理論の結果をより容易に包含することができるから、というものだ」。しかしディラックは、核となるアイデアは確かにすべて把握していたのに、この論文では、有用な対応を示す形式を展開し、古典力学の最小作用の原理と、量子力学における一個の粒子の波動関数の時間による発展を表す、もっと標準的な形式とのあいだに類似点があるようだと示唆しただけだった。

ファインマンは、いかにもファインマンらしく、その場ですぐにいくつか簡単な例を計算して、ディラックの言う類似がほんとうに成り立っているかどうかを確かめることにした。

そのときの彼は、良い物理学者ならすべきと自ら信じること――すなわちここでは、ディラックが類似点があるようだと言ったときに意味していたことを確かめるために詳しい例を検討すること――をやっていたまでのことだった。だが、この大学院生が、先達の論文を読んでいたそのプリンストンの図書館の小部屋で、即座に計算を始め、ついていけないほど素早く計算を進めていくのを見守っていたイエラは、事の重大さをもっとよく理解していた。彼はそれをこんなふうに言った。「君たちアメリカ人ときたら、いつも何かうまい使い道を探してるんだよな。でも、それこそ新しい発見をするうまい方法だよ」。

彼は、ファインマンがディラックの研究を一段階先に進め、そうするなかで、一つ重大な発見をしたのだということに気付いていた。ファインマンは、量子力学をラグランジアンを使って定式化する方法を、明確に打ち立てたのだった。こうしてファインマンは、量子力学を完全に再定式化するための最初の一歩を踏み出したのであった。

ディラックとなけなしの言葉を交わす

正直なところ、このプリンストンの朝、ファインマンがほんとうにディラックの上を行ったのかどうかについては、わたしは疑わしいと感じている。実際、ディラックの論文を理解できる者なら誰でも、鍵となる重要な考え方のほとんどすべてがそこに記されていることはわかるのである。ディラックがもう一歩進んで、それらの考え方が実際に使えるかどうかをどうして確かめなかったのかは、永遠に謎であろう。彼は、両者が対応しているかもしれないという可能性を示しただけで満足してしまい、そのことが何か実際的な目的に特に有用かもしれないとは少しも考えなかった、というところだったのかもしれない。

ディラックは、彼が類似と呼んだ関係が厳密に成り立っていることを自分自身にすら証明したことがなかった――そのことを裏付ける情報としては、一九四六年に行なわれたプリンストン大学二〇〇周年記念の祝典でディラックと交わした会話を、ファインマンがのちに回想して話したことしかない。ファインマンはディラックに、彼の言う「類似」は、単純な比例定数一つを使えば厳密に表現できることに気付いていたのかどうか尋ねた。その後の会話はこんなふうだったとファインマンは回想している。

ファインマン「両者が比例関係にあると、気づいておられましたか?」
ディラック「そんな関係が?」
ファインマン「はい、あるんです」
ディラック「それは面白い」

ぶっきらぼうで融通が利かないことで有名だったディラックにしてみれば、これでも長い会話であった。そして、この会話は彼について多くを語っていると言えよう。たとえばディラックは、やはり有名な物理学者のユージン・ウィグナーの妹と結婚した。彼女を人に紹介するとき、ディラックはいつも決まって、自分の妻としてではなく、「ウィグナーの妹」と言って紹介するのだった。どうやら、彼女が自分の妻だという事実は人に知らせる必要のないことと感じていたらしい（あるいは、当時彼の同僚の多くがそうであったように、彼も女性嫌いだっただけなのかもしれない）。

これよりもっと意味深そうな、デンマークの高名な物理学者、ニールス・ボーアが登場する逸話を聞いたことがある。ボーアは、やはり高名な物理学者、アーネスト・ラザフォードがイギリスから彼の元によこした、あまりに無口な博士課程修了生（訳注：すなわちディラック）について不満をこぼしたらしい。それを聞いたラザフォードは、オウムを買いにペットショップに行った人の話をボーアにした。その人は、とても色鮮やかな鳥を見せられ、この鳥は、違う言葉を一〇話すことができ、値段は五〇〇ドルだと言われた。次に、それより一層色鮮やかな鳥を見せられ、この鳥は一〇〇語の語彙を持ち、値段は五〇〇〇ドルだと言われた。そのあと彼は、片隅に薄汚い鳥が一羽いるのに気付き、この鳥はいくらするのかと尋ねた。なんとその値段は一〇万ドルだという！「どうしてかね？」と彼は尋ねた。「この鳥はちっとも美しくないじゃないか。じゃあ、いくつ言葉をしゃべるのかね？」これには、「まったくしゃべりません」という答え。わけがわからなくて、彼は店員に言った。「ここにいるこの鳥は美しくて一〇語しゃべり、五〇〇ドル。あそこにいるあの鳥は一〇〇語しゃべり、五〇〇〇ドル。じゃあ、どうしてあっちにいるあの薄汚い小さな鳥が、まったくしゃべらないのに、一〇万ドルもするのかね？」店員はにっこりして、「あの鳥は考えることができるのです」と答えた。

「経路の総和」という考え方

ディラックが一九三二年に直観し、その後ファインマンが即座にはっきりと理解したのは次のようなことだった（彼がこのような言葉でそれを説明するにはしばらく時間がかかったが）。古典力学では、aからcに至るさまざまな古典論的経路のそれぞれに対してラグランジアンと作用関数で確率が単純に決定され、結局、作用が最小になる経路は確率が実質的に1になり、それ以外の経路は確率が実質的に0になることで正しい経路（訳注：すなわち、作用が最小で実際に質点が取る経路）が決まるのだが、これに対して量子力学では、ラグランジアンと作用関数で計算できるのは、aからcに至る確率ではなく確率振幅であり、さらに、多数の異なる経路がゼロでない確率振幅を持ちうるということだったのだ。

プリンストンの図書館で過ごしたその朝、単純な例を使ってこのアイデアを詰めているあいだに、ファインマンは――あっけに取られているイエラの目の前で――粒子の移動時間が極めて短い場合にこの手法を使って確率振幅を計算すると、シュレーディンガーの方程式を使った従来の量子力学とまったく同じ結果が得られることに気付いた。それだけではなかった。系が大きくなって古典論的運動法則が系を支配するようになる極限においては、ファインマンが思いついた形式は、古典力学の最小作用の原理に収束することもわかった。

どうしてそうなるかはそれほど難しくない。aからcに至るすべての可能な経路を考えるとき、それぞれの経路の確率振幅に、その経路の作用の総和に比例する「重み」を加えることができる。量子力学では、多くの異なる経路――進み始めたらすぐ止まるものや、すぐに速度が変わる経路など、とんでもないものも含めて――がゼロでない確率振幅を持ちうる。さて、各経路に割り当てられた「重み因子」は、その経路の作用の総和によって表現されるある値である。量子力学では、任意の経路について、その作用の総和は、「プランク定数」と呼ばれる、極めて小さな作用の単位を何倍かしたものでなければならない。このプランク定数は、量子論における作用の基本的な「量子」であり、本書で先に出てきた際には、粒子の位置や運動量の不確定性の下限を決めるものでもあると説明した量である。

したがって、ファインマンがこのあとすべきことは、量子力学のお決まりの手順に従って、さまざまに異なる経路の確率振幅に割り当てられた重みをすべて足し合わせ、この量を二乗するだけでよく、この二乗した値こそが、時間tが経過したあとに、粒子がaからcに移動している遷移確率を与えるのだった。

「重み」は正の場合も負の場合もあるということから、量子力学で見られる奇妙な振舞いを説明するだけでなく、古典的な系が量子力学的系とは異なる振舞いをする理由も説明できる。というのも、系が大きくて、各経路についての作用の総和がプランク定数よりも大きければ、経路がほんの少し変化しただけでも、プランク定数で表される作用が大きく変化する。その結果、近いけれども異なる二つの経路のあいだで、重み関数が正から負へと大きく変化する場合も生じうる。このような効果を、いろいろな経路について足しあわせると、全体として、作用が正である多数の経路についての和が、作用が負である多数の経路についての和でちょうど打ち消されてしまうのだ。

しかし、作用が最小の経路(したがって、古典論では唯一許される経路)の場合は、経路が少し変化しても、作用はほとんど変化しない。したがって、最小作用を与える経路に近い経路は、作用の総和に対してほぼ同じ重みを持ち、その作用は打ち消しあわない。そのようなわけで、系が大きくなるにつれて、遷移確率は古典論的経路に極めて近い経路からの寄与だけでほとんど決定されてしまうようになり、極限においては、古典論的経路のみが実質的に確率1となって、ほかのすべての経路は確率0となる。こうして、古典力学の最小作用の原理に戻るのである。

ファインマン流「時空アプローチ」の誕生

数日後、ファインマンはベッドに横たわりながら、ごく短い時間間隔にわたっての経路に対して行なった解析を、ディラックの考えを今一度拡張して、任意に長い時間間隔にまで広げて適用するにはどうすればいいか思い巡らせていた。古典論の極限もうまく説明できること、そして、単純な量子力学系に対しては標準的なシュレーディンガー方程式に収束することを示すのが大事だったのは確かだが、ファインマンが一番わくわくしたのは、今自分は、従来の手法では記述できなかった、彼とホイーラーが考案した電磁力学系のような、もっと複雑な物理系の量子力学を探求するための手法を手にしているということだった。

彼の動機が、量子力学を拡張して、従来の手法では量子力学的には記述できなかった系をも説明できるようにしたいということだった一方で、ディラック、シュレーディンガー、そしてハイゼンベルクによる、より標準的な定式化が適用できる系については、どの方法もまったく同等であるというのも確かだった。だが、重要だったのは、物理的プロセスを描くファインマンの新しい手法が、量子宇宙について「心理的に」まったく新しい理解をもたらすということだった。

ここで「描く」という言葉を使ったのには重要な意味がある。というのも、ファインマンのこの手法のおかげで、図を使って量子力学を考えるすばらしい方法が使えるようになるからだ。この新しい方法を確立するには、ファインマンをもってしても多少時間がかかり、彼は自分の論文のなかでは、「すべての経路にわたって足し合わせる」ということにははっきりとは触れていない。六年後、《レビューズ・オブ・モダン・フィジックス》に掲載される記事として彼がこの論文を仕上げた際には、この考え方が中心となった。一九四八年のこの論文は、「非相対論的量子力学への時空を使ったアプローチ」という題で、わたしがここで説明した確率に関する議論で始まり、そのあとすぐ、時空に伸びる多数の経路についての議論へと進む。驚くべきことに、この論文には図がまったくない。当時は、図を描く画家を確保するのにかなりの費用がかかったからかもしれない。いずれにせよ、のちには図が登場する。

原子物理学の世界へ立ち寄る

自分の論文の基盤とするために、ファインマンがこれらの結果を文章にまとめていた一九四二年、世界は二〇世紀二度めの大戦に巻き込まれ、混乱のさなかにあった。論文を仕上げ、結婚し、仕事を見つけるという個人的な目標に追われていたファインマンは、ある朝自分のオフィスにいたところ突然、プリンストン大学で実験物理学の指導教官をしていたロバート・ウィルソンの訪問を受けた。ウィルソンはファインマンを座らせ、間違いなく極秘情報だったであろう話を打ち明けた。とはいえその情報は、まだ完全に極秘扱いにもされていない真新しいものだった。

アメリカ合衆国は原子爆弾を製造するプロジェクトに乗り出そうとしており、プリンストン大学のグループが、原爆の原料を作る方法として可能性のあるものを一つ担当することになっていた――ウラン二三五（二三五というのは、原子核のなかに存在する陽子と中性子の数を足し合わせた数字である）という、ウランの軽い同位体を使う方法だ。原子核物理学の計算で、自然界で最も大量に存在する同位体、ウラン二三八では、現実的な量で原子爆弾を作ることはできないことがわかっていた。問題は、「爆弾を作ることはできるけれども、稀にしか存在しないウラン二三五を、はるかに大量に存在するウラン二三八から分離するにはどうすればいいか？」という点だった。ある元素の同位体どうしは、原子核内の中性子の数が違うだけで、陽子と電子の数は同じなので、化学的な性質はすべて同じであり、したがって化学的な分離法はまったく使えない。物理学を使わなければならなかった。ウィルソンがこの秘密を打ち明けたのは、自分が提案した実験的手法が実際に有効かどうかを確かめるために必要な理論的な研究でファインマンに手伝ってほしかったからだった。

これを聞いたファインマンは、難しいジレンマに立たされることになった。彼はなんとかして自分の論文を完成させたかった。目下取り組んでいる最中の問題を楽しんでおり、自分が愛する科学を続けたかった。それに、卒業だってしたかった。というのも、それは自らに課した、結婚の前提条件だったからだ。何より気が進まなかったのは、ウィルソンがファインマンに専念してほしかった問題は、ファインマンにしてみれば技術であり、それは彼が学部学生時代に一度取り組んではみたものの、やはり物理学を選ぶために立ち去った分野だったのである。

彼は最初、申し出を断ろうとした。だが同時に、この戦争で勝利する一助となれる可能性をどうして断れるのかとも思った。以前、通信部隊で働けるなら陸軍に志願しようと考えたこともあったが、配属部署の保証はできないと言われてあきらめたこともあった。今、それよりもはるかに重要な貢献ができる可能性が目の前にある。それに、ここで問題になっている原子核物理学は、秘密でもなんでもないのだということにも思い至った。彼がのちに語ったように、「科学の知識は、世界全体が共有する、国際的な知識だ……当時、どんな知識も技法も、誰にも独占されていなかった……。だから、われわれが可能だと考えることを、彼ら［ドイツ人たち］もやはり可能だと考えない理由などまったくなかった。彼らも、まったく同じ情報を持つ、同じ人間だったのだから……。僕が知るそれを食い止める唯一の方法は、彼らより早くそこに到達し、彼らがそうすることを妨げるか、あるいは彼らを打ち負かすか、どちらかだった」。そのような恐ろしい兵器を製造することが正しいことなのかどうか、彼は一瞬考えたが、やはり結局、自分の研究論文を引き出しに仕舞い、ウィルソンから告げられた会合に足を運んだのだった。

そのとき以来ファインマンは、量子力学と電子の抽象的な世界ではなく、電子工学と材料科学の細々した事柄に没頭するようになった。彼は、自分自身で学んだことと、ホイーラーの原子核物理学とウィグナーの物性物理学の優れた講座をいくつか受けて身につけたことで、準備万端だった――いつもそうだったが。それでも、慣れなければならないこともあった。彼と、ホイーラーのもう一人の研究助手で、ハーバードを数学で卒業したポール・オーラムの二人は、ただちに仕事に取り掛かり、正しくできているのかどうか、彼らとしてはまったくおぼつかない計算を行なったが、そのあいだにも実験担当者たちは装置を組み上げる作業をどんどん進めていた――それこそ、ものになるかならないかをファインマンとオーラムが判断しなければならない装置そのものであった。

このときファインマンは、その後の科学者人生において繰り返し感じることになる、ある思いを初めて心に抱いた。それは、理論物理学の計算は大好きだけれども、実際に実験で試されるまで、自分はそれを本気で信じたりはしない、という思いだった。知識の最先端で自然を理解しようとすること自体、眩暈《めまい》がしそうだったが、自分の計算に基づいた判断が、最終的には、一つの国家がこれまでに実行した最大の産業プロジェクトに直接影響を与えるという責任を負うことにも、やはり押しつぶされそうなプレッシャーを感じた。

結局、ウィルソンが提案した同位体分離装置は採用されなかった。選ばれたのは、遠心分離法に基づく方法で、これは今日《こんにち》なお使用されており、イランなど、いくつかの国々が莫大な資金をつぎ込んでウラン濃縮設備を建設し、国際社会を狼狽させている。

自らの限界を明記した学位論文

ファインマンの学位論文を指導していたホイーラーは、このあいだも彼を見捨てなかった。ホイーラーはプリンストンを去ってシカゴ大学に移り、世界初の原子炉を建設する仕事でエンリコ・フェルミに協力した。目的は、連鎖反応を制御する原理をテストし、核爆弾の建設に必要な、無制御の連鎖反応実現の一歩とすることだ。だがホイーラーは、ファインマンが何の研究をしているのかも承知しており、一九四二年の春、ついに、もうこれ以上は待てないと決断した――彼とウィグナーは、ファインマンの学位論文研究は完成間近であり、もう書き上げるべきときだと断じ、そしてファインマンにもそのことをはっきりと伝えたのだった。

ファインマンは、それに従った。彼は自分が何を成し遂げたかをちゃんと認識していた。彼は、可能なあらゆる経路について作用を足し合わせた総和（数学用語では、「積分」）に対して最小作用の原理を使って、従来とはまったく異なる方法で量子力学を導出しなおしたのである。これによって、標準的なシュレーディンガーの手法が当てはめられない状況――特に、ファインマンとホイーラーが電磁気学のために案出した「吸収体理論」（訳注：六二ページから六五ページでファインマンとホイーラーが電子の自己相互作用という概念を無用にするために展開した考え方を、「吸収体仮説」と呼ぶ。すなわち、一個の電子からの放射は必ず、その電子を取り巻く周囲一面の他の電子に吸収され、それらの電子からの反作用を受けているのだが、それが自己相互作用のように見えていたとするもの）——への普遍化が可能になったのだ。これこそ彼が関心を抱いていた事柄で——彼自身、これこそがほんとうの前進だと考えていた——、量子力学を導出するために彼が編み出した新しい方法は、一義的には、この目標に至るための手段だったのである。

しかし彼は、自分がまだ成し遂げていないことのほうがそれ以上に気がかりで、学位論文の最後のセクションは、これまでの自分の研究の限界を説明することに充てた。何よりもまず、彼の論文には、どんな理論もその真価の検証として必要だと彼が考える、実験との比較がまったく含まれていなかった。問題の一つは、彼自身重々承知していたように、彼が再定式化したのは完全に非相対論的な量子力学だったが、電荷と放射が含まれる実際の実験を扱うには、それに不可欠な理論である量子電磁力学（QED）に相対性理論を組み込まねばならず、その実現には、彼がまだ取り組んだことのないたくさんの問題への対処が必要だということだった。

そして結局のところファインマンは、量子の世界に対処するために自ら導入した新しい視点を、物理学の立場としてどう解釈するかという問題に悩んでいたのだった。とりわけ、ある範囲の広さにわたって一時的に伸びている多数の経路が、彼の新しい定式化にとって本質的な確率振幅とどのような関係にあるのか、また、任意の時間に実際に物理的な測定を行なう可能性とどのような関係にあるのかは、難しい問題だった。測定の問題は、ファインマンの論文に始まったものでも、それに特有のものでもなかった。測定の世界は、わたしたちが経験する古典論的世界——奇妙な量子力学的パラドックスなどまったく起こりそうにない世界——のなかにある。じつは気付かれぬままその根底に存在している量子の宇宙が、「測定」された挙句わたしたちの目に映るときには、理に適《かな》って見えるということが、どういう具合に保証されているのだろう？

量子力学の測定問題

この、量子力学の文脈における測定の問題を、定量的に議論しようと包括的な試みを行なった最初の人物は、プリンストンのジョン・フォン・ノイマンで、ファインマンは彼と交流する機会を得たが、意見は合わなかった。量子力学の話を少しでも聞いたことのある人なら誰でも、観察の対象になっているものから観察者を分離することはできないという説明を耳にするものだ。しかし実際には、予測をし、それを実験データと比較するためには、観察者が観察対象から独立していないわけにはいかない。ファインマンは、測定装置を観察対象からどうやって分離するかというこの重大な問題を、彼が行ないたいと考えていたある特殊な量子力学の計算との関連で、とりわけ気にかけていた。

量子力学では、われわれが測定を行なうと、「波動関数が収縮する」という言い方をするのが慣例になっている。つまり、われわれが測定することによって、ただ一つの状態を除いたほかのすべての状態の確率振幅が突然ゼロになってしまう、というのだ。したがってその系は、ただ一つの状態に存在する確率が一〇〇パーセントとなり、前章で論じたように、系が取りうる、さまざまに異なる多くの状態は、互いに干渉しあうことはまったくなくなる。しかしこれは、ただ単に、ややこしいいくつもの問題をはぐらかしたに過ぎない――いったいどういう次第で、測定が波動関数を収縮させるのか？　そして、そんな事態を引き起こす測定の何がそんなに特別なのか？　さらに、そのような観察を行なうために、人間は必要なのか？　といった問題である。

ニューエイジ思想を売り歩く人々を別にすれば、意識は鍵ではない。ファインマンは、そのような考えとは一線を画し、系と観察者を合わせたもの全体を一つの量子力学系と考えねばならないと論じた（結局のところ、それは本質的に正しい）。観察装置が「大きい」とき――すなわち、観察装置の内部自由度がたくさんあるとき――、そういう大きな系は古典論的に振舞うということを示すことができる。そのような装置が取りうる巨視的なさまざまな量子状態どうしの干渉は無限に小さくなり、実際的な目的に対してはまったく無意味なまでに小さくなってしまうのである。

わたしたちは測定という行為によって、この「大きな」観察系と、「小さな」量子力学系との相互作用を、ある意味「作り出す」。その結果、これらの系には相関が生じる。結局この相関が、小さな量子力学系を「調整」して、単一の「きっちりと定義された状態」にも存在するようにする。そして「測定」を行なうわたしたちは、その系がこの状態のなかにあることを見出す。この意味においてわたしたちは、その小さな系の波動関数が収縮した（わたしたちが測定する一つの状態以外のすべての状態について、その確率振幅がいまやゼロになってしまったという意味で）と言うのだ。

これでもまだ問題は完全に解決されたわけではない。というのも、次には、系と観察者を合わせた一つの量子力学系のなかで、古典論的に振舞う大きな観察部分はどこからどこまでで、どこからが量子力学系になるのか、という問題が持ち上がるからだ。ファインマンはかなりの時間を費やして、フォン・ノイマンとこの点について議論した。ノイマンは、古典論的観察者と観察対象とをどこで切り離すかは、誰かが、ある意味恣意的に決定するしかないと主張したが、ファインマンはそれには満足できなかった。それは哲学的な言い逃れでしかないと感じたのだ。ファインマンは、量子力学は現実の根底に存在しているので、観察者と観察対象の境界線は、その都度恣意的に分離するのではなく、常に同じ一貫性のある方法で組み込まれていなければならないと考えていた。実際彼は、異なる部分系どうしの相関だけによって測定というものを定義し、そのうち一つの部分系を無限に小さくするという方法でやってみようと懸命に努力したのだった。ファインマンは、小さくしていった極限において、ゼロでない有限の相関が残った場合、それを小さい部分系の「被測定部」と名づけた。系の「測定」部のほうをどんどん大きくすれば、こちらの「被測定部」のほうをどんどん正確にすることができた。彼は、一個の原子が関わった事象を記録しているとおぼしき、写真乾板上に残された一つの点を例に取って、次のような詳細な説明を自分用のメモとして残している。

一個の原子について、いろいろたくさんのことを正確に知ることはできないというのなら、結局実際のところ何がわかると期待できるのだろう？　提案――一個の原子の性質のうち、無数の原子と（有限の確率で）（さまざまな実験の設定によって）関係付けられるような性質のみが測定できる（すなわち、写真に写った点が「リアル」なのは、それを拡大してスクリーン上に映し出すことができるから、とか、大きなバットに入った水溶液あるいは、巨大な脳みそを反応させられるから、などなどの理由による――いくらでも大きなものに影響を及ぼさせることができる――ある列車がニューヨークからシカゴへ行くのかどうかを決定することもできる――あるいは、ある原子爆弾が爆発するかどうか――などを）。

測定理論は今日《こんにち》なお、量子力学の頭痛の種だ。大きな進歩が遂げられている一方で、わたしたちが経験している古典論的世界が、その根底に存在する量子力学的リアリティーから生じているかどうかは、少なくともすべての物理学者が満足するほどには、まだ完全には説明されていないというのが正しい。

ファインマンが学位論文を仕上げていた際に何に注目していたかを示すこの例は、まだ物理を学ぶ大学院生に過ぎなかった者が、研究を進める過程で、これほど高度な問題に取り組まずには済ませられないと考えていたことを示しているという点でとても意味が大きい。さらに、ファインマンの「経路積分形式」は、系を多数の部分に分割することを可能にした――このことは、量子力学における測定の問題において非常に重要だと思われる。というのも、この形式のおかげで、系のなかでわれわれが測定しない、もしくは、測定できない部分を選んで、それらの部分を、注目したい部分から完全に分離することができるからだ。このようなことは普通、標準的な量子力学の形式のなかでは不可能である。

経路積分――量子力学の再定式化

この考え方は実際、それほど難しくはない。すなわち、われわれが無視してしまいたい経路、もしくは経路の一部分についての作用に対応する重みをすべて足し合わせてしまえばい――たとえば、二点を結ぶごく普通の直線的な経路のまわりを、小さな円形ループ――これは測定不可能なほど小さい――がグルグル何重にも取り巻いていることで生じる余計な細かい効果をすべて足し合わせてしまうのである。小さなループのせいで生じる余計な効果のぶんは、なんならループのない直線の経路の作用に対して、計算可能なごく小さな量だけ作用を上乗せしてやればいいのだ。無視したい経路について足し算（そんな経路が無限にある場合は、積分）したあとは、そんな余計な円形ループ経路のことなど忘れて、元々考えたかったまっすぐに近い経路に、少し上乗せした新しい作用を使うかぎり、これらの都合のいい経路だけを考えることができる。このプロセスのことを、「系の部分を積分消失させる」と呼ぶ。

これは、一見したところでは、触れるに値しない細かい数学テクニックに過ぎないと思われるかもしれない。しかし、このあと本書でも見るように、この手法こそが、二〇世紀の基礎物理学における最も重要な理論上の進歩のほとんどすべてを最終的には可能にするのであり、この手法がなかったなら、「科学的真理」というあやふやな概念に過ぎなかったであろうものを完全に刷新し、定量化することを可能にするのである。

だがさし当たって、一九四二年のこの時期、「量子力学における最小作用の原理」という題のこの論文を仕上げていたファインマンは、ほかに考えねばならないことをいくつも抱えていた。六月、卒業の準備をしていた彼は、原子爆弾を実際に製造する仕事に専念するために、ロスアラモスに移動するよう命ぜられた。それとは別に、卒業したらすぐに、長いあいだの夢だった結婚をするための計画を立てるのにも懸命だった。そのようなわけで、差し迫っていた物理学上の問題を一旦棚上げにして、ほかのことを片付ける仕事に専念せねばならなかったのであった。これほどあれこれ気を取られることがあったのだから、論文のなかで、ホイーラー教授には助言と励ましに感謝を述べていたものの（ついでながら、事実上これで二人の共同研究は終わりとなった）、論文のテーマ（さらに、最終的には、ノーベル賞獲得に至る研究）と、高校の物理の授業でベイダー先生が理論物理学の秘められた美に目覚めさせてくれたこととを結びつけて、感謝の言葉をしたためようとはしなかったのも不思議はなかったかもしれない。仮にそんな言葉があれば、一層感動的になっていたに違いないのだが。

五年後、ファインマンにはまるで無限の時間が過ぎたかのように思えたであろうが、戦争も終わり、彼もようやく自分の論文を出版に向けて書き上げる仕事に取り掛かることができた。しかし、論文のテーマを高校時代のベイダー先生の助言に結びつけることはこのときもやはりしなかった。だが彼は、プリンストンを去ったとき以来持ち続けてきた希望——つまり、自分の力ではどうにもならない、人の世で巻き込まれる狂気じみた状況を生き抜き、そして、ついにそこから解放されて、もっと夢中になれるし、自分の力で征服できると確信もできた、量子力学の世界の狂気じみた出来事を時間のかぎり探求できるようになるまでの間、彼を励まし続けたに違いないもの——を、次のような明確な言葉で述べることができた。

この定式化は、より一般的な定式化と数学的に等価である。したがって、本質的に新しい結果は一つもない。しかし、古い事柄を新しい観点から構築しなおすのは、楽しいことである。しかも、この新しい観点が、著しく有利となる問題がいくつも存在する……。加えるに、新しい観点によって刺激され、既存の理論にどんな変更を加えればいいかというアイデアが生まれるかもしれないというのは、常にあらまほしき希望である——現在行なわれている実験による成果も説明できるようにするためには、そのような修正が既存の理論にどうしても加えられねばならないのである。

第6章　無垢の喪失

ファインマンは第二のディラックだ。唯一の違いは、今度のディラックは人間だというところだ。

——リチャード・ファインマンについてのユージン・ウィグナーの言葉

ファインマンが失ったもの

リチャード・ファインマンは、一九四二年に博士号を取ってプリンストンを卒業したとき、どちらかといえば純朴で希望に満ちた青年で、同じ大学の学生仲間や教授たちには、優秀で生意気な切れ者として有名だったものの、学外にはほとんど知られていなかった。三年後、ロスアラモスから現れた彼は、試練にさらされ実力は十分証明済み、世界中の主立った物理学者のほとんどが一目置く物理学者で、やや人生に疲れ、斜に構えた大人になっていた。このあいだに彼は、戦争の避けられぬ副産物として、学者として、人間としての純真さを失ったばかりか、私生活においても筆舌に尽くしがたい喪失を経験したのだった。

アーリーンとの結婚

ファインマンは卒業証書のインクも乾ききらぬうちに、母親に送った冷静極まりない手紙で説明していたとおり、アーリーンと結婚するという決意を実行に移し始めた。彼の両親も、アーリーンの両親も、二人の愛をというよりも、ファインマンとアーリーンそれぞれの健康を心配して反対したが、無駄だった。彼もアーリーンも、お互いのことを、外からのあらゆる攻撃から身を守るための盾のように感じていた。二人一緒ならできないことなどないと、彼らは将来について悲観的になるのを拒否した。リチャードがプリンストンの新しいアパートに引越し、結婚式の最後の手配を終えた直後に、アーリーンが彼に送った手紙にあったように、「わたしたちは小さな人間じゃないわ――わたしたちは巨人よ。……わたしたち二人には未来が待っているわ――そこには数え切れない幸福が満ちているの――今も、そしてこれからもずっと」。

二人が共に過ごした短い生活のどんなエピソードも、心を揺さぶらずにはおかない。彼らが結婚式と決めた日、リチャードは友人からステーションワゴンを借り、中にマットレスをいっぱい敷き詰めて、アーリーンが横になれるようにした。それからプリンストンにある彼女の両親の家まで車を飛ばし、ウエディングドレスに身を包んだ彼女を乗せて、二人でスタテン島へと向かい、家族も知人も一切出席しない結婚式を挙げ、そこからすぐに、アーリーンが一時的に暮らす新居、ニュージャージー州の慈善病院に向かったのだった。

それからまもなくファインマンは、大騒ぎしてみんなに知らせることも新婚旅行もせずに、研究のためにプリンストンへと戻った。しかし、やることなど何もなかった。ウィルソンとの共同研究は取りやめになり、チームは次の指令が出るまで待機していた。当時、中心的な活動はすべて、エンリコ・フェルミとホイーラーが原子炉を建設していたシカゴ大学で行なわれていたので、そこで何が行なわれているのか探るために、ファインマンがシカゴへ派遣されることになった。

彼の一九四三年の旅の初めは、仲間たちや上司たちに出会い、彼らを感心させる機会がいくつも続けざまに訪れて、はなやかなものになった。戦争はすべての人間の生活を混乱に陥れたが、ファインマンには、少なくとも二つの意味で、それ以外にはありえなかったすばらしい機会を提供したのだった。

まずなんと言っても、最も優秀な頭脳が、閉ざされた場所で二年間過ごすために集められていたのだから、ファインマンは、本来なら世界中を旅しなければ会えなかったはずの傑出した物理学者たちの目の前で実力を示すことができた。人間的には問題を抱えていたとしても、とびきり頭の切れる物理学者、ロバート・オッペンハイマーとはじつは初対面ではなく、一九四二年以来ニューヨークやマサチューセッツにあるMITの放射能研究所で定期的に行なわれていた会議にオッペンハイマーが出席した折に、ファインマンはすでに強い印象を与えていた。このオッペンハイマーが、まもなく原爆プロジェクト全体のリーダーに選ばれることになる。情報収集のためシカゴにやってきたファインマンは、そこの理論グループが何カ月も悩んでいた計算をさらりとやってのけて、彼らをつくづく感心させた。

プリンストンに戻り報告を済ませたファインマンは、それほど待つこともなく、次はどうなるのか知ることができた。オッペンハイマーは、原爆プロジェクトのリーダーに選ばれると即座に、ニューメキシコ州のロスアラモスを活動の地として選んだ。それはメサ特有の荒涼とした美しさのある郊外で、オッペンハイマーは若かりしころ、この地を放浪したことがあったのだった。また、孤立した安全な場所であることという、軍の要請にも一致した。ここがまもなく、一キロメートル四方当たりの最も優秀な科学者の人口密度が史上最高の、世界最先端の研究施設となるのだ（かつてジョン・F・ケネディは、トーマス・ジェファーソンがたった一人でホワイトハウスのなかで食事をした時こそ、最も優れた才能と知識の集積した瞬間とほのめかしたが、ロスアラモスは知性の密度でそれに勝る頭脳集団となったと言えよう）。

オッペンハイマーは傑出した科学者だったが、原爆プロジェクトの成功にとってより重要だったのは、彼が他人の才能を判断することにも同じくらい傑出していたという点だ。オッペンハイマーはすぐさま動き始め、研究所や付随する居住施設がまだ完成しないうちから、ずば抜けたメンバーからなるチームを作るために、人材を引き抜いて集め始めた。言うまでもないが、彼はファインマンにも目を付け、ニューメキシコへ来るようあらゆる手段を使って説得し、一九四三年三月、第一陣の科学者たちと共に来させることに成功した。

新婚の二人は、すでにいろいろと戦争の影響を蒙《こうむ》っていたが、オッペンハイマーの申し出は彼らに、思いがけないかたちで別の影響を与えた。アーリーンの病状は次第に悪化していた。結婚のあと、彼女は結局二年しか生きられない。どんな結婚も、その最初の一年は、ロマンスと冒険の時――もしも時があればの話ではあるが――であるはずだ。もしも戦争のおかげで世界が混乱状態に陥らなかったなら、ファインマンは間違いなく学位論文をもっとゆっくりと仕上げ、アーリーンと二人で、彼女の健康が衰えていくなか、プリンストンで緊張した生活を続け、そして、彼女が亡くなる前に、彼はプリンストンとそれほど変わらないところで助教の地位に就いたことだろう。だが、オッペンハイマーの誘いを受けて、荒涼とした未知の南西の地に移ろうという彼の決心は、若い二人、とりわけアーリーンに、二人がずっと望んでいたロマンスと冒険をほんの少し味わう機会をもたらしたのだった。さもなければ、彼女はそんな気分を楽しむことなど決してできなかっただろう。

ファインマンはオッペンハイマーの気遣いと思いやりに心を打たれた。同僚たちから「オッピー」と呼ばれていた彼は、この独立心の強い科学者たちの集団にとって、理想的なリーダーだったようだ。誰もが彼を尊敬せずにはおれなかった――ファインマンがのちに述べたように、「われわれはすべてのことを専門的に議論することができた。なぜなら、彼はそれを全部理解したからね」。それと同時にオッペンハイマーは、この仕事のために彼が集めたすべてのメンバーの生活が快適になるように、普通の人ではなかなか気が回らないようなことにも配慮した。ここでもファインマンの言葉を例に引こう。「オッペンハイマーは、とにかく、とても人間的な人だった。ロスアラモスにこれだけの人数を連れてこようと手配しながらなおも……あれこれ細かいこと全部を気に掛けていた。たとえば、彼が僕に来てくれと言ったとき、僕は、こういう問題があると話した──じつは、妻が結核をわずらっているのだと。彼は自分で病院を探して、僕に電話をかけてきたんだが、『奥さんの看護をしてくれそうな病院がどこかにあるって、スタッフが見つけてくれたんだ』と言うんだ。僕は、彼が引き抜いた大勢の人間の一人に過ぎなかったのに、彼は誰に対してもこうで、メンバーそれぞれの問題にいつも気を配っていた」。アーリーンが入れる病院が見つかったとオッペンハイマーがシカゴから掛けてきた電話は、ファインマンがそれほど心を動かされた理由の一つはそこにあったのかもしれない。いずれにせよ、軍当局と多少交渉した末に、アーリーンとリチャードは三月三〇日、シカゴからサンタフェ鉄道の特急「チーフ」に乗ることになった。アーリーンは喜びと興奮のあまり我を忘れた。

大好きなリッチー──二人でこの鉄道の旅に行けるようにしてくれて、わたしがどんなに嬉しいか、あなたにわかるかしら──結婚してからずっと、望み、夢見てたことが、これなの……あと、一日待てばいいだけね──もう、わくわくして、楽しくて、喜びで胸が破裂しそう──わたしは、食べているときも眠っているときも、「あなた」を──わたしたちの人生を、わたしたちの愛を、わたしたちの結婚を──思っています──わたしたちが築きつつある大きな未来を……ああ、明日が早く来てくれさえすれば。

アーリーンの強い希望で、二人は個室の切符を買い、そして列車に乗り込み、西へと向かった。いくつか可能性を検討した結果、アーリーンはアルバカーキのサナトリウムに入ることになった。研究所の敷地（研究所はまだできていなかった）からは一六〇キロメートルも離れていたが、リチャードはなんとか時間を作って、週一回彼女に会いに通った。

ロスアラモスでの活躍

ある意味、リチャード・ファインマンは、それまでのすべての人生をかけて、この経験の準備をしていたのだった。彼の才能のすべてが、続く二年間で最大限に利用されることになる。具体的に挙げれば、こんな多彩な才能である。彼の電光石火の計算力、人間ばなれした数学の妙技、物理学の直観、実験に対する明確な理解、権威をものともしない態度、原子核物理学から物性物理に至るまでの広範囲に及ぶ物理学の知識（到着してすぐ、彼は体調を崩し、診療所で過ごした三日間、化学工学の教科書を開き、「流体の移送」から「蒸留」までのさまざまなテーマについて読んだことを、母親宛ての手紙のなかで報告している）、そして、計算機への強い関心。

ここで行なった物理学の研究は、彼が大学で行なった研究とはまったく別物だった。未知の領域のなかへと、少しずつ前線を押し進めていくよりはるかに易しかったが、水素原子のなかにいる無垢の電子を研究するのに比べれば、まったく汚い仕事だった。原子爆弾の開発に貢献したことを除いて、ファインマンがこの時期行なった研究からは、永続的な価値のある成果はほとんど生まれなかった（核兵器の性能を表す、ベーテ－ファインマン方程式というものがこの時期に発見され、今日《こんにち》なお使用されているが、それだけである）。

それでもやはりロスアラモスは、ファインマンの科学者人生に深い影響を及ぼした。そしてそれは、多くのことがそうであるように、すべて偶然から始まった。再び彼の言葉を引用しよう。「その日、主立った人物のほとんどが、何かの事情で町を離れていた。家具を配送してもらわないといけないとか、そんなことで。ハンス・ベーテだけが残っていた。彼は、何かのアイデアを考えているときはいつも、それを誰かと議論したいらしかった。身近に誰もいなかったので、彼はわざわざ僕のオフィスまでやってきた……そして、自分が考えていることを説明し始めた。物理学のことになると僕は、誰と話しているかなどまったく忘れてしまう質《たち》なもので、『違う、違う、そんなことばかげている！』とか、そんなふうにしゃべった。僕が反論したときはいつも必ず僕のほうが間違っていたが、彼が求めていたのはまさにそれだったのだ」。ベーテの回想はこうだ。「彼のことは何も知らなかった……。彼はつい最近、プリンストンでホイーラーから博士号をもらったばかりだった。話をしてみると、彼がとても頭がいいのはすぐわかった。打ち合わせやセミナーで、彼はいつも質問をしたが、どれも際立って優れ、深いところを突いた質問だった。やがてわたしたちは一緒に研究するようになった」。そして別の機会に、こう回想している。「彼は最初からとても元気だった……。これは、ちょっとすごいやつだと、即座にわかったね……。ファインマンは、うちの部門全体で一番独創的な人間だろうと思ったよ。それでわたしたちは、ずいぶんといろいろなことを一緒に研究したんだ」。

ベーテとの運命的な邂逅《かいこう》——戦艦対魚雷艇

ロスアラモスでベーテと共に研究する機会を得たことは、運命的と言うほかない巡り合わせだった。彼らはお互いを、驚くほど見事に補いあった。人並み外れて鋭い物理の直観、精神的な持久力、そして計算能力の点では、二人は肩を並べあった。しかし、それ以外のいくつかの点では、ベーテはファインマンの対極だった。ベーテは物静かで慎重で、ファインマンがすぐ興奮するのに対して、困難に直面しても決してうろたえなかった。これは、二人の数学のやり方にも現れていた。ベーテは、どんな計算もその初めのところから取り掛かり、終わりのところで終了した。そのあいだの道がどれほど長く困難であろうと、このやり方を変えることはなかった。一方ファインマンは、途中や最後から取り掛かることが多く、自分が正しい(あるいは間違っている)と納得するまで、あちこちに飛んだり、行きつ戻りつを繰り返したりするのだった。そのほかの点では、ベーテがすばらしい手本となった。ファインマンはベーテのユーモア、周りに影響されない態度、そして、ほかの人々に率直に接し、決して差別しないところが大好きだった。そして、ホイーラーについては、彼がファインマンの熱意と独創性を解放するのに一役買ったのは確かだったが、ホイーラーはベーテがそうであったような、物理学者のなかの物理学者ではなかった。ファインマンが新たな、一層高い水準に上るためには、彼が正面からぶつかることのできる相手が必要だった。ベーテこそそんな人物だったのだ。

ベーテはロスアラモスにやってくる前に、天体物理学で最も重要で厄介な問題の一つを解決していた。それは、「太陽はどのようなメカニズムで輝いているのか？」という問題だった。一〇〇年以上にわたり科学者たちは、いったいどんなエネルギー過程が太陽の動力源となって、われわれが観察しているような輝きを四〇億年にもわたって維持できているのか、頭をひねってきた。最初に登場した説は、一八世紀前半にドイツの医師が提案した、太陽は巨大な燃える石炭の玉で、観察されている明るさを保ちながら約一万年燃え続けることができるというものだ。これはたまたま、聖書を元にある方法で試算した宇宙の年齢とうまく一致していた。一八世紀も後半になると、ハインリッヒ・ヘルムホルツとケルビン卿という二人の高名な物理学者が、太陽は重力によって収縮しながらエネルギーを少しずつ解放しており、これがエネルギー源となって、おそらく太陽は一億年のあいだ輝き続けることができるだろうと推測した。しかし、この見積もりにしても、そのころにはすでに導き出されていた、太陽系の年齢――数億年ではなくて、数十億年――を説明するには、まったく足りなかった。

この謎は二〇世紀にまで持ち越されたが、一九二〇年、ついにアーサー・スタンレー・エディントンが、太陽の内部に何らかの未知のエネルギー源が存在するはずだと主張した。問題は、太陽の断面について計算してみても、太陽内部はせいぜい一〇〇〇万度に過ぎず、確かに熱くはあったが、それほど熱いわけではないということだった。言い換えれば、このような温度で入手できるエネルギーで起こる物理的なプロセスは、当時十分理解されていると考えられており、そこに新たに風変わりな物理学が入り込む余地はないと思われたのだ。そのため、エディントンの発言は疑いの目で見られたが、彼がそれに次のような叱責で応じたことは有名だ。「太陽の中心の温度が、何か新しい物理的なプロセスが起こるほど高くないと考える者たちには、『行って、それより熱い場所を見つけてこい！』と言おう」。

ベーテは、アルノルト・ゾンマーフェルト、ポール・ディラック、そしてエンリコ・フェルミなど、ヨーロッパ最高の物理学者たちと共に研究しており、一九三〇年代前半には、誕生間もない原子核物理学における世界最高の権威者との呼び声も高まっていた。彼はこの分野で決定的な論文をいくつか書いており、ファインマンはそれを学部学生時代に読んで学んだ。太陽のエネルギー源となる新しいプロセスを発見する者がいたとしたら、それはベーテ以外になく、実際一九三九年、彼は偉大な発見を成し遂げた。彼は、この新発見の原子核反応（核のプロセスという意味ではのちに核分裂爆弾で利用された反応と同種のものと言えるが、ウランやプルトニウムなどの重い原子核の分裂に基づいたものとは異なり、水素などの軽い原子核が融合してより重い原子核になる過程であった）が、莫大な量のエネルギーを解放する鍵を提供することに気付いた。そのうえさらに彼は、水素の原子核である陽子を出発点とし、最終的に、二番めに軽い元素であるヘリウムの原子核を生み出す一連の反応が、同程度の量の水素のあいだで起こる化学反応の二〇〇〇万倍以上のエネルギーを解放することを示した。確率論的に考えれば、たったの一〇〇〇万度という温度に置かれた普通の一個の水素原子核が、このような反応を引き起こすに十分なエネルギーを生じる衝突を一回経験するには一〇億年以上かかるとしても、一〇万トン以上の水素があれば、ヘリウムへの変換は毎秒起こりえて、太陽が現在の明るさで約一〇〇億年間輝き続けるに十分なエネルギーを提供できるのである。

この重要な理論上の発見が評価されて、ベーテは一九六七年にノーベル物理学賞を受賞した。ファインマンが量子電磁力学（QED）への貢献でやはりノーベル物理学賞を共同受賞した二年後のことだった。そして、ベーテが太陽のエネルギー源を説明するのに利用した核「融合」反応は、第二次世界大戦が終わった四年後に、「熱核爆弾」、もしくは水素爆弾と呼ばれるものを開発するために、人間の手で再現されることになる。

オッペンハイマーは一九四二年にベーテを引き抜き、賢明にも、ロスアラモスに居住する最高の頭脳と最強の自我の持ち主たちからなる、理論部門の長に任命した。ベーテは彼らと同等の頭脳を持っていたが、それのみならず、物静かだが初志を貫徹するベーテの精神力は、彼らを導き、諍《いさか》いを静め、そしてとりわけ、彼らの変人ぶりを我慢しなければならない指揮管理者には不可欠だったのである。

ベーテは、自分のアイデアをぶつけて反応を試す絶好の相手をファインマンに見出し、同時にファインマンは、自分の放縦《ほうじゅう》な想像力を舵取りするのを助けてくれる理想の師をベーテに見出した。二人とも、自分たちがやっている研究を嫌ってはいなかったことも幸いした。

さすがベーテである、彼はファインマンの才能を即座に見抜き、経験豊富な年長の同僚たちを差し置いて、この二四歳の若造を理論部門のグループ・リーダーに指名するという、型破りとも取られかねない決断を下した。ジャーナリストのステファーヌ・グルーエフは、二人のあいだでなされたやり取りについて、このように回想している。「リチャード・ファインマンの声は、廊下の反対側の端からでもよく聞こえた。『違う、違う、あなたの言ってることはめちゃくちゃだ！』ロスアラモスの理論部門の同僚たちは、コンピュータから顔を上げて、訳知り顔ににやりとしながら目配せしあった。『またやってるぜ！』と、一人が言った。『戦艦対魚雷艇だ！』」

どちらが戦艦でどちらが魚雷艇かは、すぐにおわかりいただけるだろう。しかし、二人で腹の底から笑いあったり、物理について議論を交わしたりしたこと以上に、まだ豊かな感受性を持っていたこの若者に最も持続する印象を残したのは、すべての理論的計算を、数、すなわち、実験結果と比較できる量に結び付けねばならないというベーテのこだわりだった。ファインマンのその後の科学者人生において、このことがほとんどすべてをいかに深く支配したかという点は、いくら強調しても足りないぐらいだ。のちにファインマンはこのように述べた。「ベーテにはある習慣があり、僕はそれを学んだ。それは、必ず数を計算する、ということだ。何か問題を抱えているとき、すべてをほんとうにテストするには――「それを」放っておくなんてできない――、数字を出さなきゃならない。現実の場面にもってこれなければ、そんなものはじつはたいしたことない。だから彼は常に一貫して、理論を実際の場面で使うということを重視していた。それがほんとうのところどう働くかを見るには、それを実際に使うほかないんだから」。

ファインマンがロスアラモスでベーテのもとで働きながら成し遂げたことを挙げてみれば、目を見張るほどすばらしいこともさりながら、その分野が多岐にわたっていることも見逃せない。ファインマンはまず、いわゆる三階の微分方程式――導関数の導関数の、そのまた導関数が含まれる方程式――を数値的に積分（つまり足し合わせる）する方法を、すばやく編み出した。彼の方法は、それによく似た二階の微分方程式よりもはるかに正確であることがわかった。それから一カ月も経たないうちに、ファインマンとベーテは、核兵器の効率を計算する方程式を作り上げた。

次にファインマンは、ウラン二三五型原子爆弾の核分裂を起こす引き金となる、高速中性子の拡散を計算するという、理論的にははるかに難しい問題に取り組んだ。これに対処するために彼が編み出した方法は、のちにQEDに取り組む際に最終的に作り上げた形式に、数学的に極めて近いものだった。

「計算者」ファインマン

原爆製造の最後のいくつかの段階において、ファインマンは計算の責任を負うことになった。そのときは結局、ジョン・フォン・ノイマンの提案に従って、大規模な爆縮を引き金とし、さもなければ安定な核物質の塊《かたまり》を、その密度を高めることで臨界状態に持ち込むという方法でうまく機能するプルトニウム原子爆弾を組み立てようという目標が立てられたのだが、それに必要なありとあらゆる計算の指揮監督に当たったのだった。一九四五年七月一六日の日の出の直前に広大な砂漠の上空で起こった、暗号名「トリニティ」で呼ばれる、人間が起こした世界初の核爆発が成功したのは、この重要な最後の数カ月間、ファインマンが計算でリーダーシップを発揮したことに負うところが少なくない。

ファインマンの仕事には、新しい装置の設計に不可欠な複雑なモデルを使った計算を実行するための、新世代の電気機械型計算機を、使うのみならず、組み立てることまでもが含まれていたが、これにはファインマンの数学の能力ばかりか、機械を作ったり使ったりする腕前もまた試された。ベーテがのちに書いているように、

ファインマンは何でもできた。とにかく何でもできた。あるとき、われわれの部門で一番重要なグループが、計算機を使って仕事をすることになった……。わたしがこれらのコンピュータの担当に選んだ二人の男は、コンピュータで遊ぶばかりで、われわれが求めている答えなど、まったく持ってこなかった。……わたしはファインマンに、彼らに代わるよう命じた。彼がそこに行くや否や、われわれは毎週結果を受け取るようになった――それも、夥しい件数の、極めて正確な結果を。彼は常に何が必要とされているかを承知しており、しかも、それを達成するには何をせねばならないかも承知していた。

……コンピュータが届いた日のことに触れておきたい。コンピュータは箱で届いた――

一台あたり一〇箱ずつぐらいだった。ファインマンと、以前グループ・リーダーだった男が、コンピュータを組み上げた……。あとで、ＩＢＭからコンピュータのプロが何人か来たとき、彼らはこう言った。「こんなことができるとは、今まで聞いたことがありませんよ。素人がこの手の機械を組み上げたのなんて、一度も見たことありませんでした。しかも、これ、完璧ですよ！」

ファインマンが生まれ持った才能を活用し、物理学者として成熟していくかたわら原子爆弾の製造を成功させることにどれほど大きな貢献を行なったかは、物理学者で歴史家でもあるシルヴァン・シュウェーバーが見事に記述している。「彼の多才ぶりは伝説的だった。錠前破り、マーチャント・アンド・モンローの計算機の修理、ＩＢＭのコンピュータの組み立て、パズルや難しい物理学の問題を解く、新しい計算法を提案する、そして、実験家に理論を説明し、理論家に実験を説明することに、彼が示した天才は、彼に接することになったすべての人間に、彼への尊敬の念を引き起こした」。

ファインマンがロスアラモスで発揮した才能とエネルギーは、かつて大学時代に彼の親友で、のちにロスアラモスに来て彼と共に働くことになったテッド・ウェルトンが、このように説明する、彼特有の性格から来たものだ。「明確なかたちで示された物理学のパラドックス、数学の結果、トランプのトリック、その他何でも、［ファインマンは］自分が答えを見つけるまで寝ようとしなかった」。シュウェーバーもこれに同意し、このウェルトンのコメントは、「『秘密』になっているものを『解き明かさずにはおれない』、強迫観念的な気持ち」を持っていた、ファインマンの本質を捉えていると記している。

ファインマンが挙げたあれこれの成果は、彼がそうした仕事に取り組んでいる最中、妻のアーリーンがアルバカーキの病院で死の床についていたのだということを考えれば、なおさら心に深い印象を刻む。彼は毎週、往復二〇〇マイル（約三六〇キロ）の道のりを、車を借りるか、あるいは道中ずっとヒッチハイクして、妻の元を訪れた。二人の手紙のやりとりは、彼女の病状が悪化するにつれて頻繁になり、終わり近くにはほとんど毎日になった。二人のお互いへの愛と、彼がアーリーンに示した優しさと心遣いがひしひしと伝わってきて、読むのが痛々しいほどだ。

アーリーンの死、そしてトリニティ実験

アーリーンが一九四五年六月一六日――広島に世界初の原子爆弾が投下される六週間前である――に亡くなるまでの四ヵ月のあいだに、リチャード・ファインマンは三二通の手紙を書き送った。彼は医者たちにも手紙を書き、結核の新しい治療法がないかどうか尋ねたり、そういう最先端療法を試みてくれと頼んだりした。また、二人がもっと近くにいられるように、アーリーンをロスアラモスの敷地内に転院させた。だが、彼女が軍の看護師たちや、いろいろな規制や、生活環境を嫌がったので、結局リチャードは、不本意ながら彼女をアルバカーキに戻さざるをえなかった。彼は彼女への手紙に、自分の不安、欧州戦線勝利の日に酔

っ払ったこと、彼女が妊娠しているかもしれないという二人共通の危惧、故郷から届いた小包、森林火災の消火活動のこと、そして、男性は女子寮には立ち入り禁止だという規則のこと（自分はもう一年以上女子寮には足を踏み入れていないとふざけて書いていた）をしたためたが、一番の内容は、彼女に対する愛だった。六月六日付けアーリーン宛ての最後の手紙となったものは、このように結ばれている。

今週そちらに行きますが、君が僕に会う気にならないなら、看護師にそう言ってくれ。そうすればちゃんとわかるから。だって、君は具合がとても悪くて、何も説明できないんだから、僕はすべて了解するよ。説明なんてぜんぜんいらない。僕は君を愛している、心から愛しているんだ、四の五の言わずに、すべて了解したうえで、君に尽くすよ……僕は、気丈で忍耐強い女性を心底尊敬する。なかなかわかってやれないこと、許してくれ。僕は君の夫だ。愛しているよ。

一方、この困難な時期、彼も、ロスアラモスのほかの科学者たちも、歴史をすっかり変えてしまうことになる爆弾を製造するという目標に向かって、急ピッチで前進していた。みな感情が昂ぶっており、おそらく、だからこそやり続けられたのだろう。ドイツが敗北したとき、「どうしてわれわれは、なおもこの爆弾を作り続けるのだ？」と問いかける者などいそうになかった。誰もが、自分たちが心血を注いだ事業が実を結んで日の目を見、太平洋戦争を終わらせるのを目撃したかった。

巨大科学と巨大官僚機構の時代に育ったわたしのような人間には、マンハッタン計画が遂行されたときの驚異的な集中度とスピードは、ほとんど不可解に近い。核爆弾が理論上の憶測に過ぎなかった段階からトリニティ実験まで、五年かかっていないのである！　ファインマンたちが採用されてからは、三年とかかっていない！　当初、敵（ドイツ）も核兵器を開発しているに違いないとの思いに駆り立てられた最高の物理学者たちは、今の世の中でなら少なくとも一〇年か二〇年は要しただろうことを、三年で成し遂げた。テネシー州のオークリッジに建設された研究所で行なわれた同位体を分離するための巨大プロジェクトでは、この同じ三年間に、世界に存在するウラン二三五の総量が一〇〇万倍にまで増やされたが、これはじつは危険な問題（訳注：放射性物質を大量に集積した場合、過失によって核反応が始まってしまう危険を防ぐ手立てが何もなされていなかったという問題）を抱えながらの作業で、その問題解決のために、一九四五年にファインマンが送り込まれたのだった。このプロジェクトにしても、今の世界でなら、プロジェクト開始に先立つ環境アセスメントの結果問題ないと判断されて許可が下りるまでに、少なくとも三年は経《た》っていただろう。

六月一六日、ファインマンはアーリーンの今際《いまわ》の時にそばにいてやろうと駆けつけたが、彼女が亡くなると、死者にはもはや助けは必要なしと諦観し、彼女の持ち物を集め、すぐに火葬されるよう手配し、打ちのめされていたにもかかわらず、よりによってロスアラモスへ戻り、翌朝プロジェクトの自分の持ち場に現れた。ベーテは、そんなことは認められないと言い張り、ロングアイランドの実家に帰って休養するようにと命じた。家族は彼が帰ってくることなど知らされておらず、彼のほうも、帰省してかれこれ一カ月となるころに暗号で書かれた電報を受け取り、ニューメキシコに呼び戻されると、そそくさとプロジェクトに戻った。戻ってきたのは七月一五日で、この日は車でベーテの家まで送ってもらい、ベーテの妻ローズの手作りサンドイッチを食べた。そのあと、バスに乗って、ホルナダ・デル・ムエルトという荒涼とした砂漠の地に向かい、そこで同僚たちと合流して、この三年間昼夜を問わず取り組んで設計と製造を行なった装置、世界を永久に変えてしまう装置が、テストされるのを見守った。

爆発を目撃した者はみな畏怖を感じたが、どのように感じたのかはそれぞれ違っていた。何かの詩を思い起こした者も何人かあった。その一人、オッペンハイマーは、彼のほかに知る人などほとんどなかっただろうバガヴァッド・ギータの、このような一節を想起した。「我は今、世界の破壊者、死神となった」。妻の死の瞬間に迷信に陥ることなく、その直後も感傷に浸ることを拒否したファインマンは、このときもいつものように終始冷静だった。爆風を取り巻くように雲が形成されるプロセスと、爆発の熱のなかで大気がイオン化されて光り輝くプロセスについて思い巡らせ、そして一〇〇秒後、衝撃音波が観察デッキにようやく届いたころには、彼はにやりと笑っていた。彼があれほど懸命に取り組んできた一連の計算が正しかったことが、自然によって証明されたのだった。

第7章　偉大さへの道

古い事柄を新しい観点から構築しなおすのは、楽しいことである。

——リチャード・ファインマン

コーネル大学の新任准教授

それは人生最良のときでもあれば、人生最悪のときでもあったと言える。一九四五年一〇月、ロスアラモスを去るリチャード・ファインマンは、物理学界の輝く新星だった。早くも一九四三年、オッペンハイマーは、カリフォルニア大学バークレー校の物理学科の長をなんとか説得してファインマンに地位《ポスト》を提供してもらおうと、こんなふうに持ちかけた。「彼はあらゆる点で、ここにいる若手物理学者のなかで最も優れています……。彼が優秀なことは、プリンストンでも、……また、このプロジェクトに携わっている『大物物理学者』たちの大半にも知れ渡っており、そのため彼には、戦後に就ける地位がすでに一つ提供されており、今後ほかにもいくつかそんな申し出があるに違いありません」。ここでオッペンハイマーが言っているのは、いつも抜け目ないベーテがファインマンのために一九四三年一一月までに準備したコーネル大学の教授の地位のことで、そのためファインマンは、ロスアラモスにいるあいだ、形式的にはコーネル大学から長期休暇を取っていたのだ。生真面目なバークレーの学科長がようやく地位を提供したのは、一九四五年の夏になってからで、そのとき学科長はファインマンに、「わたしたちから地位を提供されて断った人は今までありませんよ」と言った。だがファインマンは断った。彼はベーテと知り合い、ベーテが大好きになっていた。そのベーテはコーネル大学にすばらしいグループを形成しつつあった。そのうえベーテは、バークレーに対抗できるような地位と、相手を上回る給与をコーネルに準備させることに成功したので、ファインマンは秋になるとロスアラモスの地をあとにしてコーネルへと向かった。原爆開発の現場を最初に離れたグループ・リーダーのうちの一人だった。

オッペンハイマーの予測は、今回もまた見事に的中した。ファインマンは一年のうちに、高等研究所、プリンストン大学、そしてUCLAから、それぞれ終身在職権付きの地位を提供された。しかしファインマンは、ベーテのグループの元にいられるように、これをすべて断った。これだけいろいろな申し出があったおかげで、ファインマンはコーネル大学で助教から准教授に昇進することができた。

こんなにたくさんの一流機関から認められたのだから、ファインマンの気持ちもさぞかし高揚したに違いないと思いたいところだが、彼は精根尽き果て、悲観的で、抑鬱状態だった。

予期していたとはいえ、妻の死は大きな打撃だったことだろう。アーリーンは彼の命の綱だった。彼女が死んだときから彼が感じていたに違いない抑鬱感をより悪化させたのが、核兵器は製造可能であり、さらに、アメリカ合衆国はその能力をそれほど長くは独占できないだろうと認識したことで、多くの人が感じるようになった空虚感だ。たとえば、ファインマンはのちになって、このように回想している。戦争が終わった直後、母親と一緒にニューヨークに行ったとき、今ここに爆弾が投下されたらいったい何人の人間が死ぬだろうかと思い巡らせた、と。

そのとき、未来などないと感じていた彼には、未来についてじっくり考えることなど無意味に思えた。「すべては変わってしまった、われわれの思考様式を除いて」と言ったアインシュタインと同じように、ファインマンにも、戦後も国際関係は以前と少しも変わらないように見え、しかも彼には、核兵器はまもなく再び使用されるに違いないとの確信があった。彼が言ったように、「一人の愚か者にできることは、もう一人の愚か者にもできる」のだから。早晩破壊されてしまうのに、橋など建設するのはばかげていると彼には思えた。それと同じように、自然についての新たな理解に通ずる橋をかけようと努力することもまたばかげていると、彼は思ったに違いない。

それに加えて、壮大で集中的なマンハッタン・プロジェクトのものすごいペースと重圧から解放されたあと、当然感じる気持ちの緩みがあった。頭脳の力を試される難題、比較的短期間で得られる満足感、チームワーク……コーネルに移ると、これらすべてががらりと変化した。実際の問題が緊急に解決され、得られた結果には、迅速に実際的なテストが行なわれた、驚異的なまでに生産性が高かった戦時下の態勢から、それに比べれば当然研究の進展もはるかに遅く、かつ漠然としている、時間をかけて問いを熟考する態勢に戻るのは、その逆向きの変化よりも、ファインマンにはずっと難しかったに違いない。

　原子爆弾プロジェクトで直面したさまざまな問題は、数学的に難しかったかもしれないが、本質的には、すでによくわかっている物理学や工学の問題だった。この意味で、それは授業で設問を解くようなものだった――どちらも、明確に定義されており、簡単だ。ただし、はるかに重大な事柄がかかっていたし、プレッシャーも比べ物にならないくらい強くはあったが。今ファインマンが戻ろうとしている問題は、原理を問う深いものであり、どう進むのが正しいかなど誰にもわからないような種類のものだった。何年取り組み続けても、目に見える前進などないかもしれない。このような種類の研究は、たとえ最善の状態のもとでも、気力を萎《な》えさせてしまう危険性がある。

　これに加えて、これらの問題に取り組めていたはずの三年間を自分は無駄に過ごしてしまったとの思いや、世界は自分を置き去りに進んでいるのかもしれないという不安もあった。トリニティ実験の直後にロスアラモスで初めて顔を合わせ、のちにノーベル賞を共同受賞することになるジュリアン・シュウィンガーは、ファインマンと同い年の二七歳だったが、シュウィンガーは自分の名を冠する物理学の発見をいくつも行なっていた（しかも、このあと二年のうちにハーバードの正教授に指名される）のに比べて、ファインマンは、これだけ努力してきたのに、自分は世間に示せるような成果は何もあげていないと感じていた。

最後にもう一つ、大学教授としての新しい仕事を急に始めたことにまつわる動揺があった。深いものもそうでないものも含め、さまざまな研究課題に専念してきたあとで、新任教師に降りかかるあれこれの些細な厄介ごとは、そんなことに直面するなどとはほとんど予想していなかった彼らにとって、控えめに言っても、やる気をそぐものだ。ファインマンはほかの同僚たちよりも早くコーネル大学に戻った。ベーテは一二月まで戻って来なかったので、新しい仕事に慣れていくべき時期に、指導してくれる人もいなかったわけだ。

教えるという仕事は、思った以上に時間がかかるもので、良い教師である研究者――ファインマンは数理物理学と電磁気学で良い教師だったようだ――は、自分の研究の現状に否定的な感情を抱きがちである。アインシュタインは、教職は、毎日何かを成し遂げているという錯覚をもたらすところがいい、と言ったことがある。優れた講義をすれば、その場で達成感が得られるが、研究は、何カ月ものあいだ何の前進も遂げられないことも珍しくない。

おまけに、リチャードの父――難しいパズルを解いてごらんと、彼を最初にけしかけ、さらに、自然に問いかけることを楽しむように励まし、息子の将来を心から心配し、そして、彼がコーネル大学に地位を得ると、ついに念願叶ったと、誇り高い気持ちに満ちた手紙を息子に送った人物――が、アーリーンの死の翌年、脳卒中で突然に亡くなった。それはリチャードが最も深い抑鬱感に苛《さいな》まれていたときのことであった。彼のことを誇りに思ってくれていた父を亡くし、ファインマンが抱えていた、自分はまだ何も達成していないという苛立ちは、一層強まるばかりだった。気付いてみれば、MITの学部学生だったときに書いた論文を出版したのが最後で、それ以来一件も論文を世に出していなかった。それを思うと、燃え尽きてしまったような気がした――二八歳という若さで、人生の最良の時はもう過ぎ去ってしまったかのように思えたのだ。こんな気持ちだったので、魅力的な仕事が次々と申し出られ、しかも条件もどんどんよくなってきても、自分はそのような過大な称賛には値しないし、この先重要なことは何も成し遂げられないだろうと感じて、かえって気が滅入るばかりだった。

自分が自分についてどう感じているかと、世間が自分をどう見ているかが食い違っていると、やる気が失せるものだ。再びわたしの個人的な経験を例に引かせていただくと、夢に見たハーバード大学の特別研究員の資格を獲得してから、わたしは半年以上も自分の研究に集中できなかった。というのも、名もない一介の大学院生として五年過ごしたその同じ街で、突然地位が上がってしまったものだから、自分などそんなことに値しないと感じたのだ。ファインマンは、プリンストン大学と高等研究所の両方から同時に地位を提供されたとき、「どちらも、正気の沙汰じゃないな」と言ったという。

ファインマンは、いくつかのことがあったおかげでこの鬱状態から抜け出すことができたと言ったが、その一つが、新設の核研究所の所長としてコーネル大学にやってきたロバート・ウィルソンとの会話だった。ウィルソンは、「気に病むのはやめなさい、君がプレッシャーを感じることはない、君を採用したことのリスクはコーネル大学が負うのであって、君が負うのではないのだから」と言った。また、物理学をやるのがなぜ楽しいかを思い出したきっかけはこんな出来事だったと、ファインマンはのちに語っている。大学のカフェテリアで、誰かが投げ上げた皿が二回転に一度奇妙な揺れ方をするのを見て、どうしてそんなふうに動くのか、一〇〇パーセント興味本位で究明しようと決心したそうだ。この話は、今では有名になっている。

彼の回復にもっと大きく貢献したのは、おそらく時が経過したことだろう。妻と父の死を乗り越えねばならなかったし、アーリーンとの結婚に反対されたことで疎遠になってしまった母とも和解せねばならなかった。そして何より、戦争前に取り組んでいたときの物理学の研究のリズムを取り戻さねばならなかった。いつもは熱意と自信に輝いている人間ファインマンも、自然の謎を解明するという壮大な冒険に常に集中していた科学者ファインマンも、いつまでも沈み込んでいるはずはなかった(ベーテは、ファインマンが鬱状態にあったこと、そしてコーネル大学の誰もはっきりそうとは気付かなかったということをあとで知って、「鬱状態のファインマンは、彼以外の人が元気いっぱいのときよりも、ほんの少し元気がいいんだよ」と言った)。

無理強いされて仕上げた経路積分論文

ファインマンは戦争のあいだも、自分の物理の問題についてまったく考えていなかったわけではなかった。彼は、計算を書いた紙切れをいつも持ち歩いていたが、その多くは、アーリーンに会いに行く毎週の旅のあいだ、電磁気の真の量子理論を定式化するにはどうすればいいかという問いに立ち返ったときに行なったものだ。彼が第一に焦点を当てていたのは、自分の方程式のなかにアインシュタインの特殊相対性理論をうまく組み込むにはどうすればいいかという問題だった。

ここで思い出していただきたいのは、電子の相対論的運動を記述する適切な方法を見出したのはほかでもないディラックだったと、ファインマンはまだ学部学生だったころに知り、量子力学のラグランジアンによる定式化についてディラックが書いた論文に刺激されて取り組んだ研究が、ファインマンの論文として実を結んだということだ。しかし、ファインマンの「経路積分」の手法は、シュレーディンガーの方程式を完全に再現することができ、非相対論的な量子力学に使うことはできたのだが、相対論を含むディラックの方程式が再現できるようにするには、自分の手法をどのように拡張すればいいのか彼には皆目わからなかった。エネルギーを計算するたび、負の数の平方根を含む、意味をなさない答えが出てくるのだった。おまけに、確率を計算しようとして、すべての事象の確率を足し合わせても一〇〇パーセントにならなかった。

戦争が終わり、これらのテーマに戻り始めたファインマンはまずはじめに、先に取り組むべきもっと簡単な課題があるはずだと思い至り、ならばそれが何かをはっきりさせようと、これを集中的に考えた。そしてそれは、正式にはまだ発表されていない、一九四二年の博士論文の結果を書くことだと気付いた。ここに、ファインマンのもう一つの特徴がはっきりと現れ始めていた。それは、発表を目的として自分の研究を書き上げることにはひどく消極的である、という特徴だ。自分で使ったり、自分の理解を助けたりするために、自分が得た結果を砕けた表現で書き下す分にはまったく問題なかったし、実際、自分を強く律してそうしたことも幾度となくある。しかし、出版するために書くには、正式な学術論文の形式に従わねばならず、そうすると、自分が何かを見出した経緯についてはあまり紙幅《しふく》を割《さ》けなくなる。その代わり、論理的一貫性を保ちながら、物理学のコミュニティーのほかの全員が満足するような言葉と関係を使って、最終結果を段階を追って分析しなければならない。

加えて、物事をきっちり明確に書き表さねばならないという別の問題もあった。ファインマンが自分ひとりで問題に取り組んでいるとき、答えは直感的に引き出されることが多く、そのあと、多くの具体的な例にあてはめてみて、自分が正しいかどうかを確かめるのだった。そのため、明確な論理の鎖を辿ったりはしなかったが、それでも、論文を出版するなら、そのようなものが必要だとの認識はあった。そんなかたちに自分の結果を翻訳するには、たいへんな努力を要した。ファインマンにとって、それは歯を抜くよりも辛いことだった。

彼の論文は、権威ある物理学の専門誌、《フィジカル・レビュー》に拒否されたあと、結局一九四七年に《レビューズ・オブ・モダン・フィジックス（RMP）》という雑誌に掲載された。だが、一九四七年の夏にファインマンが、彼の友だち、バートとムライカのコーベン夫妻のもとを訪れた際、夫妻が、ここに滞在しているあいだに絶対に論文を書き上げろと強いなければ、この論文はこの年に出版されることはなかったかもしれない。バート自身はこのときのことを、次のようにただざらりと書いているだけだ。「わたしたちはディックを監禁同然の状態で部屋に閉じ込めて、さあ、書き始めなさい、と言ったのです」。この逸話は年を追うごとに大げさになっていき、物理学者のフリーマン・ダイソン——ダイソン自身、ファインマンについて、「何にしろ、彼を説得して書かせるには、極端な手段が必要でした」と述べている——が自分の手記でこれに触れたときには、ムライカ中心の話になっており、内容ももっと極端に変わっている。「彼女はファインマンを自分の家に招きいれ、一つの部屋のなかに彼を閉じ込め、論文を書き上げるまでは外には出しませんと言った。彼女は、書くまでは食事も出しませんと言ったに違いないとわたしは思う」。

事実はどうだったにしろ、論文に取り組みなおしたことで、ファインマンは昔の自分のアイデアを改めて呼び起こせただけでなく、それらのアイデアを拡張して、彼が独自に手がける量子力学の再定式化がどんなものになるべきなのか、一層視覚的にすることができた。彼は経路という観点から「考える」ようになったのだ。実際ファインマンは、この論文のなかで初めて、この新しい言葉によって——つまり、「経路積分」によって——量子力学を記述したのであった。のちに彼はこう言っている。「《RMP》に載ったあの論文を書きあげることによって、目の前のもやが晴れた……。僕には経路が見えた……どの経路にも振幅があったのだ」。この論文によって、ファインマンが進めてきた量子力学の解釈の再定式化は完成した。だが、この再定式化の真の意義を十分理解し、そして、ある深いレベルにおいて、この再定式化のほうが従来からの描像よりもより基本的であるばかりか、一層強力でもあるかもしれないと心の底から認めるには、ファインマンも、彼以外の物理学者全員も、しばらく時間がかかるのだった。

量子電磁力学の相対論化に取り組む――スピンとは何か

この重荷から解放されて、ファインマンは相対論的な量子電磁力学（QED）の定式化を試みるという取り組みに戻った。こういう問題に取り組むときの常で、このテーマについても、それを可視化しうるすべての方法を検討した。テッド・ウェルトンへの次のような手紙からもうかがえるとおりだ。「図式のどれか一つをほんの少し変更するだけで、今手こずっている問題のいくつかがあっさり解決できるんじゃないかと期待している……。そうなんだよ、計算すればいいだけなんだ。しかし、図式というのは便法に過ぎないのだから、どんな図式を作り上げようが、まったく構わないんだよ」。

彼がいじくり回していた図式がどのようなものだったかを理解するために、まずは、ディラックが発見した、電子などの粒子の相対論的性質についての有名な方程式によって新たに量子力学にもたらされた、複雑きわまりないが重要なある特徴について、少し学んでおく必要がある。本書でもすでに述べたように、電子はスピンと呼ばれる特性を持っているが、これは、電子が固有の「角運動量」を持っているからだ。「角運動量」とは、広がりを持った物体が自転しているときに持つ特性である。古典力学では、点粒子の角運動量という概念は存在しない。というのも、点粒子には、自転の中心となる点（すなわち、自分以外の別の点）がないので、自転しているように振舞うことはできないからだ。古典力学で記述される物体が角運動量を持つには、たとえば回転する自転車の車輪のように、空間的な広がりを持っていなければならないのである。

この奇妙なスピン角運動量は、量子力学に登場するほかのすべてのものと同じように、「量子化」されており（つまり、ある最小単位の整数倍でしか存在しないということ）、電子のみならず、実際すべての物質の振舞いにおいて中心的な役割を演じている。たとえば、原子のなかで原子核の周囲を回転している電子は、太陽の周りを公転している惑星と同じように角運動量を持っているが、その値は、ニールス・ボーアが最初に示したように量子化されている。電子の内部角運動量は、軌道角運動量の最小値の二分の一なので、電子のような粒子をスピン1/2の粒子と呼ぶ。

このスピンという性質こそ、固体がなぜ存在し、なぜそのように振舞うかを最終的に説明するものだ。スイス生まれの偉大な理論物理学者、ヴォルフガング・パウリは、彼が「排他律」と名づけたものを仮定すれば、原子のさまざまな性質が理解できると述べた。この排他律というのは、「電子をはじめとするスピン1/2の粒子（陽子や中性子もそのような粒子である）は、同じ場所、同じ時間において、二つの粒子がまったく同じ量子状態を取ることはできない」という原理だ。

たとえば、ヘリウム原子のなかで軌道にある二個の電子は、スピンの向きが違っているなら、同一の軌道に共に存在することができる。というのも、この場合、二つの電子はこの軌道のなかで、まったく同じ量子状態にあるわけではないからだ。もう一つの例として、三番めに軽い元素、リチウムを考えてみると、原子核の周りを周回する電子は三つある。三つめの電子は、自分勝手に軌道を選ぶことはできず、別の軌道——もちろんそのエネルギーは、最初の軌道よりも高い——を周回せねばならない。化学のすべては、パウリの排他律というこの単純な原理を適用して、原子内部にある電子のエネルギー準位を予測することによって理解できる。

これと同じように、まったく同じ二個の原子を近づけたとき、そこに働く斥力は、一個の原子に属する負に帯電した電子と、もう一個の原子に属する電子とのあいだの電気的斥力だけではない。パウリの排他律によれば、同じ場所で同一の量子状態に二個の電子が存在することはできないことから生じる斥力も存在することになる。このように、一個の原子に属する電子たちは、隣接するほかの原子に属する電子たちからいわば二重の斥力を受け、これらの電子たちが同じ軌道の同じ位置に重なり合って存在することはない。パウリの排他律から要請される、電子が原子軌道を低エネルギー側から占有していく様子と、同じ場所で同じ量子状態を二個以上の電子が取ることはないという、これら二つの効果が相俟《あいま》って、わたしたちが経験する世界を作り上げているすべての物質の力学的性質を決定しているのである。

これに続いて、イタリアの物理学者エンリコ・フェルミは、たとえば電子などのスピンが1/2の粒子について、まったく同じ粒子が多数集まった系の統計を研究し、このような多粒子系の振舞いは、排他律に強く支配されていることを示した。今では、スピンが1/2、3/2、などの粒子をすべてまとめて、フェルミオンと呼ぶが、これはフェルミにちなんで名づけられたものである。これらの粒子とは違い、整数のスピンを持つ光子——スピン１を持つ、電磁場の量子——などの粒子と、スピンを持たない粒子をあわせて、ボソンと呼んでいる。こちらは、インドの物理学者、サティエンドラ・ボースにちなんだ命名である。彼は、アルベルト・アインシュタインと共に、これらの粒子の集団としての振舞いを記述するという功績をあげた。

ディラック方程式と陽電子の発見

ディラックは、一九二八年、スピン1/2の粒子の数学的記述をいろいろといじくっていたときに——彼自身、のちに「遊んでいたとき」と述べている——、電子のスピンを説明し、しかも、相対論的速度において理論はどのようでなければならないかという、アインシュタインの相対性理論からの要請を満たす方程式を導き出すことに成功した。これは瞠目すべき成果で、それよりももっと瞠目すべき予測をもたらした。実際、あまりに驚異的で、ディラック本人も含め、著名な物理学者のほとんどが、その予測を信じようとはしなかった。その予測とは、電子のほかに、ディラック方程式のエネルギーが負の解に相当する、電子と極めてよく似た別の粒子が存在するというものだった。だが、「エネルギーが負」というのは、どうにも物理的でないと思われた——アインシュタインの方程式にしても、質量に対して常に正のエネルギーを与える——ので、これらの粒子には、なんらかの別の解釈が必要だった。

ディラックが思いついた解釈は、わたしが以前耳にした古いジョークに少し似ている。こんなジョークだ。二人の数学者が、パリのバーに腰掛けて、近くの建物を眺めていた。先ほどランチを食べていたとき、彼らは二人の人間がその建物に入っていくのを見た。そのあと、デザートを食べていると、三人の人間がそこから出てくるのが見えた。数学者の一人が連れのほうを向いて、「あそこにもう一人人間が入っていったら、あの建物は空っぽになるぞ！」と言った。

さて、このジョークと同じように、「エネルギーが負」であるとは、「ゼロより少ないエネルギーがある」ことだと解釈することにしよう。すると、一個の電子は正のエネルギーを持ち、電子がない状態はエネルギーがゼロであると考えられるのを、ちょっとへそ曲がりに拡張して、エネルギーが負の状態とは、ゼロ個よりも少ない電子を持つ状態だと考えることができる。そして、一個の電子のエネルギーと、大きさがちょうど同じで、符号が逆のエネルギーを持つ、エネルギーが負の状態とは、電子ゼロ個の状態よりも、電子が一個少ない状態として記述することができる。

これは、形式的な記述としては一貫しているが、物理的にはばかげて聞こえる。「電子ゼロ個の状態よりも一個電子が少ない」とは、物理的にはいったい何を意味するのだろう？手がかりは、電子の電荷を考えてみると見つかる。電子は負の電荷を持つ。そして、電子ゼロ個の状態は電荷もゼロだ。ならば、電子ゼロ個の状態よりも電子が一個少ない状態は、正の電荷を持つと考えてよかろう。言い方を変えれば、負の個数の電子を持つということは、正の電荷を持った粒子を正の個数持つということと等価と考えられるのである。こうして、ディラック方程式に登場したエネルギーが負の状態は、電子の電荷と大きさが同じで符号が逆の電荷を持った、エネルギーが正の粒子を表していると解釈することができるのだ。

しかし、この風変わりな解釈には、少なくとも一つ、大きな問題があった。当時、電子の電荷と大きさが同じで符号が逆の、正の電荷を持つ粒子は、たった一つ、陽子しか知られていなかった。ところが陽子は、電子とは似ても似つかなかった——たとえば、質量にしても、二〇〇〇倍も重かった。

ディラックはこれ以前、ディラック方程式を導き出した直後のことだが、自分が主張する「エネルギーが負の状態」という概念には重大な問題がもう一つあることに早くも気付いていた。量子力学では、系が発展していくなかで、可能なすべての状態が取られるということを思い出していただきたい。とりわけディラックの新理論においては、彼の言葉を借りると、「外部に場がまったく存在しなくても、電子のエネルギーが正から負に変化するような遷移が起こる可能性があり、その際生じた余分なエネルギー——大きさは少なくとも$2mc^2$——が、放射のかたちで自然に放出される」のだった。もっと易しい言葉で言い換えると、一個の電子は、「エネルギーが負の電子」に対応する、正に帯電した粒子へと、自然に落ち込むことがあるということだ。しかし、こんなことが起これば、系の総電荷が変化してしまうが、これは電磁気学では禁じられている。そのうえ、遷移の結果できた正の粒子が、質量が電子よりも桁違いに大きい陽子だったとすると、この遷移はエネルギー保存則をも破ってしまうことになる。

これらの問題に対処するために、ディラックは大胆な提案をした。覚えておられると思うが、電子はフェルミオンであり、そのため、一つの量子状態には一個の電子しか存在できない。ディラックは、こんなふうに思い巡らせた。われわれが空っぽだと思っている真空のなかには、実際には負のエネルギーを持った電子からなる無限の海が存在していて、これらの粒子が取りうる量子状態はすべて、一個ずつの粒子に占有されているとしたら、いったいどうなるだろう、と。もしもそんな状況なら、現実の粒子としてわれわれが観察している、正のエネルギーを持った電子が、エネルギーを捨てて落ち込めるような量子状態などまったく存在しないことになる。さらに彼は、なんらかのプロセスによって、エネルギーが負の量子状態が一つ空いたとすると、負のエネルギーの粒子からなる海のなかで、その場所に一つ「空孔《ホール》」ができたということになるのだと主張した。元々あった負の電荷を持っていた電子が不在になって、このような空孔《ホール》ができれば、正の電荷を持った粒子が一個現れたかのように観察されるはずで、それが陽子に相当するのだろう、とディラックは考えたのだった。

ディラックの主張は、大胆な虚構だということは重々承知のうえで、あえてそれが真実であろうと述べているわけだ。そもそも最初に、真空——すなわち、空っぽの空間——のなかにどういうわけか、観察不可能な粒子が無数に存在していて、それらが負のエネルギー準位をすべて占有しているとして、さらにこの、満席になっていた準位のどれかが空っぽになると、それは陽子の出現として観察される、というのだ。陽子など、電荷の大きさ以外、電子とはまったく異なる粒子だというのに。

負のエネルギーを持った粒子の無限の海を提案することが、物理学者として勇敢な行為だったとしても、この海にできた空孔《ホール》は陽子に対応するという提案は、ディラックにしては珍しく気弱である。ディラック方程式の「エネルギーが負の状態」は、エネルギーが正の状態と完全に対称的に見え、したがって、質量も厳密に同じだと示唆していたので、陽子の質量ははるかに大きいという事実とははなはだしく矛盾していた。ディラックは、負のエネルギーの粒子で満たされた海では、粒子どうしの相互作用が特殊なかたちで起こり、稀にしか現れない空孔《ホール》は、これらの相互作用からの寄与があって、質量が増加するのだと仮定することによって、このどうにも目ざわりな問題を回避しようとした。

ディラックにもっと勇気があったなら、彼はただ単純に、これらの空孔《ホール》は、質量は電子と同じで、電荷の符号が逆の、新しい素粒子に対応するのだという予測を出すこともできたはずだ。しかし、彼がのちに語ったように、「あの段階で新しい粒子をあえて提案することはできなかった。なぜなら当時の風潮として、新しい粒子は歓迎されなかったからだ」。

もっと寛大な言い方をすれば、もしかするとディラックは、当時知られていたすべての素粒子――電子と陽子（訳注：中性子の発見は一九三二年）――を、電子という単一の粒子が異なるかたちで現れただけだと説明したかったのかもしれない。ここには、一見異なるさまざまな現象を、じつは同じコインの表と裏に過ぎないものとして説明しようという、物理学の精神が反映されている。いずれにせよ、この混乱は長くは続かなかった。ヴェルナー・ハイゼンベルク、ヘルマン・ワイル、ロバート・オッペンハイマーなど、ディラックの理論を検討したほかの著名な物理学者たちは、「ディラックの海」における相互作用は、空孔《ホール》に質量を与えることなど決してなく、したがって、その結果、空孔《ホール》が電子と異なる質量を持つようになることも絶対にないと、正しく推論した。最終的には、ディラック本人も、彼の理論は新しい粒子の存在を予言していると認めざるをえなくなり、彼はこの粒子を「反‐電子」と名づけた。

ディラックがこのように譲歩したのは一九三一年のことで、それはちょうどいいタイミングでもあった。というのも、彼が正しかったことを自然が証明するのに、このあとたった一年しかかからなかったからだ。とはいえ、まだ観察されていない新しい素粒子が存在する可能性に対する疑いはひじょうに根深く、そのような粒子が存在するという強力な証拠が発見されたあとでさえも、この「反‐電子」――もしくは、広く使われるようになった名称では「陽電子」――を最初に観察したグループは、彼ら自身のデータが信じられなかった。

粒子加速器が初めて開発され建設される前の一九三〇年代、素粒子に関する情報のほとんどすべてが、天然の宇宙物理学的加速器――つまり、毎日地球に衝突している宇宙線のこと。宇宙線の源《みなもと》は、わたしたちの太陽という身近なところから、わたしたちの宇宙の果てともいえる遠い彼方にある銀河のなかで爆発している恒星など、はるかに高エネルギーの源まで、さまざまである――の産物を観察することによって得られていた。一九三二年、大西洋の両側で、二つのグループがそれぞれ独自に宇宙線のデータを分析していた。そのうち一方のグループは、ケンブリッジ大学のディラックと同じ研究所で、パトリック・ブラケットの指揮のもとで研究に取り組んでいたのだが、ディラックが予言した新粒子の証拠を発見し、そのことをディラックに知らせた。だが、さらにテストしてみるまで、結果を発表する勇気はないと言う。そうこうしているうちに、いかにも押しの強いアメリカ人らしくというべきか、カリフォルニア工科大学（カルテック）のカール・アンダーソンが、一九三二年のうちに陽電子の存在を示す説得力のある証拠を発表し、この功績によってやがてノーベル賞を受賞する。興味深いことに、ブラケットと、彼の共同研究者、G・オキアリーニは、アンダーソンの発表に刺激されて一年後に自分たちの研究結果をようやく発表したあとも、この粒子がディラックの提案したものであるとすることをなおも躊躇していた。結局、一九三三年が終わるまでには、この二人の実験家たちも、アヒルのように歩き、アヒルのように鳴くものを、アヒルと認めないわけにはいかなくなった。ディラックが予測した性質は、観察結果と驚くほどよく一致したので、好むと好まざるとにかかわらず、電子と陽電子――初めて発見された反粒子の例――は、無数の原子核にぶつかる宇宙線が生み出す高エネルギーのシャワーのなかで、実際にペアとして生み出されているようだった。

突然、陽電子は現実の存在として認められることになった。自分の理論が、その帰結として反粒子の存在を予言していると、最初は認めようとしなかったことをのちに振り返って、ディラックはこのように言った。「わたしの方程式のほうが、わたしよりも賢かったのだ」。

悩めるファインマン

このように、それまでの物理学の常識がまったく通用しない革命的な展開を背景として、一九四七年から翌年にかけて、リチャード・ファインマンは自分自身が構築中であった、時空のなかの経路積分に基づいた量子力学の図式のなかに、ディラックの相対論的電子を組み込むための新しい描像を生み出そうとしていた。その過程で彼は、自分が物理学を行なう方法を今一度徹底的に作り変えなければならないことに気付いたのだが、じつのところ、彼は私生活においても、深い喪失感を払拭するために、自分自身を作り変えようと努力している最中だった。

第8章　ここより無限に

したがって、電磁力学の難題とディラックの空孔《ホール》理論の難題とは、別々のものであり、一方を他方よりも先に解決できるだろうという僕の予想は正しかったのだ。

――リチャード・ファインマン、一九四七年に書いた手紙のなかで

漁色家ファインマン

それまでのあらゆる規則を破ってしまう量子力学のような理論を完全に手なずけるには、あらゆる規則を進んで破るような人間が必要なのだろう。リチャード・ファインマンが再び量子電磁力学（QED）に関心を向けたとき、彼にはすでに、仕事、恋愛生活、そして、組織のなかでの人との接し方において、社会規範をないがしろにしているという評判が立ち始めていた。早くもロスアラモスにいたころから、彼は混乱を起こすのが大好きだった――たとえば、防護フェンスの破れたところを見つけては、そこから施設に入り、そのあと出ると

きは、正面ゲートから出ようとする。もちろん、彼がそもそも入ったという記録はないのでひと悶着だ。あるいは、最高機密が保管されている金庫の鍵を破り、中にメッセージを残しておくなど、いろいろなことをしでかした。

アーリーンの最期を見取り、さらに、トリニティ実験での原爆の爆発を目撃して新たに虚無感を抱くようになった彼は、自分の内面の混乱に、慣習に逆らうことで応じた。元々女性に対しては内気だったのに、漁色家になった。アーリーンが亡くなった数カ月のうちに、まだロスアラモスを去る前から、とんでもないペースで美しい女性たちと付き合いだした。二年後、ようやく彼の悲しみが表に現れ、アーリーンに手紙が書けるようになると、彼は自分の痛みを曝《さら》け出した（訳注：一九四六年一〇月一七日付けの手紙が存在する）。「僕にガールフレンドが一人もいない（愛しい君のほかには）と聞いて、君は驚くだろうね。でも、君にはどうしようもないし、僕にもどうしようもない――どういうことかわからないんだ、だって、たくさんの女の子と付き合って、それもみんなとても魅力的な子たちばかり……なのに、二、三回会うと、みんな燃え尽きた灰のようにしか思えない」。

こんなふうに女性と関係を持って、彼は虚しい気持ちになっただけだったかもしれないが、それでもこのような関係が続いた。コーネル大学に初めてやってきたころ、彼はまだ学生のように見えたし、孤独感を紛らわすためか、新入生のためのダンス・パーティーに出ては、学部学生とデートしていた。彼が女性たちを追い求める熱意に劣らないのは、そんな交際などやめたいという彼の欲求の強さだけだった。一九四七年、まだ自分の学生たちに最終的な成績を付けてもいないうちから、彼は当時大学院生だったフリーマン・ダイソンと共に、今では有名な逸話となっている、北アメリカ大陸横断の旅に出かけた。この旅の一番の目的は、ロスアラモスの女性とのもつれた関係に終止符を打つことだった。彼は彼女と熱烈な遠距離恋愛を続けていたが、イサカにいた別の女性が彼女を嫉妬して、ファインマンを激しく非難するようになったのだ。それと同時に、第三の女性――彼に妊娠させられて、中絶を余儀なくされた数名の女性の一人だったようだ――は、ファインマンに手紙を送り、そのなかで、はるかに冷静な態度で応じながら、彼が彼女の名前の綴りを間違って書くのを正していた。

イサカに留まっていたあいだ、彼は一カ所の住居に落ち着くことはなかった。彼は多くの場合友人たち――そのほとんどが既婚だった――のもとに身を寄せていた。しかし、彼はこのような滞在先を、自分の不適切な性的行動のせいで、しばしば後味の悪いかたちで後にしなくてはならなかった。また、この何年かのち、ブラジルで一年過ごしたときには、彼はなんと、娼婦を含めた女性をバーで誘惑するための一組の単純なルールを作った。こうして彼は、海外で物理学の会合があるたびに女性をかどわかすことで有名になった。

確かに、彼が魅力的だったことは否定できない。彼は頭がよく、愉快で自信満々、しかも、このうえなくカリスマ的だった。背も高く、そのうえ年を追うごとにますます男ぶりを上げていった。射抜くような目には抗いがたい魅力があり、彼のスタミナと情熱は、知ってしまったらもうなしではいられなかった。

しかし、彼が軽蔑した社会慣習は、セックスにまつわるものばかりではなかった。ばかげていると感じることに出くわしたなら、それがどこであれ、礼儀作法などくそくらえという態度をとった。一九四七年の夏にファインマンの二度めの徴兵検査を担当した数名の精神科医とのエピソードは、〈アボットとコステロ〉（訳注：一九四〇年代から五〇年代にかけて一世を風靡したアメリカの二人組の喜劇俳優で、日本では「凸凹コンビ」として親しまれた）の寸劇にできそうなほどおかしくて、のちに有名になった。精神科の問診の最中に頭にきてしまった結果、兵役には不適切と診断され、その通知を受け取って大学に戻った彼は、ハンス・ベーテとその話をして半時間も笑い転げた。

のちにファインマンは、ファインマン神話を広めようと、こういう類《たぐい》の逸話をその一環として意識的につくるようになる。だが、一九四七年の時点では、彼はまだそれほど有名ではなかった。彼の常識を逸脱した態度や行動が増長した時期は、彼の生涯で最も実り多い活動期となった二年間と、偶然ながら重なっていた。しかもこの時期には、いくつかの重要な発見が実験の分野でなされ、そんな発見がなければまだ当分のあいだよくわからないままだったはずのある数学上の問題を、もしも物理学を進歩させたいのなら、急いで解決せねばならないという機運も高まっていた。

量子電磁力学への不信

一九三二年に陽電子が実験で発見されたことは、ディラックの相対論的ＱＥＤの見事な証明となり、陽電子は、それまで観察されたことのなかった素粒子の存在が、純粋に理論的な推論を元に予測された最初の例となった。しかし、この発見によって、ディラックの理論が提示しているさまざまな予測の意味を解明しようとしている物理学者たちには、新しいレベルの、文字通り無限の混乱がもたらされたのである。つまり、陽電子の存在が確認されたからには、ディラックの海が現実のものかもしれないという可能性と、電子とこの新粒子の両方が、放射と行なう相互作用——ファインマンが最初、電磁気の量子理論から消し去ろうと考えた相互作用そのもの——を考えねばならなくなったことで、事態はおそろしく複雑になり、物理学者たちはこれに真正面から取り組まざるをえなくなったのだった。

一個の電子と一個の光子——すなわち、古典電磁気学でいう光、もしくは電磁波——の相互作用がどのようなものかという予測は、観察と驚くほどよく一致していたが、この最も単純な場合を超えようとして、複数の量子力学的相互作用を導入したり、もしくは、自分自身と相互作用する電子——ファインマンが大学院で最初に取り組もうとした問題——という長年にわたる問題を解決しようと試みたりすると、その答えはやはり無限大となり、物理学としては受け入れられないのだった。ある深い水準で正しいこと間違いなしの理論を、ちゃんと意味の通ったものとすることができないというこの問題は、当時のほとんどすべての実際的な応用では、無視してもまったく差し支えなかったが、野心的なえり抜きの物理学者たちにとっては、まるでむき出しの神経に触れられるように苛立たしかった。そのころ支配的だった自暴自棄な雰囲気が、当時の偉大な理論物理学者数名の言葉から伝わってくる。ハイゼンベルクは、一九二九年、ディラックの考えを理解しようとして苛立っている、そして、

「ディラックにはいつまでも苛つかされる」のではないかと不安だと記した。ヴォルフガング・パウリは、一九二九年、自分がかかえる懸念について、このように書いた（その懸念は、ファインマンも含め、多くの物理学者たちがのちに、物理学のもっと新しい展開について漏らした懸念を先取りしている）。「わたしはあまり満足していない……とりわけ、電子の自己エネルギーは、ハイゼンベルクが当初考えていたよりも、はるかに大きな問題をもたらしている。さらに、わたしたちの理論がもたらす新しい結果は、極めて疑わしく、リスクもあまりに大きいので、この事柄全体が物理学との接点を失い、純粋数学に成り下がってしまっているほどだ」。

これに対してハイゼンベルクは、一九三五年、パウリにこのような手紙を送った。「QEDに関しては……、すべてが良くないということを、われわれはみな知っています。ですが、われわれが進むべき方向を見出すには……、既存の形式がどのような帰結をもたらすかを、今よりも、はるかによく理解しなければなりません」。ハイゼンベルクは、その後発表した論文に、「現在の陽電子とQEDの理論は、暫定的なものと見なさねばならない」と付け加えた。ディラックさえもが、一九三七年、QEDについて、「その極端な複雑さゆえに、ほとんどの物理学者は、その終焉を目にすれば喜ぶだろう」と述べた。

懸念はあまりに深かったので、これらの物理学者、とりわけデンマークの偉大な物理学者ニールス・ボーアは、もしかすると量子力学そのものが問題の根底にあって、別の物理学に取って代わられねばならないのではないかと心配した。ボーアは一九三〇年、ディラックにこのような手紙を送っている。「わたしはこのところ、相対論の諸問題についてひじょうに真剣に考えているのですが、現在の難題は、現在の量子力学で取り組まれているよりも一層深い、物理学の概念全般を修正することなしには解決できないだろうと確信しています」。

一九三六年、パウリさえもが、ディラックの空孔理論のような、空虚な空間に無限個の粒子が存在することが許される系を扱う場合、量子力学は修正されねばならないかもしれないと述べた。電子が自らの電磁場と相互作用することによって生じる、電子の自己エネルギーが無限大であることはすでによく知られていたが、ディラックが反粒子を導入したことで、別種の無限の相互作用が登場し、おかげで量子力学の混乱は一段と深まった。この新種の相互作用は、ファインマンとホイーラーが排除しようと懸命に努力した、あの電子と電子のあいだでやり取りされる仮想光子が関与するものではなく、「仮想」電子と「仮想」陽電子の対が関与するものであった。

今や物理学者たちは、粒子と反粒子が出会うと対《つい》消滅して純粋な放射となること、そしてその逆のプロセスとして、エネルギーが完全に質量に変換されて粒子‐反粒子対が生じることも、理論的にはありうるということを知っていた。だが、これらの変換にはいくつか制約があった。たとえば、電子とその反粒子である陽電子とは、対消滅して「放射の粒子」一個、すなわち、光子一個を生み出すことはできない。それは、爆弾が爆発するとき、すべての破片が一つの方向に飛ぶことはありえないのと同じ理由からである。電子と陽電子が同じ速度で正反対の向きに運動していて出会ったなら、両者の総運動量はゼロである。両者が対消滅して一個の光子が生まれたとすると、いずれかの方向に光速で飛んでいくだろうが、その運動量はゼロだということになってしまう。したがって、一個の電子と一個の陽電子が対消滅するときには、少なくとも二個の光子が放出され、同じ速さで反対の向きに飛んでいかねばならない。同様に、一個の光子が突然、一個の陽電子と一個の電子の対になることはできない。最終的に陽電子と電子の対が生み出されるには、二個の光子が出会わなければならないのである。

しかし、覚えておられると思うが、仮想粒子に関しては、このような制約はすべて無視してよくなり、仮想粒子が直接測定されないくらい十分短い時間のうちに消滅してしまうかぎり、エネルギーと運動量は保存される必要はない。このため、一個の仮想光子は、電子‐陽電子対一個に自発的に変化することが可能である――そうしてできた電子‐陽電子対が対消滅し、短い時間尺度のなかで元の一個の仮想光子に戻るかぎり。

光子が、一瞬のあいだ、電子‐陽電子対に分裂するプロセスは真空分極と呼ばれている。この名称の由来は、こうである。原子でできた普通の固体のような、実際の媒体には、正と負、両方の電荷が含まれているので、この媒体に外部から大きな電場をかけたとすると、異なる種類の電荷が分かれて――つまり、すべて負の電荷は電場によってある方向に押しやられ、それと同時にすべての正の電荷は逆の方向に押しやられて――、媒体は「分極」する。このようなわけで、元々電気的に中性だった物質は、中性のままではあるが、符号が異なる電荷は空間的に分離する。光子が負の電荷を持った電子と、正電荷を持ったその反粒子である陽電子へと一時的に分裂するとき、空っぽの空間のなかでこれと同様のことが起こる。したがってこの現象を、「真空が一瞬のあいだ分極する」と呼ぶのである。

この現象をどう呼ぶかはともかく、これまで電子は、仮想光子の雲によって周りを包まれていると考えねばならないとされていたが、今では仮想光子だけでなく、さらに加えて電子-陽電子対も含む雲によって包まれていると考えねばならなくなった。ある意味この描像は、陽電子とは真空を満たしている無限の電子の海にできた「空孔」だというディラックの解釈を、また別のかたちでとらえたものと考えられる。いずれにしても、相対性理論を加味し、さらに陽電子の存在を含めると、一個の電子に関する理論だったものが、無数の電子と陽電子に関する理論になってしまうのである。

それだけではない。一個の電子が無数の仮想光子を放出したり吸収したりすることで、計算上、電子の自己エネルギーが無限大になってしまったのと同様に、無数の仮想粒子-反粒子対が生じるようになったことで、QEDの計算には、また新たに無限大の補正が必要になった。粒子間に働く電気力は、これらの粒子のあいだで仮想光子が交換された結果生まれたと考えられたことを、今一度思い起こしていただきたい。さて、今や光子が電子-陽電子対に分裂できるというのなら、このプロセスのおかげで粒子間の相互作用の強さが変わってしまい、その結果、水素原子のなかの電子と陽子の相互作用のエネルギーの計算値も変わってしまうことになる。問題は、その変化の大きさを計算すると、無限大だったということだ。

歯がゆいことに、ディラックの理論が原子内部の電子のエネルギー・レベルを極めて正確に予測できるのは、単一の光子の交換のみが考慮され、無限大をもたらす高次の効果はまったく考慮されないかぎりにおいてでしかなかった。おまけに、ディラックの陽電子の予言は、実験データによって証明されていた。このような事実さえなかったら、ディラックがほのめかしたように、多くの物理学者たちがＱＥＤなど完全に捨て去ってしまうほうを選んだことだろう。

量子力学の「今」と相対論の「今」

これらの問題点をすべて解決するために必要なのは、量子力学をそっくりそのまま全部捨ててしまうことでも、仮想粒子を一切なくしてしまうことでもなかった。必要だったのは、相対性理論を考慮した場合に、量子論の基本原理をどのように運用すればいいかについて、より一層理解を深めることだった。それがついに実現されるのは、長い回り道をしたあとのことであり、鍵となるいくつかの実験から指針が生まれてからのことであった。そうしてはじめて、とてつもなく複雑な計算のぬかるみのなかに隠されていたこの事実が、ファインマンにも、そのほかのすべての人にも、ようやく明らかになったのだった。

物理学の発見の常で、このときもプロセスはゆっくりと始まり、しかもはじめのうちは相当混乱していた。《レビューズ・オブ・モダン・フィジックス》に載る論文が完成すると、ファインマンは今一度ディラックの理論に注意を向けた。やはり物理学をやるなら楽しくなければと改めて強く感じた彼は、私生活が不安定だったにもかかわらず、学部学生時代以来ずっとこだわっていた問題──電子の自己エネルギーが無限大になってしまうという問題──を四六時中考えるようになった。そこに彼がまだ解いていないパズルがある以上、それをそのまま放っておくなんて、確かに彼らしくないことだった。

まずはウォーミングアップがてら、別の問題に取り組んだ。電子のスピンという概念は量子力学においてしか意味をなさないので、ファインマンは自分の経路積分形式のなかで、はたしてスピンを直接説明できるかどうか見極めようとしたのだ。ディラックの理論がややこしい理由の一つは、一つの方程式が四つの独立した部分からなっていることだった──スピン上向きの電子を記述する部分が一つ、スピン下向きの電子についての部分が一つ、スピン上向きの陽電子に関する部分が一つ、そしてスピン下向きの陽電子に関する部分が一つである。通常のスピンの概念には三つの次元（そのなかで回転が行なわれる二次元平面と、回転軸となる垂直な直線が一本）が必要だったので、ファインマンはまず、空間次元一つと時間の次元一つのみからなる世界を考えれば、問題を単純化できるだろうと推測した。このような世界では、可能なあれこれの経路に拘泥する必要もなくなる。つまり、経路に関しては、一つの空間次元、すなわち一本の直線上を行ったり来たりすることだけを考えればいいのだ。

そして彼は、このような二次元世界にあてはまる、単純化されたディラック方程式を導き出すことに成功した。右向きに運動していた電子が、「方向転換」して左向きに運動するようになるたびに、その経路の確率振幅に、ある「位相係数」を掛ければいいのだ。この場合の位相係数は、マイナス1の平方根を含む摩訶不思議《まかふしぎ》な数、「複素数」である。確率振幅に複素数が現れてもなんら問題ない。実際の確率は、確率振幅の二乗で決まるので、そこには実数しか出てこないのだということを思い出していただきたい。

確率振幅を計算する際、スピン由来の位相がさらに生じるかもしれないと気付いたのは、さすがにファインマンだった。しかし、空間次元をさらに増やして、電子がある角度で方向を変えて、異なる向きに飛んでいく場合など、一層複雑な位相係数が必要になってくると、得られる解は意味をなさなくなり、ディラックの理論に対応するような結果は出てこなかった。

ファインマンは、この理論を定式化しなおそうと、さまざまに異なる方法を試みたが、ほとんど進展はなかった。だが、彼の経路積分の方法がとりわけ有用な領域が一つあった。特殊相対性理論によれば、ある人間の「今」は、別の人間の「今」とは違うかもしれない――すなわち、相対的に運動している観察者たちは、同時性について、異なる認識を持っているかもしれない。特殊相対性理論は、この局所的な同時性の概念がいかに近視眼的かを説明し、根底に存在する物理法則は、個々の観察者が「今」何が起こっていると見なすかには一切関係ないということを示している。

量子力学の従来の図式には、「今」をはっきりと定義することに依存しているという問題があった。つまり、この「今」において、初期状態での量子力学的配置が確立され、それに続いて、その後この配置がどのように展開するかが決定される。そのプロセスにおいて、物理法則の相対論的不変性は、埋もれて表には見えなくなる。というのも、初期状態での波動関数を定義する空間座標系と、$t=0$と呼ぶ瞬間とを決めたと同時にわたしたちは、根底に存在する、座標系には無関係であるという理論の美点との直接の接触を失ってしまうからだ。

しかし、ファインマンの時空の描像は、まさに理論の相対論的不変性を露《あらわ》にすることを目指したものだった。そもそも、それはラグランジアンという、明らかに相対論的に不変なかたちに書き表すことのできる量を使って定義されていた。第二に、経路積分のアプローチでは、必然的にすべての空間と時間を一緒に扱うことになるので、時空を特定の空間や時間で切り取った部分を定義するという制約は不要になった。こうしてファインマンは、QEDで普通は個別に検討される量を、一つの対象物——そのなかでは、相対論的な性質がずっと現れ続けている——としてまとめるこつを習得した。ファインマンは、自分が関心を抱いていた諸問題を解決できるようなかたちで、ディラックの理論を第一原理からはっきりと再定式化する——どんな方法であろうが再定式化できるなら構わない——という目的に向かっては、少しも前進することはできなかったが、このとき彼が編み出した技巧は、のちに最終的な解のなかで、決定的な重要性を持つことが明らかになるのである。

ラム・シフトという挑戦状

解が視野に入ってきたのは、やはりよくあるように、ある実験の結果を受けてのことだった。実際、理論家たちが実験結果に指針を求めるのはごく普通のことだが、このケースについては、実験結果がいかに重要だったか、どれだけ強調しても強調しすぎることはないくらいだ。この時点までは、あちこちで登場する無限大は、理論家たちには頭痛の種だったのは確かだが、それだけのことだった。ディラック方程式のゼロ次の予測が、原子物理学のすべての結果を、実験で達成できる精度の範囲内で説明するに十分であるかぎり、理論家たちが、高次の補正——そもそもその補正は小さいはずであった——はじつは無限大なのだという事実を憂慮しようが、これらの無限大は、現実の実験に対してこの理論を適用する際に現実に妨げになるところまではまだ達していなかったのである。

理論家たちは推測するのが大好きだが、わたしの所見では、ある理論が新たなレベルで問われるような具体的な結果を実験家たちが実際に出してくるまでは、理論家たちにとって、理論上のアイデアに対して、それがもたらすあらゆる影響を厳密に調べたり、それを使って既存の問題の実際的な解を思いついたりするほど、真剣に取り合うことはそれが自分自身のアイデアであったとしても難しい。当時、アメリカの傑出した実験物理学者で、コロンビア大学を原子物理学の世界的中心地としたイシドール・アイザック・ラービは、実験の導きがなければQEDの難問に対して立ち上がることのできない理論家たちのふがいなさに胸を痛めた。一九四七年の春、彼は昼食の最中にある同僚に向かって、このように言ったそうだ。「この一八年間は、今世紀で最も不毛な時期だった」。

だが、数カ月のうちに、事態はがらりと変わった。すでに述べたように、その時点までは、水素原子内で陽子に拘束された電子のエネルギー準位のスペクトルについて、相対論を加味したディラックの理論を使って最低次で計算した結果が、そのスペクトルの全般的な性質を理解するに十分であるばかりでなく、観察結果と驚くほど定量的に一致してもいたので、実験の感度の限界のところで、一致していないかもしれないと思われる事例が二、三あっても、そんなことはほとんど無視されていた。しかしこんな状況は、コロンビア大学のラービのグループで研究していたアメリカの物理学者で、実験にも計算にも等しく優れた物理学者の最後の一人でもあった、ウィリス・ラムの勇敢な試みがすべてを一変したことで終わりを告げた。

二〇世紀初頭に量子力学が収めた最初の大きな成功は、水素が放出する光のスペクトルを説明したことだったのを覚えておられるだろう。まずはじめにニールス・ボーアが、電子は放射を吸収したり放出したりしながら、固定された準位のあいだを飛び移ることしかできないと仮定して、水素のエネルギー準位について、量子力学による暫定的な説明を提案した。その後シュレーディンガーが、名高い波動関数を提案し、水素のエネルギー準位はボーアのモデルのような「取り決め」によってではなく、彼の「波動力学」を使って正確に導き出すことができると示した。

ディラックが相対論的QEDを導き出すと、物理学者たちは、シュレーディンガーの方程式の代わりにディラック方程式を使ってエネルギー準位を予測することができるようになった。ディラック方程式でやってみると、相対論的効果（たとえば、より大きなエネルギーを持った電子が原子内にあると、相対性理論によって、その電子は質量もより大きくなるなど）と、電子のスピンがゼロでないことがディラック方程式に組み込まれたことの効果によって、原子のさまざまな状態のエネルギー準位は、わずかな量でだが、「分裂」しているという結論になることがわかった。そして実際に、水素のスペクトルを従来よりも高い分解能で観察してみると、なんと、ディラック方程式の予測に一致したのだ。それまでは、単一の振動数で起こっていると思われていた光の吸収や放出が、ごくわずかに違う二つの振動数の光に分裂していたのである。この現象は、スペクトルの微細構造と呼ばれるようになったが、これもまた、ディラックの理論が正しいという新たな証明であった。

ところが一九四六年、ウィリス・ラムは、ディラックの理論を検証するために、水素の微細構造をそれまでのどんな測定よりも高い精度で測定することにした。彼がこの実験を提案したときの言葉が、彼の動機を物語っている。「水素原子は、存在する最も単純な原子で、ひじょうに重要な理論計算が厳密に行なえる唯一の原子だ……。それにもかかわらず、今行なわれている実験の現状では、水素原子のスペクトルを観察しても、あまり厳密なテストにならない……。厳密なテストは、微細構造の測定から得られるはずだ」。

一九四七年四月二六日（これは、素粒子物理学で実験を提案してから、それが実際に終了するまでの期間が、一〇年単位ではなくて月単位であった時代のことだった）、ラムと彼の学生、ロバート・レザフォードは、想像を絶するような驚異的な測定を成功させた。その結果も同じく驚異的だった。

最低次のディラック理論は、それ以前のシュレーディンガーの理論と同じように、水素のなかにある電子の二つの異なる状態がまったく同じ総角運動量を持つならば、その二つの状態のエネルギーは同じだと予測していた。つまり、電子のスピン角運動量と、軌道角運動量の和が同じなら、たとえスピン角運動量だけ、軌道角運動量だけを比べれば違っていたとしても、エネルギーは同じだというのである。ところがラムの実験は、そのような場合でも、電子のエネルギーは二つの状態のあいだで異なるということをはっきりと証明したのだ。具体的に言うと、これら二つの状態よりもエネルギーが高い、ある一つの状態とのあいだで電子が光を吸収したり放出したりして遷移するとき、吸収（または放出）された光の振動数は、両者のあいだで毎秒一〇億サイクルも違ったのである。これは相当な違いだと思われるかもしれないが、水素のエネルギー準位のあいだで吸収・放出される電子の振動数は、このとき測定された差の一〇〇〇万倍程度なのが普通だ。したがってラムは、一億分の一よりも高い精度で振動数を測定しなければならなかったのであった。

ディラックが理論ですばらしい成果を挙げて以降、理論物理学が置かれていた状況からすると、ディラックの予測に対して、この、ほとんど感じられないほど小さいけれども、確かにゼロではない違いが測定されたことの衝撃は並々ならぬものであった。突然、ディラックの理論の問題点が具体的になったのである。あやふやで、きっちり定義されてもいない何かの無限大の結果を巡って拘泥しているのではもはやなくなり、実際に計算できる、有限の大きさをした現実の実験データが突きつけられたのだ。ファインマンはのちに、このときの衝撃を、彼らしい印象的な言葉で語っている。「僕が幾何学をちゃんと理解していたとして、そのうえで、一辺が五フィートの正方形の対角線の長さを知りたいと思ったとしよう。僕は、一流の幾何学の専門家ではなかったので、無限大という答えが出てきてしまった――使い物にならない答えだ……。われわれが追い求めているのは、哲学ではなく、現実の物体の振舞いだ。それで、やけくそになって、僕は対角線を直接測ることにした――ほら、七フィートぐらいだ――無限大でもゼロでもない。このように、理論がとんでもない答えを与える場合、われわれは常に測定を行なってきたのである」。

一九四七年六月、全米科学アカデミーは、ニューヨークのロングアイランド沖のシェルター島にある小さな宿で、量子電磁力学（QED）に取り組む最高の理論物理学者を集めて、小さな会議を開催した（幸運なことにファインマンのかつての師、ジョン・ホイーラーが主催者の一人だったので、ファインマンも招かれた）。この、「量子力学の基礎に関する会議」の目的は、戦争中――ファインマンも彼の同僚たちも、原子爆弾を作り上げるのにおおわらわだった――捨て置かれていた、量子力学理論の未解決の問題を検討することだった。ファインマンのほか、ベーテからオッペンハイマーまで、そして、若き理論物理学のスーパースター、ジュリアン・シュウィンガーも含め、ロスアラモスで指導的立場にあった面々がみな集まった。

ラムが彼の実験を発表したのは、この小さな会議でのことだった。いかにもおあつらえ向きに、戦争に貢献した英雄として有名になった「原爆を作った」科学者たちは、警察の護衛のもと、ロングアイランドを横切ってやってきた。ラムの発表がこの会議の核心となった。ファインマンはのちに、これは彼が出席した最も重要な会議だったと述べている。

だが、ファインマンの研究に関するかぎり、そしてまた、QEDの諸問題を検討しているすべての理論物理学者にとっても、この会議の最も重要な成果は、ファインマンが行なった計算ではなくて、彼の指導者だったハンス・ベーテが、母親に会うために数日間滞在したニューヨーク市からコーネル大のあるイサカへ戻る列車のなかで行なった計算だった。ベーテは得られた結果にいたく興奮し、スケネクタディの町からわざわざファインマンに電話して、結果を知らせた。ベーテは、ついに実験結果の数値が与えられたときはいつもそうなのだが、どんなに限られたものであっても、自分が自由に使える理論のツールを総動員して、理論的に結果を導き出し、その実験結果と比較せずにはおれなかったのだ。その結果、ベーテはすこぶる驚き、かつ満足した。そして、QEDに出てくる奇妙な無限大にどう対処すべきかはまだ十分理解していなかったとはいえ――、すでにラム・シフトとして知られるようになっていた振動数のずれの、大きさと原因を自分は理解したと、ベーテは主張したのだった。

こうして、ファインマン、シュウィンガー、そして、ほかのすべての物理学者に対して、挑戦状が突きつけられたのである。

第9章　無限を馴らす

証明できるよりもはるかに多くの真実が、知られるようになります。

——リチャード・ファインマン、一九六五年のノーベル賞受賞講演

ベーテとファインマン、無限大の首に鈴をつける

ウィリス・ラムが、自分が得た結果をシェルター島で発表すると、それがディラックの量子電磁力学（QED）理論と一致しない原因はどこにあるのだろうという疑問が直ちにもちあがった。この会合の中心的存在だったオッペンハイマーは、振動数がずれた原因は、QEDそのものにあるのかもしれないと示唆した。ただし、物理学としては、なんとしても無しで済ませたい、無限大の高次の補正を誰かがどうにか片付けないことには、それも証明できなかった。まさにこれを目指してベーテが行なった努力は、オッペンハイマーと、ほかの二人の物理学者、H・A・クラマースとヴィクター・ワイスコップが提案したいくつかのアイ

デアに基づいたものだった。ワイスコップは、その後MITから休暇を取り、ジュネーブにできた欧州原子核研究機構——普通、略称のCERNで呼ばれている——の初代所長となった。

クラマースは、電磁力学における無限大の問題は、古典論での電子の自己エネルギーにまで遡《さかのぼ》るのだから、物理学者たちは、観察可能な量——当然のことながら有限である——だけに注目して計算結果を表示すればいいのだと主張した。たとえば、ディラック方程式に登場した電子は、その後無限大の自己エネルギーという補正を加えられたが、この電子の質量に関する項は、電子の物理的な質量を測定したものを表していると考えるのはやめよう。その代わりに、この項を「裸の質量」と呼ぶことにしよう。もしも、方程式の「裸の質量」の項が無限大ならば、この項と、無限大の自己エネルギー補正項との和を取ったときに、両者がうまく打ち消しあって、残った有限の大きさの項が、実験で測定された質量と等しくなるようにできるかもしれないではないか。

クラマースは、少なくとも非相対論的な運動をしている電子に対しては、電磁力学で計算された無限大になるすべての量は、電子の静止質量に無限大の自己エネルギーを足し合わせることによって表現できると主張した。こうなれば、このたった一つの無限大の項を取り去り、実際に測定された有限の質量ですべての結果を表せば、あらゆる計算で有限の答えが出てくるようになり、無限大は最初から避けられるだろう。このような処置をすることは、基本的な方程式に現れる質量項の「大きさ」すなわち「正規化係数」を変えてしまう行為にあたるので、英語では「再正規化（renormalization）」と呼ばれている（訳注：日本語では「繰り込み」と呼ぶ）。

ワイスコップとシュウィンガーは、このアイデアを実施してみようと努力して、相対論的QEDを詳細に検討し、その方向で前進を遂げた。とりわけ、電子の自己エネルギーを計算したときに出てきた無限大は、実際には、相対論的効果を加味すれば、ある程度緩和されるということを示した。

これらの議論に鼓舞されて、ベーテはこのような操作で得られる有限の寄与がどれくらいの大きさになるのか、近似計算を行なった。ファインマンはのちに、ノーベル賞講演のなかで、このときのことを以下のように述べた。「ベーテ教授は……このような性格の方でした。実験で得られた、いい数字があったとすると、それを理論から導き出さないと気が済まないのです。それで、彼は当時の量子電磁力学に、〔水素の〕これら二つの準位がちゃんと分離するような答えを言わば無理やりに出させたのです」。ベーテの推論が、次のようなものだったことは間違いないだろう。電子と空孔《ホール》と相対論の効果が幾分無限大を緩和するらしいのなら、はるかに扱いやすいこと間違いなしの非相対論的な理論で計算し、そのあとは、電子の静止質量の測定値にほぼ等しいエネルギーより上の範囲に対しては、すべての仮想光子の寄与を無視すればいい。総エネルギーがこの静止質量を超えた場合にのみ相対論的効果が入ってくるのであり、入ってきたときには、おそらく、より高いエネルギーを持つ仮想粒子からの寄与が確実に影響を及ぼさなくなるように、これらの効果が働くのだろう。

ベーテが、このように仮想粒子のエネルギーを恣意的に切り捨てたうえで計算を実行してみると、水素が持つ二つの異なる軌道状態によって吸収または放出された光の振動数の差は、毎秒約一〇四〇メガサイクルだという予測が結果として得られた。これは、ラムが実験で得た結果とひじょうによく一致していた。

頭脳明晰なファインマンだったが、当初はベーテの結果を完全には理解してはいなかったと、のちに回想している。ファインマンがベーテの結果の重要性を理解し、さらに、そのときまで自分がやってきたあれこれの研究の積み重ねがあるのだから、自分はベーテの推測値よりも、もっといい推測値を出せるかもしれないと気付いたのは、後日コーネル大学でベーテがこのテーマで講演を行なって、次のように述べるのを聞いた瞬間になってのことだった。ベーテは、この理論の高次の寄与に対処する、完全に相対論的な方法があれば、より正確な答えが得られるばかりか、ベーテが採用した暫定的な手法には一貫性があることも示せるはずだと言ったのだ。

ベーテの講演が終わったあと、ファインマンはベーテのところへ行き、「僕がやってみせますよ。明日、持って行きます」と言った。彼の自信は、自分の作用原理と経路積分を使って量子力学を再定式化するために何年も苦労した経験に基づいていた。この経験のなかでファインマンは、今回の計算で相対論的出発点として使えるものを得ていたのである。彼が作り上げた形式は、実際、粒子が取りうる可能な経路を調整して、さもなければ量子力学的計算のなかでは無限大になってしまう項を、計算に入ってくる仮想粒子の最大エネルギーを効果的に制限することによって、押さえ込むことができたのである。しかも、ベーテが希望したとおり、相対論とも矛盾しないやり方でそうすることができたのだった。

唯一の問題は、ファインマンはそれまで量子論で出てくる電子の自己エネルギーを実際に計算したことがなかったということだった。そこで彼はベーテのオフィスに行き、ベーテに計算のやり方を教わり、そのあと今度はファインマンがベーテに、自分の形式をどう使えばいいかを説明した。物理学の未来を変える、この手の偶然の出来事にはありがちなことだが、ファインマンがベーテのところへ行き、黒板を使って二人で計算した際、彼らは一カ所ミスをおかした。その結果、得られた答えは有限でなかったばかりか、非相対論的な計算で出てきたよりもたちの悪い無限大で、有限な部分を分離するのが一層難しくなってしまった。

ファインマンは自室に戻ったが、正しい計算では答えは有限になるはずだと確信していた。結局、じつにファインマンらしく、このように決心した。まず、空孔、エネルギーが負の状態、等々を使った従来からの複雑な方法で、自己エネルギーを計算するにはどうすればいいのか、徹底的な細部まで自分で学ぼう、と。従来のやり方でどう計算するのか、細部までわかったなら、今度は、自分が考案した新しい経路積分形式を使って同じ計算をやることができると、彼は自信を持っていた。もちろんその際、結果を有限にするために必要な調整をちゃんと加え、しかも、相対論には終始従っていることが明らかなように進めるのだ。

やりおえてみると、結果はまさにファインマンが望んだとおりだった。実験で測定された電子の静止質量によってすべてを表現することで、ファインマンは有限の答えを得ることができた。そのなかにはもちろん、ラム・シフトの値も極めて正確な数値で含まれていた。

QED、命拾いをする

結局のところ、ワイスコップと彼の学生だったアンソニー・フレンチや、シュウィンガーなど、ほかの者たちもちょうど同じころに相対論を加味した計算を成功させていたのだった。シュウィンガーはそのうえさらに、有限な結果とラム・シフトの正確な数値をもたらすために対処した、まさにその同じ無限大を制御することによって、コロンビア大学のラムのグループが発見した、無修正のディラック理論の予測とは一致しない、もう一つの実験結果も導き出せることを示した。こちらは、電子の磁気モーメントの測定値に関する効果であった。

電子はあたかも自転しているかのように振舞い、しかも電荷を持っているので、電磁気学によれば、電子は小さな磁石のように振舞うはずだ。したがって、電子の磁場の強さは、電子のスピンの大きさに依存しているはずである。ところが、電子の磁場を測定してみると、単純な最低次の予測から約一パーセントずれていることがわかった。これはわずかな量だが、測定の精度の高さからすると、この違いは現実のものであり、重大な意味があった。そのため、理論をより高次まで理解し、はたして実験データと一致しているのか、確かめねばならなかった。

シュウィンガーは、同じ計算法——無限大になってしまう項を分離し、それらの項をうまく定義された方法で調整し、それから、計算結果のすべてを、電子の静止質量の測定値などの量で表現する、という方法——を使えば、電子の磁気モーメントも、実験結果を説明できる、予測されたとおりの正しい大きさだけずれた値で出てくることを示したのであった。ラービは、シュウィンガーの計算について聞いたあと、高揚感に満ちた手紙をベーテに送った。ベーテはそれに対する返事のなかで、そもそもの発端だったラービの実験に言及し、「あなたの実験が、ある理論にまったく新しい方向を与え、その理論が比較的短い時間で開花したことは、ほんとうにすばらしい。量子力学が生まれたころのようにわくわくします」と述べた。

QEDがほんとうにまっとうな物理の理論なのかどうかなかなか判然とせず、この理論が物理学者たちに受け入れられるための通過儀礼《イニシエーション》は、見通しも立たないまま延々と続いてきたが、それもようやく終わろうとしていた。このとき以来QEDの予言は、ほかのどの科学分野でも見られないほどの高い精度で実験結果と一致し続けている。この観点から見て、QED以上に良い科学理論はこの世に存在しないと言える。

図形を用いた時空の計算——ファインマン・ダイアグラム

ファインマンが、どうすればラム・シフトが計算できるかを正しく示した大勢の物理学者の一人に過ぎなかったとしたら、わたしたちが今日《こんにち》なお彼の貢献を記憶し称え続けているというようなことはおそらくなかっただろう。彼が努力してラム・シフトを計算し、その計算に登場する無限大をどう制御すればいいかを理解したことが、物理学にもたらしたほんとうの利益は、彼がますます多くの対象を計算するようになったことにある。そして、彼はそのプロセスのなかで、自分の恐るべき数学的能力と、量子力学を再定式化する過程で身につけた直観とを活用し、QEDに関するさまざまな現象を視覚化する、まったく新しい方法を徐々に構築していった。そうして彼が作り上げたのは、図形を使った時空の描像――それ自体が、経路積分の手法の上に築かれている――に基づいてQEDの計算を行なう、驚異的な新手法だった。

電子は時間を下るし遡る

ファインマンがQEDの諸問題を解決するために取ったアプローチは、極めて独創的であると同時に極めて行き当たりばったりだった。求めている方程式はこんなかたちだろうと、ただあてずっぽうに推測するだけのことも多く、そのあと、その推測をほかの場面にあてはめたり、既知の結果が入手できる場合はそれと比較したりして、修正が必要になったらその事実に照らし合わせてチェックするのだった。しかも、自身の時空を軸としたアプローチを使って相対論と矛盾しないかたちで数学を書き下すことに成功したのではあったが、彼が実際にやった計算は、相対論と量子力学を統合した、何らかの系統立った数学的枠組みから直接導き出されたものではなかった――計算が終わったあと、すべては正しく解けていたけれども。

相対論と量子力学を統合する系統立った枠組みは、じつは少なくとも一九三〇年代から存在していた。それは「場の量子論」と呼ばれるもので、本質的に無数の粒子についての理論であり、ファインマンが場の量子論から遠ざかった理由も、そのあたりにあるのだろう。古典電磁気学では、電磁場は、時空のあらゆる点で記述される量である。この場を量子力学的に扱うとき、これを素粒子——この場合、光子——を元に考えることができる。場の量子論では、この「場」は量子論的物体であり、空間の各点で、光子がある確率で生まれたり消滅したりするとみなすことができる。このため、電磁場の揺らぎによって仮想粒子が一時的に生みだされ、その数は無限大にもなりうる。そもそもファインマンは、このややこしい状況をすっきりさせるためにこそ、これらの光子を完全に消し去り、荷電粒子どうしが直接相互作用できるように、電磁力学を再定式化しようと考えたのだった。そして彼は、自身が編み出した経路積分の手法を使って、これらの直接的な相互作用を量子力学的に扱ったのである。自分が検討しているQEDの計算の枠組みに、ディラックが作った、相対論を加味した電子についての理論をどう組み込めばいいかをあれこれ考えていた最中、ファインマンは、計算が劇的に単純になり、おまけに粒子と「空孔《ホール》」を独立した実体として考える必要がなくなる、あるすばらしい数学的トリックを偶然見つけた。だが同時に、このトリックを相対論を量子力学に組み込んだ瞬間から、われわれは存在しうる粒子の数が有限である世界にはもはや暮らせないのだという事実も明らかにした。相対論と量子力学を一体化するには、どの瞬間を取っても、無限個になりうる厄介者の仮想粒子を扱うことのできる理論が必要となるのだった。

ファインマンが使ったトリックは、かつてジョン・ホイーラーが彼に提案したアイデアに立ち返るものだった。ホイーラーは、ある電子が、時間のなかを順方向のみならず、逆方向にも進めるとしたら、世界中のすべての電子は、そのたった一個の電子から生じていると見なすことができると言ったのだった。時間を逆向きに進んでいる電子は、まるで時間を順方向に進む陽電子のように見えるだろう。このように、時間のなかを順方向と逆方向両方に進む一個の電子は（逆方向に進んでいるときは、陽電子になりすましている）、任意の瞬間に、自らを数え切れないほど繰り返し再生することができる。ホイーラーから初めてこれを聞いたファインマンは、もしもこれがほんとうなら、任意の瞬間、電子と同じ数だけ陽電子が存在しているはずではないかと応じたが、これはもちろん、ファインマンがホイーラーの考えに含まれる論理的欠陥を指摘したのである。陽電子は普通の物質のなかでは検出されないのだから。

ところが、長い年月を経た今、「陽電子を、時間を逆向きに進んでいる電子と見なせる」という考え方は、別の場面で利用できることにファインマンは突然気付いた。その場面とは、電子と空孔の両方を常に考慮しなければならない、相対論的な計算を行なおうとする場面である。ファインマンは、自身が考案した時空の描像のなかに電子だけを登場させ、その電子は時間のなかを順方向にも逆方向にも進むとすると、電子と空孔を考慮する場合と同じ結果が得られることに気付いたのだ（わたしの高校の物理の先生が、ずっと昔のあの夏の午後、わたしにもっと物理に興味を持たせようとして、うまく説明できなかった、あの考え方だ）。

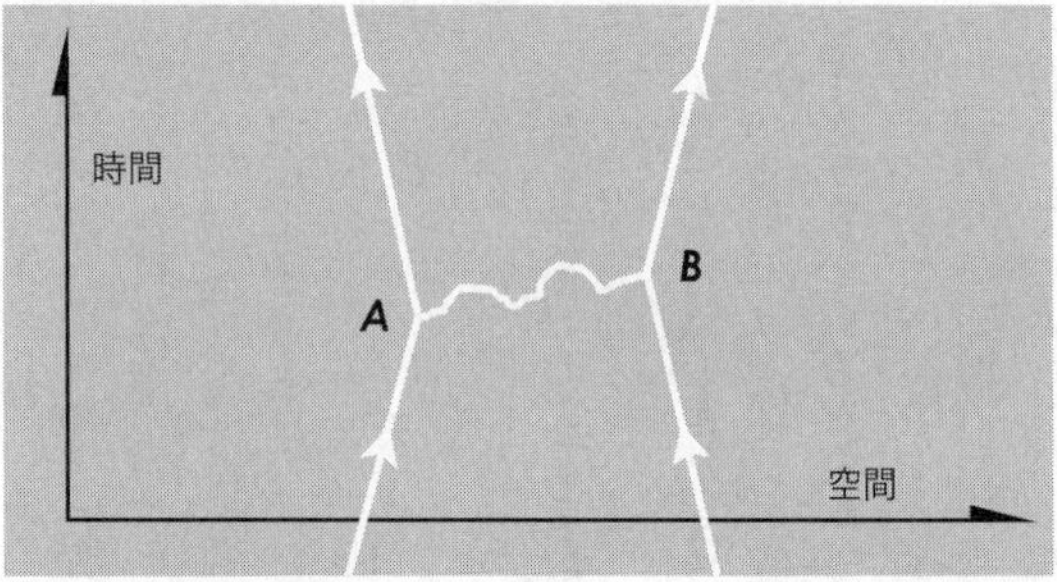

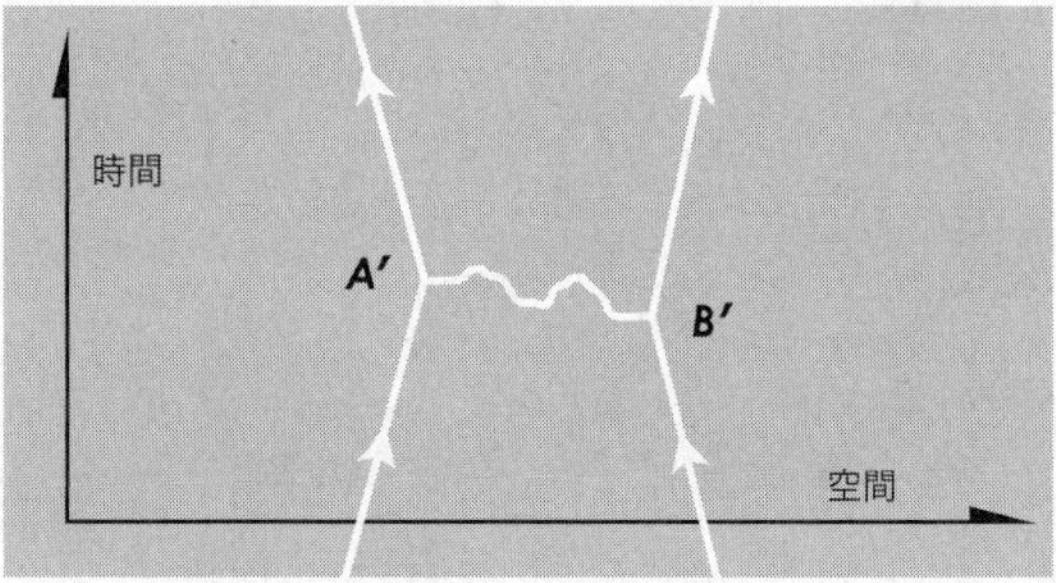

陽電子と電子をひとまとめにして扱おうというファインマンの方法がどのように生まれたかを理解するには、自身の考案による経路積分に基づく量子力学の定式化のなかに現れた時空プロセスを捉えるための手段としてファインマンが最終的に到達した、ファインマン・ダイアグラムを使うのが一番わかりやすいだろう。

二つの電子が、一個の仮想光子を交換するという時空プロセスを示すファインマン・ダイアグラムについて考えてみよう。光子はAで放出され、Bで吸収されるものとする（上図）。

このようなプロセスの量子力

学的確率振幅を計算するためには、これら二つの電子のあいだで仮想光子一個を交換することに相当する、すべての可能な時空経路を考慮しなければならないだろう。わたしたちはこの光子を直接観察することはないので、B′がA′より時間的に前にあるときに、光子がB′で放出され、A′で吸収されるという、前ページ下図に示したプロセスも、最終の経路積分に寄与する。

さて、これら二つの異なるダイアグラムは、もう一つ、別の方法で解釈することもできる。これは量子力学の問題である。ならば、一つの測定から次の測定までのあいだの時間には、ハイゼンベルクの不確定性原理に矛盾しないことなら何でも起こる可能性がある——読者の皆さんも覚えておられるとおりだ。このため、たとえば仮想光子は、二つの電子のあいだを移動するあいだずっと、きっちり光速で運動している必要はない。だが、特殊相対性理論によれば、光子が光速よりも高い速度で運動している場合、その光子が時間を逆向きに進んでいるように見える座標系が存在する。もしも光子が時間を逆向きに進んでいるなら、A′で放出されて、B′で吸収されることもありうる。つまり、第二のダイアグラムは、最初のダイアグラムと同一のプロセスを表しているが、ただ、光子が光速よりも高い速度で運動しているのだと解釈できる。

わたしが知るかぎり、当時ファインマン本人がはっきりと説明したことはなかったが、じつのところ、まさにこの効果こそ、相対論を加味した電子の理論——すなわち、ディラックの理論——がどうして反粒子を必要とするのかを説明する。光子の場合、光子は電荷をまっ

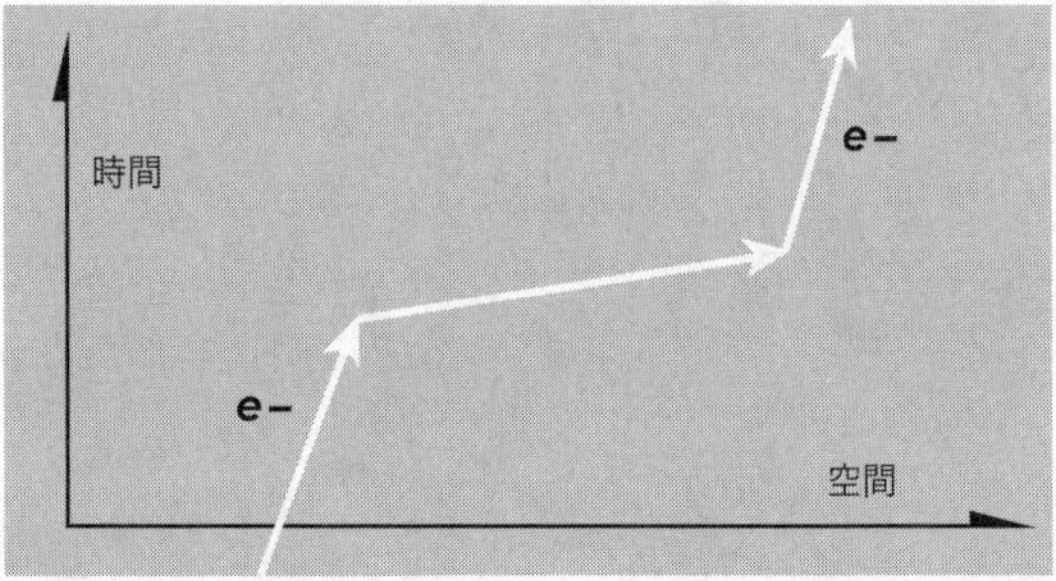

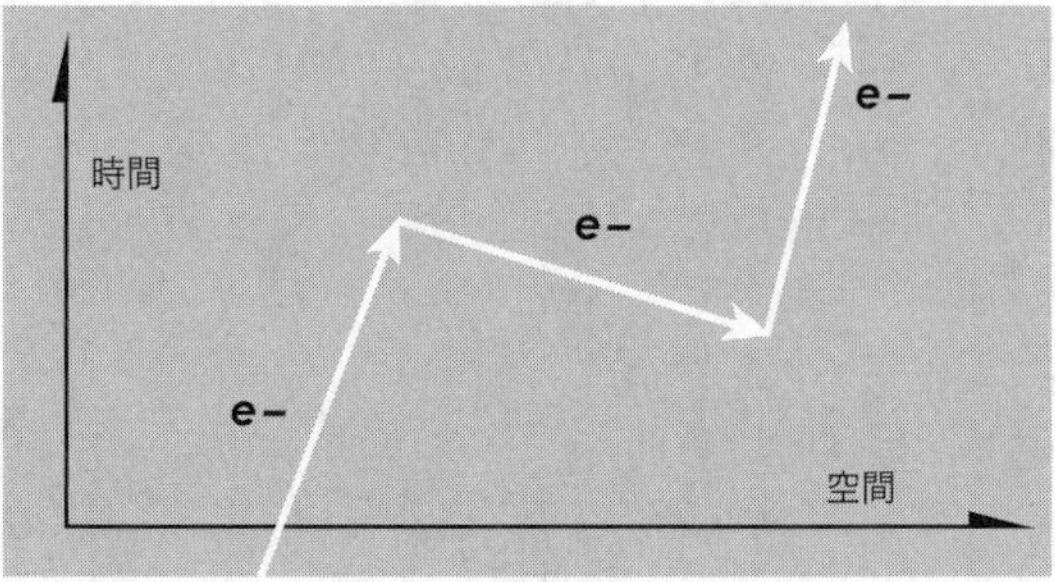

たく持たないので、光子が時間を逆向きに進んでAからBに移動しているとき、それは光子が時間を順方向に進んでBからAに移動しているのと同じように見える。しかし、電荷を持った粒子が時間を逆向きに進んでいる場合、それは反対の電荷を持った粒子が時間のなかを順方向に進んでいるように見える。

　したがって、上図上のダイアグラムで描かれている、一個の電子（e^-）が二点間を移動するという単純なプロセスには、上図下で示したプロセスが伴っていなければならない。

　しかし、この二番めのプロセスは、中間に陽電子（e^+）を介

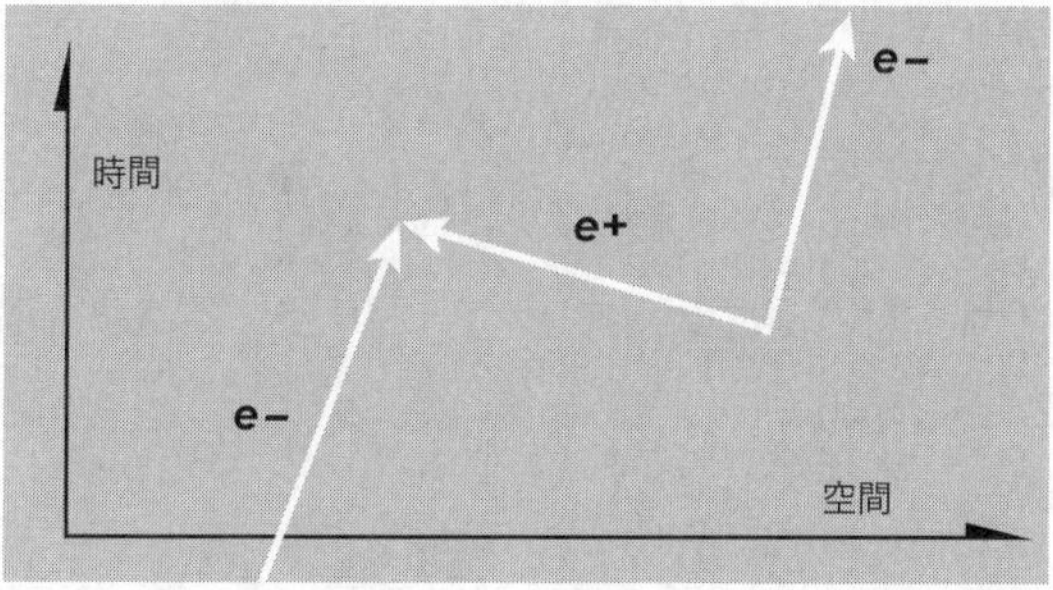

在させることによって、上のように表すこともできる。

別の言い方をすると、これはまるで、一個の電子が旅を始めたところ、ある別の場所で空っぽの空間から電子－陽電子対が生まれ、そうして生まれた仮想陽電子が時間を順方向に進み、やがて最初の電子と出会って対消滅し、旅の終わりには、一個の電子だけが残るように見える。

ファインマンは少しのちになって、一九四九年の論文「陽電子の理論」のなかで、この状況を見事に記述している。このとき彼が使い、今では有名になっている比喩には、爆撃機に乗り、照準器を通して道路を見ている一人の爆撃手が登場する（ファインマンの比喩の選び方には、つい数年前まで続いていた戦争の影響が間違いなく見て取れる）。「低空飛行する爆撃機から照準器をとおして一本の道路を見ていた爆撃手の視野で、突然道路が三本になり、やがてその二本が一体化して消えてしまったところで、爆撃手が、自分はたった今、一本の道路が長いジグザグに折れ曲がっているところを通過しただけだと気付くようなものである」。

このように、相対論的量子力学では、粒子の個数は確定できない。粒子は一個しかないと思うその瞬間、粒子‐反粒子対が真空から出現して、粒子が三個になってしまうかもしれない。この仮想粒子の一方が、粒子を一個（自分の対をなす粒子か、あるいは、最初からあった粒子）消滅させると、再び粒子は一個だけとなる。先ほどの、道路の本数を数えていた爆撃手が照準器を通して目撃するであろうものと同じである。ここでも重要なのは、これは相対性理論によって単に可能になるだけではなく、相対論によって要求されるということである。したがって、今考えてみると、ディラックは彼が構築した電子と光に関する相対論を加味した理論のなかに、反粒子を導入する以外、選択の余地はなかったということになる。

「ファインマン・ダイアグラムのなかでは、陽電子を時間反転した電子として扱える可能性がある」ことを指摘したのがファインマンだったことは興味深い。というのも、これはとりもなおさず、彼が以前場の量子論に嫌悪感を抱いていたのは見当違いだったということだからだ。彼は、QEDに登場するさまざまな物理的効果を計算するために、ダイアグラムを使って時空を拡張したのだが、そのダイアグラム形式のなかには、粒子が生まれたり消滅したりし、そのため、物理的プロセスの中間段階では粒子の個数が確定できないような、そんな理論の内容が暗に含まれていたのである（じつのところ、ファインマンの論文よりも八年も前の一九四一年に発表されたが、あまり有名にはならなかったある論文のなかで、ドイツの物理学者、エルンスト・ステュッケルベルクは、ファインマンとはまったく無関係に、必要に迫られて時空ダイアグラムについて検討し、また、陽電子を時間反転した電子と考えている。だが彼は、ファインマンがこれらのツールを使って遂行した計画を最後までやり通したのに比べれば、それほど強く動機付けられていなかったようだ）。

電子の自己エネルギーとファインマン・ダイアグラムのループ

さて、わたしたちも、のちにファインマン・ダイアグラムと名づけられるこのダイアグラムに馴染んできたので、ここで、このダイアグラムなしでは無限のプロセスとなってしまう、電子の自己エネルギーと真空分極を、ファインマン・ダイアグラムで表現してみよう（次ページ）。

ファインマンにとっては、この二つのダイアグラムは根本的に違っていた。一つめのダイアグラムは、電子が光子を放出し、その後それを再吸収しているプロセスとして、自然に起こりうると想像できた。ところが、二つめのダイアグラムは不自然に見えた。というのは、このようなダイアグラムは、時空のなかで順方向・逆方向に移動したり相互作用したりしている一個の電子の軌跡としてはありえず、このような軌跡は、計算のなかでしか登場させられないと感じたからだ。その結果彼は、これらの新しいプロセスをダイアグラムに含めるのに慎重になってしまい、最初はそうしなかった。そんなふうに決めてしまったがために、ディラックの理論に出てくるすべての無限大を除去し、そして、物理的プロセスについての予測が曖昧さを残さず導き出せるような枠組みを構築しようとファインマンが努力するなかで、数々の問題が持ち上がった。

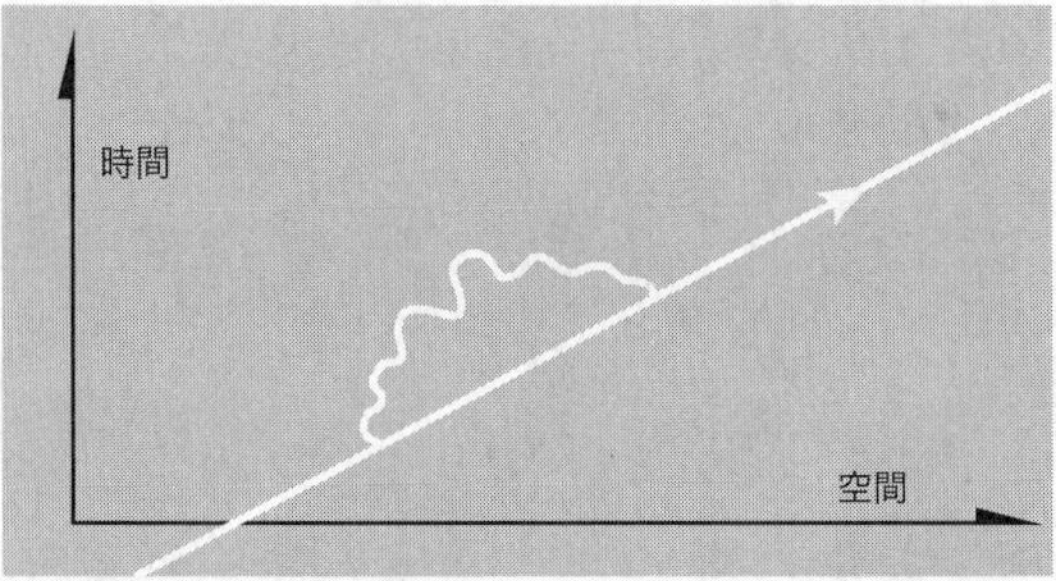

自己エネルギー（自らの電磁場と相互作用している１個の電子）

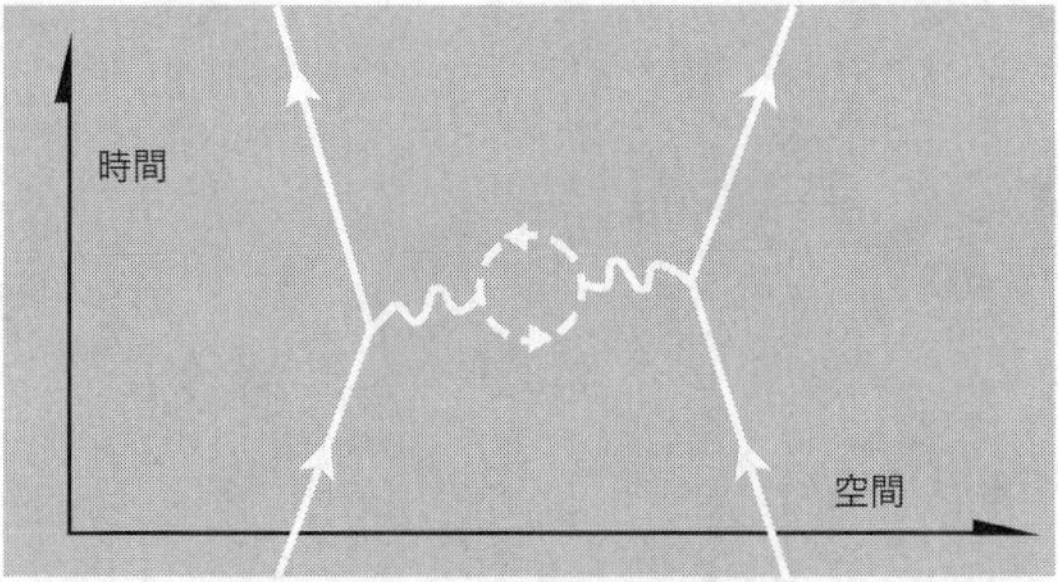

真空分極（１個の仮想光子が電子‐陽電子対に分裂）

ファインマンの手法が最初に大成功を収めたのは、電子の自己エネルギーの計算だった。最も重要なのは、電子と光子の相互作用を、相対性理論からの要請に合うように、尺度が極微でエネルギーが極度に高い範囲で修正する方法を彼が発見したことである。これは、電子の自己エネルギーを表現したファインマン・ダイアグラムで、ループがたいへん小さくなっていくという状況を考え、そのどんどん小さくなっていくすべてのループで、相互作用を修正することを視覚的に検討した結果である。このようにして、暫定的な結果を導き出すことが可能になった。しかもありがたいことに、その結果は有限である。おまけに、この結果は、微小ループの相互作用に加える修正が、ループが小さくなっていく極限においてどのようなかたちになっているかには無関係だということが示せた。このダイアグラムによる手法の最も重要な点は、先ほど強調したように、ループという形式が、光子の放出・吸収が任意のタイミングで起こることを考慮に入れており、それと同時に、時間を順方向にも逆方向にも進む物体を含んでいるため、ファインマンが発見した修正のかたちが理論の相対論的な振舞いを台無しにすることがなかったという点である。なにしろ、理論の相対論的振舞いは、誰か一人の観察者が定義した時間に依存してはならないのだから。

　クラマースらがかねてより予測していたように、鍵となったのは、これら修正されたループからの寄与を、相対性理論と矛盾しない方法で有限にする、もしくは、のちに使われるようになった用語で言うと、正規化することだった。ある物理的な量に対する修正を表現したとする。たとえば水素原子の場のなかにある電子のエネルギーへの修正を、電子の物理的な質量と物理的な電荷で表現したとしよう。小さなループへの修正がなければ無限大となってしまう項を打ち消したあと、残った項は有限で、しかも、先ほど施したループへの修正が、どんなかたちをしているかには無関係であった。それより一層重要なことに、ループのダイアグラムに修正が施される大きさの尺度が小さくなってゼロに至った――このとき、ループのダイアグラムは、無限大になってしまいかねない――としても、有限のままであった。繰り込みは、うまく機能したのだ！　この有限の修正は、測定されたラム・シフトとそこそこ一致し、量子電磁力学は、その正しさを証明されたのだった。

だが残念なことに、電子の自己エネルギーを検討した際に、極微の距離尺度で理論を修正するためにファインマンが利用したのと同じ種類の手法は、真空分極のダイアグラムに登場する無限大の影響を検討する際にはうまくいかなかった。修正なしの状態で、都合のいい数学的性質を維持している小さな電子‐陽電子ループに対する、うまい修正を見つけることはファインマンにはできなかった。このこともまた、ファインマン・ダイアグラムは今かかえている問題には物理的に不適切なのかもしれないという彼の印象と並んで、最初にラム・シフトの計算をしたときに彼がダイアグラムを無視した、もう一つの理由だったのかもしれない。

ファインマンは、一九四八年から翌年にかけて、この問題に何度も取り組みなおした。彼は、電子‐陽電子ループのかたちを変えたことで彼の方程式に入ってきたさまざまな余分な項は物理的ではないと直感的に仮定し、それなら無視して構わないだろうと考え――なぜなら、これらの項は、QEDの数学的に微妙な点に従わなかったからだ——、実際に無視することによって、定量的に正しい答えを導き出すことに成功した。この満足とはいえない状況は、一九四九年の後半、ハンス・ベーテがファインマンに、ヴォルフガング・パウリが見出した、真空分極ダイアグラムに加えられた修正と数学的に矛盾しないトリックのことを教えてやったことで解決した。

　ファインマンがこのやり方を自分の計算にも取り入れると、QEDの無限大はすべて制御可能となり、あらゆる物理量が、任意に高い精度まで計算できるようになって、実験結果と比較できるようになった。すべてのプロセスについて、有限の（しかも正しい）予測を計算できる、電子と光子の理論を手にしたという実際的観点から、ファインマンは、ホイーラーと卒業研究をやっていたところ、初めて「ぜひ解決したい」と思って以来、ずっと心のどこかに抱えてきた目標をついに達成したのだった。

　しかしファインマンは、直感的に抱いた疑いをすぐに捨て去りはせず、一九四九年の名高い論文、「量子電磁力学への時空によるアプローチ」——ファインマン・ダイアグラムによる手法とその結果の概要を示したもの——に、彼やほかの物理学者たちが計算しおえて、真空分極の効果によると確認した小さな寄与分の値が、ほんとうに正しいのかどうか確かめるために、より高精度なラム・シフトの実験を行なわねばならないと示唆する脚注を添えている。

　そしてそれは、その後ほんとうに正しいと確認されたのだった。

第10章　鏡におぼろに映ったもの

僕の機械は、あまりに遠いところから来たものでね。

——リチャード・ファインマンがシルヴァン・シュウェーバーに言った言葉、一九八四年

繰り込みとシュウィンガー

ファインマンが、自分自身が得た結果に対してためらいがちな反応をしたのは意外だと思われるかもしれないが、そうではないし、このような反応は彼に限ったものでもない。科学においては、正しい答えは、得られたばかりのときには必ずしも正しいとははっきりしていない。間違った方向への展開、袋小路、そして行き止まりなどが無数に起こる知識の最先端で、試し試しという感じで研究するとき、机に座って思い描いた数学に自然が従っているように見えたとしても、懐疑的になりがちだ。そのようなわけで、彼が科学にもたらしたほん

とうの貢献が何だったのかということだけでもわたしたちが理解したいのなら、ファインマンの物語のこの部分は、まだ終わってはいない。それどころか、わたしたちは、関連した別の出来事、関係者たち、そして、歴史に実際に支配力を振るっている運命の悪戯など——つまり、ある科学概念ができあがってしまったあとで、論理的にそれを示そうとするときには、避けてしまうことが多いような類《たぐい》のもの——をいくつか詳しく調べてみる必要がある。

ファインマンの発見のプロセスが展開し、その結果もたらされた発見を、確かに発見だとファインマンがしっかり認識したとき、彼の周囲の環境のなかで支配的な存在だった二人の人物が、ジュリアン・シュウィンガーとフリーマン・ダイソンだった。天才少年ジュリアン・シュウィンガーには、本書でもすでにお目にかかった。ファインマンと同様、彼も当時の理論物理学で最も重要だった根本的な疑問に惹き付けられていた。量子電磁力学（QED）を、自然を記述する一貫性ある理論にするにはどうすればいいか、というのがその疑問である。これもファインマンと同様、シュウィンガーも戦争を支援する努力に貢献しており、そのころの研究が、彼のアプローチに深い影響を及ぼしていた。MITの放射線研究所で働いたシュウィンガーは、力の源《みなもと》とその力への応答に注目する、古典電磁力学に基づいた工学的アプローチを取るようになった。そしてまたファインマンと同じく、自分自身との競争と、そして、自分には必ずできると思うことに向かって、とりわけ強く駆り立てられていた。

だが、似ているのはそこまでだった。同じニューヨーク州の出身とはいっても、シュウィンガーが育ったマンハッタンはロングアイランドとは別世界だったし、彼ほど特別なオーラを放てる物理学者はおそらくいなかっただろう。才気にあふれ、垢抜けており、一七歳のとき、イシドール・アイザック・ラービによってコロンビア大学に引き抜かれた。そのきっかけというのも、シュウィンガーの才能をよく物語っている。ラービが廊下で同僚と、量子力学の微妙な点を巡って議論していたところ、シュウィンガーの助言でそれが解決したことで、ラービの注目を引いたのだった。二一歳にして博士号を取得し、八年後、ハーバード史上最年少で終身在職権付き教授となった。彼からは、最高の自信と規律正しさがいつもにじみ出ていた。シュウィンガーはノートを使わずに講義をするのが常だったが、すべてはあらかじめ計画されているのが感じられた——黒板にチョークが最初に下ろされる場所から、最後に離される場所まで。いや、シュウィンガーはよく両手で同時に板書したので、「最初に下ろされる二カ所から、最後に離される二カ所まで」と言うべきだろう。講義での説明の流れは複雑で、それを必要以上に複雑だと言う人も多いかもしれないが、正確で、論理的、そしてなんと言ってもエレガントだった。

ファインマンの才気は、シュウィンガーの場合とは違い、「何でもすぐわかりたいという短気さ」とでも言うべきこらえ性《しょう》のなさに現れていた。何かを解決しようと思ったときには、がむしゃらに突き進んで、とにかく答えを手にし、そのあと逆向きに辿っていって、どういうことなのか理解し、必要なステップを補っていくのだった。付いて行けない者には我慢できないこともしばしばだったが、付いて行ける者などほとんどいなかった。のちにカルテックからポストを申し出られたときには、このように返事した。「学生に問題を提示し、それを解く方法も示唆してやったところ、その学生がその方法ではその問題をいつまでたっても解けず、妻の出産予定日も近づいているというのに職にありつけないなどという事態になったときに、わたしは責任を感じたくないのです。つまり、わたしは、うまくいくと自分でわかっていない方法を示唆したりしませんし、ある方法がうまくいくと自分でわかるには、それまでに自宅で試しておく以外にありません。したがって、『博士論文とは、ある教授がとりわけ困難な状況のもとで行なった研究である』という古いことわざは、わたしにとっては絶対の真理なのです」。

おそらくこのためだろう、ファインマンが指導した物理の学生で、成功した者は極めて少ない。これとは対照的に、シュウィンガーは在職中、一五〇名を超える博士課程の学生たちを指導し、そのうち三名がのちにノーベル賞を受賞している――物理学賞が二人、生理学・医学賞が一人だ。したがって、物理学のコミュニティーがこぞってシュウィンガーの話を聞こうと群がったのも当然だった。その彼が基礎物理学最大の未解決の謎を解決しようというのならなおさらそうだった。

シェルター島での会議のあと、シュウィンガーは、ディラックの理論の最低次の解に基づく予測とは一致しないある物理量――電子の異常磁気モーメント――を、相対論と矛盾しないQEDの計算によって導き出すという仕事に没頭した。QEDの諸問題に対処するために自ら開発した一組のツールと、ヴィクター・ワイスコップ、H・A・クラマースと共に推進していた繰り込みの概念を駆使して、一九四七年後半、彼は誰よりも早く答えに辿り着いた。

それとほとんど同時に、シュウィンガーがこれを成し遂げたといううわさが物理学のコミュニティーに広まり始めた。一九四八年一月の米国物理学協会の会合――毎年開かれる物理学の大集会である――でシュウィンガーは、「QEDにおける最近の進展」という題で招待講演を行なった。物理学者たちの関心は非常に高く、彼はその日のうちに再度同じ講演をするよう求められ、彼の結果をどうしても聞きたいという要望があまりに多かったので、そのあとさらに、もう一度講演が行なわれ、一層多くの聴衆が集まった。

ファインマンはと言えば、シュウィンガーの講演が終わると立ち上がって、自分もシュウィンガーと同じ数値を計算によって得ていたと報告し、さらに、より一般的な異常磁気モーメントの計算も行なったと主張した。しかし、彼は自分がどんな方法で取り組んでいるかをまだ公表していなかったので、ライバルの講演のあとにそんなことを言い放っても、ほとんど取り合われなかった。

ファインマンのアイデアが当時の科学者コミュニティーでそれほど関心を持たれなかったのは、その会合でシュウィンガーと同じグループにいなかったからではなく、ファインマンが採用し、最終的にさまざまな問題を解決することに成功したアプローチのすべてが、あまりに独特のものだったからだ。彼はとうの昔に、従来からの場の量子論という安全網を捨て去っており、その代わりに、彼独自のダイアグラムで計算を行なって、すばらしい結果を得ていたが、他の者たちには、当時の問題をあてずっぽうに解こうとして殴り書きしたいたずら書きにしか見えなかったのかもしれない。

ボーアに一喝される

物理学のコミュニティーのなかに、ファインマンの研究を進んで理解しようという気運がなかったことは、この数ヵ月後、全米科学アカデミーが再び主催した会議――開催地にちなんでポコノ会議と通称される――で、ファインマンが自分のアイデアを講演する機会を初めて得たときに、とりわけ露《あらわ》になった。〈量子電磁力学のもう一つの定式化〉と題された彼の講演は、シュウィンガーの講演の次に予定されていたのだが、シュウィンガーの講演がほとんど丸一日続いたのだ！　シュウィンガーは物事に動じない質《たち》だったが、聴衆のなかにいたボーアやディラックをはじめとする大物たちがひっきりなしに話に割って入るのには、さすがに困惑した。

ハンス・ベーテは、シュウィンガーの話が形式に関する内容になると、聴衆から中断されることがほとんどなくなることに気付き、ファインマンに、講演ではなるべく形式や数学について話すようにと助言した。これは、ロックバンド、U2のヴォーカリストであるボノに、ハープシコードでバッハを演奏しろと言うようなものだった。ファインマンは、自分が取り組んでいたときに辿った道筋をほとんどそのまま話し、逐次計算を行なって、結果を出すという作業を繰り返しながら、やがてある結果に刺激されて、元々のアイデアに対する熱意を新たにしたという点を強調しようと、すでに決めていた。しかし、ベーテの示唆に従って、物理学そのものよりも彼独自の時空にわたって和を取る手法に使われる数学を強調した。結果はと言えば、ファインマン自身の言葉によれば、「救いようのない発表」だった。ディラックは、ファインマンの理論はユニタリなのかと尋ねるために、何度もファインマンの話を遮った――ユニタリとは、本書でも先に解説したが、どのような場合でも、生じうる物理的結果のすべてに対して確率を計算して和を取ると、それは一に等しくなければならないという事実を、数学的に述べているだけのことだ（つまり、何かしら事が起こる確率は一〇〇パーセントだということだ）――だがファインマンは、このことについて真剣に考えたことはついぞなく、しかも、彼の粒子は時間のなかを順方向にも逆方向にも進めたので、彼は、「わからないとしか言いようがありません」と答えた。

続いてファインマンが、陽電子は時間を逆向きに辿る電子のようなものだという考え方を導入すると、出席者の一人が、それは、ファインマンが計算で使っている時空経路のいくつかにおいては、数個の電子が同一の状態を占有しているということなのかと尋ねた――もしそうなら、パウリの排他律が露骨に破られていることになる。ファインマンは、そうだと答え、その理由は、この場合、異なる電子は、ほんとうの意味で違う粒子なのではなく、同じ粒子が時間を順方向に進んでいるか、逆方向に進んでいるかという違いだけだからだ、と説明した。ファインマンはのちに、このあと会場は大混乱となったと回想している。

やがてボーアが、ファインマンの時空概念の物理的基盤そのものに疑問を呈した。時空経路という描像は、粒子がそれに沿って進む特定の軌跡などというものはそもそもないという、量子力学の教義に反する、というのだ。そうまで言われたファインマンは、自分の考え方の正しさを聴衆に納得させるのをあきらめた。

もちろん、ボーアは間違っていた。ファインマンの経路積分、すなわち「すべての経路について和を取る」方法は、物理的な結果を考える際には、多くの異なる軌跡を同時に考慮せねばならないということを明らかにしたのであり、実際、ボーアの息子があとでファインマンのところにやってきて、父はファインマンを誤解していたと言って謝った。だが、このような疑問が投げかけられるということは、ファインマンが完全に一貫性のある図式を構築しおおせたかどうかについて深い疑念があり、それがますます深まっているということの表れだった。彼は聴衆に多くを望みすぎていた。というのも、なかには二〇世紀最高の物理学者たちもいたのは確かだが、一回講演を聴いただけで、根本的な過程に関する、まったく新しく、しかもまだ完成していないファインマンの考え方に馴染めというのは土台無理だったからだ。なにしろ、ファインマン自身、この方式を作り上げるのに、何年もかけて何千ページもの計算をしなければならなかったのだから。

ファインマンはシュウィンガーにやっかみを覚えていたのではないかと思う人もいるかもしれない。とりわけ、二人の研究が発表当初あまりに対照的な受け止められ方をしたことを考えると、そう思うのも無理はない。二人とも競争意識があったのは間違いない。しかし、少なくともファインマンの回想によると、二人はむしろ共謀者どうしだった。お互い相手がやっていることを完全に理解することはできなかったものの、どちらも相手の能力をよく知り、信頼していた。そして二人とも、ほかのみんなに圧倒的に先んじていると感じていた。

あるいは、ファインマンの記憶が都合よく脚色されていたのかもしれない。というのも、当時の彼は、理解されないことが確かに不満だったからだ。ポコノ会議のあと落ち込んでしまった彼は、自分の考え方を論文として発表し、自分が何をやっているのか、きちんと説明しようと決心した。自分の研究を発表のために書き上げるのは大嫌いだったファインマンにとって、このときばかりははっきりした動機が生まれたのである。

ファインマンが物理学の問題を解決しようと取り組むときのやり方は、「目的は手段を正当化する」と言い表せたことを思い出していただきたい。わたしがこのような表現を使うのは、こういう意味だ。新しい、まだ不完全なアイデア、もしくは方法を案出したとする。それが正しいかどうかは、それによって得られる結果にかかっている。もしもその新方式による計算で得られた結果が自然と一致していることが実験によって確認されたなら、その方式はおそらく正しい方向にあり、さらに追究する価値がある。

ファインマンは、自らの「すべての経路にわたって和を取る」方法が正しいことを直観で感じ取っていた。彼はそのころまでには、QEDで計算できる事柄はほとんどすべて計算し、入手できるかぎりにおいて、ほかの方法による結果と比較し、それらが一致することを確認していた。彼は作業を進めるなかで、そのときそのときに直面した具体的な問題に対処できるようにして、自分の方法を作り上げていった。しかし、このようなやり方で作ったものを、物理学者相手に、どのような論文として提示すればいいのだろう？　彼らは、理論を理解するのに、結果から遡って逆方向に考えるのではなく、その理論から結果が導き出されるのを順方向に辿って考えるのが常だったのだから。

ファインマンにとっては、自分のアイデアを他人に示すに十分なまでに明らかにするとは、自分自身でもっとたくさん計算するということだった。一九四八年の夏じゅう、彼は自分の計算方法を精緻化し、さらに一般化する仕事に取り組み、そして、なお一層強力な方法を編み出した。計算手法をより簡潔に、そして一層普遍的にしていきながら、これで物理学のコミュニティーに結果を伝えやすくなったぞと、彼は感じたことだろう。そしてとうとう、一九四九年の春までには、ファインマンも悪戦苦闘のすえ、「陽電子の理論」と「量子電磁力学への時空アプローチ」という二件の画期的な論文を書き上げた。これらの論文は、基本的には、彼のすべてのアイデアの基盤と、この二年間に彼が行なって正しい結果を得た計算のすべてを示したものであった。

「拾う神」ダイソン、そして朝永理論の出現

ファインマンの決心と、彼の物理学への貢献を確固たるものにした要因はほかに二つある。一つめは、本書でもすでに登場した、数学から転向して物理学者になった注目すべき若者、フリーマン・ダイソン。彼は一九四七年、ベーテの研究生になるためにケンブリッジ大学からアメリカにやってきて、のちに全世界を相手にファインマンの業績について説明することになる。

イギリスではすでにその数学的才能で有名だったフリーマン・ダイソンは、二三歳にして、

当時の学問で真に興味深い疑問を抱えているのは理論物理学、とりわけ、電磁気の量子力学を理解しようとする取り組みだと判断した。そこで、ケンブリッジ大学トリニティ・カレッジの終身在任権付き教授の地位にありながら、幾人かの物理学者に相談し、わくわくする最新の展開に追いつくにはどこへ行けばいいかと尋ねたところ全員が、それはコーネル大学のベーテのグループだと答えたのだった。

一年のうちにダイソンは、スピンを持たない粒子についての、相対論的な「玩具」理論（訳注：単純化するために限定的な場合だけを扱う理論で、完全なものではないが、解釈の糸口になったりすることもあるモデル的な理論。この場合はスピン0《ゼロ》に限定した理論だった）を使って、ラム・シフトに対する量子論的補正を計算する論文を書き上げた。ファインマンと同じく、彼も、ベーテに対する深い尊敬と賛美によって大きく動かされており、彼がベーテについて持っていた印象は、ファインマンのベーテに対するものと驚くほど似ていた。ダイソンがベーテについてこのように書いていることからもうかがえる。「彼の見識では、何かを理解するとは、その数値が計算できるということだった。彼にとって、それが物理学をやることの本質だったのだ」。

一九四八年の春までには、ダイソンはQEDの概念にまつわる諸問題に深く没頭していた。ロバート・オッペンハイマーから知らされて、日本で新たに創刊された専門誌、《プログレス・オブ・セオレティカル・フィジクス（理論物理学の進歩）》の第一号を読んだ。世界中の物理学者がこの雑誌に注目していた。日本の理論物理学者たちが、世界から完全に孤立した状態であったにもかかわらず、戦争のあいだに驚異的な進歩を遂げていたことにダイソンは驚嘆した。わけても朝永振一郎《ともなが》は、シュウィンガーが考案したのと同様の手法を使って、QEDの問題を解決するためのアプローチを、基本的には完全に独立に展開していた。シュウィンガーとの違いは、朝永の方式のほうがはるかに簡潔に見えたことで、ダイソンは、「朝永は、彼の手法を簡潔で明瞭な言葉で表現し、誰にでも理解できるようにしたが、シュウィンガーはそうしなかった」と記している。

このあいだじゅうずっとダイソンはファインマンと接し続け、黒板を使って二人で議論するなかで、ファインマンがこれまでに成し遂げたことを正確に学んだ。おかげでダイソンは、ファインマンが論文を発表する前、いや、それどころか、それについてまとまったセミナーすら行なっていないうちに、彼の手法を理解する、またとない機会を得たのであった。

ダイソンがベーテとおなじくらい、あるいはベーテ以上に尊敬するようになる人物がいたとしたら、それはファインマンだった。ファインマンの才気、カリスマ性、そして大胆不敵さは、若きダイソンには魅力的だった。やがてダイソンは、ファインマンの時空アプローチは強力であるのみならず、もしも正しかったならば、この手法がシュウィンガーや朝永が案出した手法とどのような関係にあるかを明らかにできるはずだということに気付いた。

同時にダイソンは、彼の師ベーテをたいへん感心させ、そのためベーテは、イギリス連邦大学院奨学生としての二年めは、高等研究所のオッペンハイマーのもとで過ごしてはどうかとダイソンに勧めた。それでその夏ダイソンは、高等研究所のあるニュージャージーに移る前に、ファインマンと一緒に、二人とも一生忘れられない思い出となったロスアラモスへの大陸横断自動車旅行を敢行し、その後ミシガンでサマースクールに参加して、またもや大陸を横断して——今回はグレーハウンド・バスに乗ってだったが——バークレーに行き、そしてコーネルに戻った。カリフォルニアからの帰途、多くの人にとっては退屈極まりない四八時間のバスの旅のあいだ、ダイソンは物理学に思考を集中し、頭のなかで、QEDに対するファインマンのアプローチとシュウィンガーのアプローチはじつは等価であるという証明の骨子を完成させることができた。そのうえ彼は、両者を融合することにも成功し、「両者の長所を結びつけた、新しいシュウィンガー理論」を作り上げたと、のちに手紙に記している。

晴れて認められたQED

一九四八年一〇月、ファインマンが自分自身のQEDに関する画期的な論文をまだ完成させてもいないうちに、ダイソンは、「朝永、シュウィンガー、そしてファインマンの放射理論」という題で、三者が等価であることを示した、有名な論文を提出した。この論文が物理学者たちに与えた心理的衝撃は大きかった。物理学者たちはシュウィンガーに信頼を置いていたが、彼の手法はあまりに複雑で、意気をくじかれるほどだった。ファインマンのアプローチも等しく信頼できて一貫性もあり、そのうえ、はるかに簡単で、量子力学のより高次の補正を計算する完全に体系的な手法であることを示し、ダイソンは物理学のコミュニティー全体に、みんながすぐに使い始められる、有効な新手法を提示したのだった。

ダイソンは「放射」の論文に続き、一九四九年前半、もう一件の論文を発表し、こちらも広く影響を及ぼすこととなった。シュウィンガーの形式をファインマンの方法に適合させて、任意に複雑な高次の項からQED理論への寄与を計算できるようにする方法を編み出したあと、ダイソンは、そのすべてが理に適っていることを証明するという仕事に取り掛かり、厳しい態度で取り組んだ――少なくとも、物理学者たちにとっては十分厳しい態度だった！最も単純な自己エネルギーと真空分極の計算に対して、無限大の問題が解決できたなら、それより高次のすべての計算において、それ以外の無限大が結果として出現することはもはやない、ということを彼は示した。こうしてQEDは、今日《こんにち》の用語で言うと、繰り込み可能な理論であることが証明されたのだった。「繰り込み可能」とは、ある理論に現れるすべての無限大が、ファインマンの手法によってじつに簡単に使えるようになった数学的トリックによってまず制御されて、その後、その理論の方程式に出てくる測定不可能な「裸の質量」項と、「電荷」項とに包含してしまえるとき、その理論を呼ぶ言い方である。繰り込みが行なわれて、物理的に測定された質量と電荷によってすべてが表現されるとき、すべての予測は有限で合理的になる。

ダイソンの二件の論文が完成したことによって、QEDは真の意味で手なずけられた。実験結果ときちんと比較できる独自の予測を出せる――そして実際、これまでの予測も結局実験とちゃんと一致していることが明らかになった――、論理的一貫性を持った形式であるという、科学における最善の意味で、今やQEDは「理論」へと上り詰めたのである。

面白いことに、シュウィンガーとファインマンの描像が等価であることを証明したダイソンの一件めの論文には、たった一つだが、ファインマンの時空ダイアグラムが載っている。ファインマンが自分の結果について書き、のちに広く影響を及ぼすことになる一連の論文はまだ発表されていなかったので、印刷物に載った最初のファインマン・ダイアグラムは実はダイソンが使ったものだったのだ。

ダイソンの研究の重要性と衝撃は、どんな大げさな言葉を使って言おうが、誇張しすぎにはならない。彼はほとんど即座に物理学のコミュニティーの寵児となったが、それより重要なのは、彼の研究によって、ファインマンのダイアグラムを使ったアプローチを理解できなかった者や、それに疑いを持っていた者がこの形式を学び、自分でも採用できるようになったことだ。ファインマン当人による説明が、一九四九年と翌年に影響力ある論文として世に出るのだが、ファインマンのアイデアが、物理学者たちが基本的な物理学をどう考えるかを変える端緒を与えたのは、何よりもダイソンの二件の論文においてであった。

ダイソンは、おそらくファインマン自身よりも懸命に、ファインマンのアイデアの有用性を全世界に納得させようと努力した。実際、ファインマンの論文発表に続く一〇年間において、物理学者たちがファインマン・ダイアグラムを活用したのは、辿っていくとダイソンの影響を受けたからであった。ダイソンは、ファインマンとの個人的な接触を通して、彼の一番の弟子となったのだった。

ダイソンの論文はつまるところ、ファインマン、シュウィンガー、そして朝永の手法はすべて等価だが、物理学の問題を実際に解くためにQEDを使いたい者には、ファインマンの手法のほうが啓発的で有用だという、ダイソンの見解を示していたのである。物理学者たちの関心はシュウィンガーからは離れ始めていたが、シュウィンガー当人もそれに気付いていなかったわけではなく、のちになって、「使徒たちが異教徒にユダヤの神を広めるためにギリシアの論理を使ったのと同じようなかたちで主張されたヴィジョンが蔓延していた」と、このころのことについて述べている。シュウィンガーはさらにそのあと、これとは別の嫌味な世辞を言ったが、こちらのほうが、どんなに辛い努力も厭わない者だけが啓示を受ける資格があるという彼の見解をよく反映していたと言えよう。こんな世辞だ。「ちょうど最近のシリコン・チップと同じように、ファインマン・ダイアグラムは、計算を大衆のものにしようとしていた」。

ファインマン・ダイアグラムの勝利

歴史家のデイヴィッド・カイザーは、ファインマンのアイデアが公になった前後で、ファインマン・ダイアグラムの手法が物理学のコミュニティーにどれくらい広がったか、その「分布」を調べている。カイザーによれば、分布は指数関数的に広がり、約二年で倍増しており、一九五五年までには、約一五〇件の論文にファインマン・ダイアグラムが登場しているという。ファインマン個人と、コーネル大学の彼の同僚数名だけが理解する「奇妙なもの」として始まった手法が、ダイソンのおかげでまず高等研究所の研究者たちに広がり、それ以来、物理学者なら誰もが参考にする権威ある雑誌、《フィジカル・レビュー》に毎号登場し続けている。そして、そもそもQEDをなんとか手なずけるための苦肉の策だったものが、今では物理学のほぼすべての分野で使われるようになっている。

じつのところ、ファインマンとダイソンは、ファインマン・ダイアグラムをどう解釈するかについては、まったく違う考え方を持っていた。ファインマンは、自分自身の時空描像、「すべての経路にわたって足し合わせる」方式、そして、量子的な場を考えるのではなく、運動している粒子について考えるという姿勢にこだわっていたせいで、ファインマン・ダイアグラムは実際に物理的プロセスを描いたもので、そのなかで電子は、場所から場所へ、そして時間から時間へ（順方向にも逆方向にも）動くことができると考えていた。この描像に基づいて彼は方程式を書き下し、それからこれらの式が正しい答えをもたらすかどうかを確認することができた。それは、ファインマンの驚異的な直観以外にさしたる基本的な基盤のない、まったく独力で、手持ちの手段だけでなんとかするというやり方だった。

ダイソンの研究で、これら一切ががらりと変化した。彼は、これらのダイアグラムが、場の量子論に基づいた方程式の基本的な組み合わせから導きだされることを示した。ダイソンにとって、それぞれのダイアグラムの個々の部分は、一連の方程式のなかにある、きちんと定義された項を表していた。ファインマン・ダイアグラムは、それらの方程式の理解を助ける支えであり、これらのダイアグラムを方程式に変換する際の規則、「ファインマン・ルール」は、ファインマンが作り上げたもので、決してその場しのぎのものではなく、量子力学と特殊相対性理論に関連する方程式を、うまく定義された方法で操作することによって、正当化されるものだった。おそらくこのためだろう、ファインマン・ダイアグラムは物理学への時空における経路積分アプローチよりも早く、多くの物理学者に取り入れられるようになった。このあと本書でも紹介するが、経路積分が物理学の風景を完全に変えるには、さらに数十年かかるのだった。

ダイソンには、ファインマンの手法が、場の量子論の複雑な計算をする人間たちを、いかに手際よく助けられるかが即座にわかった。「ハンス・ベーテに頼まれた計算を、わたしは正統的な理論を使って、数カ月という期間と数百枚という紙を費やして成し遂げた。ディック・ファインマンは、黒板で計算して、同じ答えを三〇分で出すことができた」と、ダイソンはのちに自伝に記している。

ファインマン自身のひらめきの瞬間、とびきりすばらしいことを発見したぞと彼が感じた瞬間は、一九四九年一月、米国物理学協会のニューヨーク会議の最中に起こった。この会議では、ダイソンがその研究についていろいろと称賛され、とりわけオッペンハイマーには、会長講演のなかで称えられた。アメリカで研究している物理学者全員が集まっても、大きなホテル一軒が満室になるぐらいのものでしかなかった当時、この一月の会議は、世界で最も重要な物理学の会議となったと思われる。一九四九年、物理学者たちはついに無限大という霧の向こう側を見通すことができるようになって、電磁力学を有効な量子力学理論として理解し始めるようになり、かなりのお祝いムードに満ちていた。そのうえ、初めての本格的な粒子加速器、バークレーの一八四インチ‐サイクロトロンが稼動を始めたおかげで、摩訶不思議な強い力のもとで相互作用するさまざまな新しい素粒子が、「制御された条件の下で、大量に」――ファインマンが、新しい専門誌、《フィジックス・トゥデイ》の解説に記した言葉だ――生み出されていた。この、新しい不思議な現象の世界を前にしての興奮と、QEDに対処する目的で案出された新しい方法を使えば、これらの現象も明らかになるだろうという希望があふれていた。ファインマンを刺激して彼に熱意を持たせたのは、QEDそのものについての議論ではなく、中間子と呼ばれる、新しく生み出された素粒子の相互作用に関する討論だった。

マレー・スロトニクという若手物理学者が、ファインマン以前の場の量子論の計算方法を使って、超人的努力で取り組んだ末に、中間子が仮想粒子として原子核内の中性子と、その周囲の軌道上を運動する電子とのあいだで交換されるとした場合に、中間子が与えるはずの効果を特定した。彼は、有限の結果をもたらすのは、ただ一種類の相互作用だけだということを発見し、続けて、その相互作用を計算してみたのだった。スロトニクはこの研究について、このときの会議のあるセッションで発表したのである。

彼の発表が終わると、オッペンハイマーが立ち上がり、いつもの彼のやり方で、速やかかつ冷酷に、スロトニクの結果を否定した。オッペンハイマーが言うには、彼の研究所の博士課程修了研究生がつい先ごろ、中間子が行ないうる相互作用はどれも、中性子‐電子相互作用に対してまったく同じ効果を与えるという一般的な定理を証明したばかりだった。これは、スロトニクの主張と真っ向から対立する結果である。

ファインマンは、このセッションが終わってから会場に到着したようだが、この新たに持ち上がった議論のことを誰かから知らされ、さらに、どちらが正しいと思うか、意見を求められた。この瞬間までファインマンは中間子に関する理論計算など一切したことがなかったが、その夜、物議をかもしている二つの理論について人から説明を聞いたあと、この新たな問題に合うように自分のQED手法を多少変更し、数時間のあいだに、可能なさまざまなたちの中間子理論を計算した。翌朝ファインマンが自分の結果をスロトニクのものと比較してみたところ、スロトニクは特殊な限られた場合だけしか計算していなかったことがわかった。ファインマンは可能なすべての場合について計算を行なったのだが、同じ制限を加えると、結果はスロトニクのものと一致した。

スロトニクは、ファインマンの結果によって安心したのはもちろんだったが、同時に舌を巻いた。自分が二年近く費やして定式化し、やっとのことで完遂した計算を、ファインマンはたった一晩でやってのけたのだ！　ファインマンにとって、これは陶酔するような経験だった。このとき初めて彼は、自分の新手法の真の威力を実感したのである。のちに彼はこう述べている。「このとき僕は、自分は何かを手にしていると実感した。こんなことが起こるまでは、自分が手にしているものがそれほどすばらしいとはまったく気付いていなかった。この瞬間、自分は発表しなければならない――自分は世界に先んじているのだ――と思った……。スロトニクから、これに二年もかかったのだと聞かされたときこそ、僕がノーベル賞を受け取った瞬間だったんだ。あとでほんとうのノーベル賞を受賞したけれど、そんなものは何でもなかった。というのも、自分は成功者だということを、僕はすでに知っていたんだから。心躍る瞬間だった」。

この話には続きがある。翌日、オッペンハイマーのポスドク研究員が自分の研究を発表したとき、ファインマンはオッペンハイマーをからかわずにはおれなかった。件《くだん》のポスドク研究員――ケースという名前だった――が発表を終えると、ファインマンは立ち上がり、いかにもたいしたことではないが、という軽い調子で、それは間違っているに違いない、なぜなら、今や自分は、スロトニクの研究について、「ある簡単な計算で、それが正しいことが示された」とご報告できるので、と言ったのだった。

この出来事は、自分が得た結果をぜひとも論文として発表しなければならないとファインマンに強く自覚させるに十分な強い刺激となったのみならず、物理学のコミュニティー全体が理解できるようなかたちで彼の研究を提示するためのツールを編み出すように、彼を仕向けもしたのだった。

第一に、そのときファインマンは、ケースが何を間違えたのかを理解する義務が自分にはあると感じていた。しかし、そのためには、ケースが行なったことを正確に知らねばならなかったが、それは難しかった。なぜなら、ケースは伝統的な場の量子論の手法を用いており、ファインマンはそのときまで、これを完全に無視してきたからだ。そして、コーネルの大学院生からこの手法を学んでみると、ファインマンはケースが何を間違ったのかを突き止めることができたばかりか、場の量子論を学ぶことに投資した時間に対する配当まで手にした——真空中のプロセスについて、それまで十分にはわかっていなかった点をついに理解できたのだ。この新たな理解は、QEDに関する彼の最初の画期的な論文、「陽電子の理論」で重要な役割を果たすことになる。

続いて、当時大流行していた中間子理論にも今回新たに親しんだので、ファインマンは、自分のダイアグラムのルールの形式を中間子理論に合うように調整し、ほかの物理学者たちが何年もかけて導き出した結果をすばやく再現することができた。これらの結果は、次の名高い論文、「量子電磁力学への時空アプローチ」のなかでまとめられた。これによって、まだ発見されて間もない、強い相互作用を行なう中間子を理解しようと苦労していた大勢の物理学者のあいだに、ファインマンの研究に対する関心が高まったのは間違いない。

ポコノ会議での発表で大失敗したことを深く反省していたので、ファインマンはまず、ダイアグラムを使った計算法を一貫性あるかたちで出版し、そのあとで、基盤となる数学的形式を発表することにした。彼の時空アプローチは、「あまりに遠いところから来た」ものであることを踏まえ、書き出しは、このようになっている。「ラグランジアンによる方法が……ディラック方程式と、対《つい》生成現象からの要請に従って修正された。これは、空孔理論を解釈しなおすことによってより容易になった。最終的な実際の計算に対しては、べき級数の形式による表現が案出された。……この級数の各項を、物理学的に単純に解釈することができるのは明らかであった。導出よりも結果のほうが理解しやすかったので、本論文ではまず結果を発表するのが最良だろうと考えた」。

この最初の論文では、理論上の動機や、数学的な動機を語るのは最低限にとどめたが、それは、「導出の過程を見れば感じてもらえるはずの、『これは真実だ』という確信」を与えるのは難しいだろうと気付いたからだった。それでもファインマンは、彼の手法が大きな強みを持っていることを読者たちにはっきりと伝えた。そして、非相対論的なシュレーディンガーの理論に対立する相対論的理論としてディラック理論を扱うという場面を使って、自分の時空アプローチを伝統的な「ハミルトニアン」方式と比較した際、「さらにもう一つの点として、相対論的不変性は自明である。ハミルトニアン形式の方程式は、現在という瞬間から未来を展開する。しかし、相対的な運動をしている異なる観察者たちにとっては、現在という瞬間は異なり、時空の異なる三次元切片に対応する。……相対論と量子力学の結婚は、ハミルトニアン方式を放棄することによって、最も自然に達成されうる」とファインマンは記した。

ファインマンは翌年いっぱいをかけて、彼の結果がどう導出されたかを、彼が独自に作り上げた新しい微積分法を使って、詳細かつより形式的に示すため、そして、彼の手法が従来の場の量子論の手法と等価であることを正式に証明するため、という二つの目的に必要だった、残る二件の論文を書き上げた。こうしてファインマンの四件の論文が発表されたことによって、QEDの物語は基本的には完結した。大学院生だった当時に抱いた、QEDを無限大の出てこない理論として定式化しなおしたいという希望として始まったものが、その最初の目標からは逸れて、無限大を回避して実験と比較できる結果を得るための、正確かつ驚異的なまでに効率的な方法として完成したのだった。

　希望と現実との大きな違いにはファインマンも気付いていた。彼の四つの論文のすべてを通して、彼は、そこに記されている成果を認めながらも、失望を隠せていない。たとえば「時空」の論文では、自分の計算方法をシュウィンガーの方法と比べている箇所で、「極限では二つの方法は一致するが、どちらも理論としては完全に満足できるものとは考えられない。とはいえ、量子電磁力学において、物理的プロセスを任意の次数まで計算するに必要な、完全で決定的な方法を、今やわれわれは手にしたのは確かなようだ」と書いている。

　一九六五年に業績を評価されてノーベル賞を受賞したまさにその瞬間に至るまで、そして、この受賞のときも含め、じつに長い年月にわたってファインマンは、自分の方法は単に便利なだけで、深さはないと感じていた。量子電磁力学から無限大を一掃するような、自然が持つ何か根本的な性質を新たに暴露したわけではなく、それらの無限大を無視しても他に支障が出ないような方法を見つけただけだった。ほんとうの望み――経路積分によって、自然の根底についてわれわれが持っている理解が刷新されて、相対論的量子力学が抱えてきた病が治癒されるという望み――は叶わなかったのだと彼は感じたのだ。ノーベル賞受賞が発表された当日、ある学生新聞に彼はこう語った。「僕が一九四九年に論文を発表したのは、この単純化された計算方法がもっと多くの人々に使えるようにするためだった。ほんとうの問題を何か一つでも解決できたなどとは思ってもいなかったからね。……いつの日か、最初に僕が持っていたアイデアをぐるりと一巡して、反対側の端から出てこられたらいいな、と……そして、無限大ではない有限の答えを手にし、あの自己放射を追い払い、真空サークルやら何やらを全部解決できればいいな、と、まだ期待していたんだ。……でも、そんなことはついぞできなかった」。また、そのあとのノーベル賞受賞記念講演でも、同じことを述べている。「これで、量子電磁力学の時空観の発展の物語は終わりです。ここから何かが学べるのか、わたしにはわかりません。もしかしたら何も学べないのではないかという気がします」。

しかし、やがて歴史が、そうではなかったということを証明する。

第2部　宇宙の残りの部分

シュレーディンガーの方程式に含まれているのがカエルなのか、それとも作曲家なのか、あるいは道徳観なのか――それとも、そんなものは何も含まれていないのか、今日《こんにち》わたしたちにはわからない。それを超えた何か、たとえば神のようなものが必要なのか、あるいは必要でないのか、わたしたちには判断できない。おかげでわたしたちは、どちらの立場を取るにしても、それをゆるぎない意見として持つことができる。

――リチャード・ファインマン

（訳注：第2部の元々の英語のタイトル、“The Rest of the Universe”は、『ファインマン統計力学』の第2章の冒頭、「我々が量子力学の問題を解いているとき、実は宇宙を二つの部分――関心のある系と残りの宇宙――に分けている。そしていつも、関心のある系が宇宙全体であるかのように考えている」（西川恭治監訳、田中新、佐藤仁共訳の引用）に出てくる言葉である。ちなみに『ファインマン統計力学』では、ファインマンはこのあと、密度行列の利用価値を示すために、「残りの宇宙」を含めた場合、元々着目していた系と、残りの宇宙を合わせた完全系の波動関数はどうなるかを展開してみせている。著者のクラウスとしては、ファインマンの関心から外れる宇宙の部分など、いかなるときもなかったのだと言いたくて、このようなタイトルを選んだのだと思われる）

第11章　心の問題と問題の核心

要は明瞭さを生み出したいわけで、こいつは思いつきをでっちあげた、視覚的というか、図式的なアイデアさ。

――リチャード・ファインマン

ファインマン、ブラジルへ行く

リチャード・ファインマンは、一九四九年を通じて、気を抜くことがなかった。彼自身は十分認識していなかったが、すでにすばらしい成果を挙げていた。しかし、自然はなおも手招きを続けていた。そしてファインマンにとって、物理学に興味を持ち続けるということは、興味をそそられるどこか一カ所の前線だけではなくて、物理的世界のすべての側面について強い好奇心を持ち続けるということだった。彼の量子電磁力学（ＱＥＤ）についての最高傑作たる一連の論文が完成した時期は、愛するコーネル大学から、もっとわくわくするエキゾチックで魅力的な土地へ旅立つという、彼にとってもっと私的な意味で、より困難な移行の時期と偶然ながら一致していた。

ファインマンは、振舞いにしても、社会規範への対処の仕方にしても型破りだったが、戦後の数年間、彼は奇妙なくらい控えめでおとなしく見えた。彼が元々クラシック音楽や美術には無関心だったことはすでに述べた。また、戦時中の経験や、外国からやってきた同僚たちとのやりとりからすると、世慣れているように見えたかもしれないが、三一歳にして、彼は一度もアメリカ合衆国の海岸線の外側に出たことがなかった。だがそれは、まもなく変わる。

ファインマンの精神は常に、新しい問題と、知力を試されるような新たな難題を探し求めていた。この傾向は私生活にも見られた。わたしは彼からこう言われたことがある。「可能なところではどこでも、新しい冒険を見出さなければならないのだよ」。

一九四六年から一九五〇年にかけて、QEDとの格闘に心血を注いで努力したあと、ファインマンの精神はこのとき、単に目先を変えるだけでなく根本的なところで、遠く離れたところへ行きたかったのではないかとわたしは思う。心がそわそわと落ち着かず、満たされぬ思いで、冒険を渇望し、ファインマンは陰鬱で寒々としたイサカの閉塞感からなんとか抜け出したかった。そしておそらく、がんじがらめになり、にっちもさっちもいかなくなった、いくつもの恋愛関係を清算したいとの思いもあったのだろう。陽光降り注ぐカリフォルニアが手招きしていたが、南米はそれよりもずっと魅力的に見えた。

人生の重要な決断の多くがそうであるように、このときも、いくつかの幸運が重なった。ロスアラモス時代の同僚、ロバート・バッヒャーが、カルテックの沈滞気味な物理学の教育課程を再建するためにちょうどパサデナに向かうところで、バッヒャーは協力者としてまずファインマンを思い浮かべたのだった。バッヒャーはちょうどいいときにファインマンに声を掛けた。かつて、プリンストン、シカゴ大学、バークレーをはじめ、いくつもの研究機関の申し出を断った男が、パサデナに行くことを承知した。だがそれと同時に、ファインマンの想像力はさらに遠くを思い描いていた。どういうわけか、南米に行ってみようと決心していたファインマンは、ひそかにスペイン語の勉強まで始めた。ちょうどそのとき、コーネルを訪れていたブラジルの物理学者から、一九四九年の夏季をブラジルで過ごさないかと招待されたのだった。ファインマンは一も二もなく承知し、パスポートを取得して、ポルトガル語の勉強に切り替えた。

彼は、リオデジャネイロのブラジル物理学研究センターで物理学の講演をし、秋にイサカに戻ったが、そのときには、コパカバーナで出会った美女、クロティルドから学んで、ポルトガル語についてもブラジル人たちの流儀についても知識を深めていた。ファインマンはクロティルドを説き伏せてアメリカに連れて帰り、短いあいだだったが一緒に過ごした。その年イサカの冬を再び経験し、ファインマンはやはりこの地を去るべきだと決意した。カルテックは気候が好ましいばかりか、コーネルのような文系の大学ではないというのも魅力だった。なにしろファインマンはコーネルについて、「キャンパスに人文科学の講座が多数存在することでせっかくテーマに幅が出ても、これらの講座を学ぶ人々がおしなべて頭が鈍いせいで、それがすっかり帳消しになってしまう」と言ったくらいなのだから。彼はカルテックからの申し出を承知し、交渉のすえ、世界中を見渡してもこれ以上ないほどの好条件を獲得した。就任してすぐに一年間の有給休暇《サバティカル》が取れたので、彼は大好きなブラジルにすぐに戻り、コパカバーナのビーチで泳いだり、夜に遊び歩いたりしながら、遅れを取らぬよう物理学の動向もぬかりなくチェックしていた。これらすべてがカルテックの好意とアメリカ国務省の支援で賄《まかな》われていた。

この時期、彼が一番興味を持っていたのは、まだ発見されて間もない中間子と、それが原子核物理学にもたらした混乱だった。彼は、手紙はもちろん、アマチュア無線も使ってアメリカ合衆国にいる仲間たちと接触を続け、彼らに質問をしたり、助言を与えたりした。フェルミはそんなファインマンをからかって、「わたしも、コパカバーナの海で泳ぎながらアイデアを新たにしてみたいね」と言った。

だがファインマンは、ブラジルの物理学の復活を助けるという、彼自身の使命を決して軽んじてはいなかった。ブラジル物理学研究センターでいくつもの講座を教え、学生たちに名称や方程式を丸暗記させるだけで、それを自分の頭で考えるにはどうすればいいかはまったく教えていないと、ブラジル当局を批判した。ブラジルの学生たちは、言葉の言い替えを学んではいるものの、実際には何も理解しておらず、彼らが学んでいるはずの実際の現象については、何の実感も持っていないと苦言を呈した。ファインマンにとって理解するとは、獲得した知識を自分のものとして、新たな状況に当てはめることができるということを意味していたのだ。

サンバのリズムと再婚

だが、いくらファインマンの頭脳が優れていたとしても、一人ブラジルで過ごしているあいだ、物理学の最前線からは一歩後退せざるをえなかった。少し前にほかの学者が導き出した結果を、独自に再現する作業はなんとかこなしていたが、新発見が続く素粒子物理学を前進させる仕事には関与できなかった。その代わりに、ブラジルの文化芸術に目覚め、そしてまた、肉欲の赴くまま楽しんだ。

まずは音楽。ファインマンは、自分では音痴だと言っていたが、彼が生まれつき優れたリズム感の持ち主だったことは間違いない――それが彼独特のリズム感だったとしても。彼と身近に接したことのある者はみな、仕事をしているときの彼は、紙だの壁だの、そのとき手近にある何かを、絶えず指で叩いて音を出しているのに気付いていた。リオに行って、ファインマンは自分にぴったりくる音楽に出会った――ラテンとアフリカの伝統が融合した、ホットでリズミカル、しかも気どったところのない音楽、サンバである。彼はサンバ・スクールに入り、サンバのバンドでドラムを叩き始めた。しかも努力が報われて、演奏料をもらえるまでになったのだ！　サンバは毎年、カルナバルで最高潮を迎える。カルナバルは街路で繰り広げられる放埓《ほうらつ》な祝祭で、彼は思う存分飲み騒ぐことができた。そして実際にそうした

（まったくの偶然だが、わたしは今、コパカバーナの海岸沿いに建つホテルの部屋から外を眺めながらこれを書いている）。

リオがファインマンにとってどれほど魅力的だったかはよくわかる。すばらしい山と海の景色に囲まれた街は息を呑むほど美しく、どんちゃん騒ぎをしたり、言い争いをしたり、サッカーをしたり、はたまたビーチでいちゃついているカリオカたち――リオの地元市民たちを、土地の言葉でこう呼ぶ――でにぎやかだった。ほとんどいつでも、人間活動のあらゆる側面が同時並行して展開していた。怪しげで、セクシーで、情熱的で、恐ろしく、親しげで、のんびりしている――これらの印象が一度に全部感じられた。ここでならファインマンは、同僚や学生たちから完全に逃れることなど不可能な、大学を中核としてできあがった街の閉塞感から開放されることができた。そのうえ、ブラジル人たちは親切で気さくで、誰でも迎え入れてくれた。それはファインマンがうまく溶け込むことができる場所だった。彼自身、興味のあることにはとことん熱中する質《たち》で、それは誰が見てもすぐわかるほどだったが、この土地でなら、そんな人となりも、周囲のすべてと共鳴できたに違いない――物理学者たちとも、地元のカリオカたちとも、そしてもちろん女性たちとも。

ファインマンは、滞在していたコパカバーナ・ビーチのミラマー・パレスホテルで、酒とセックスの孤独な乱痴気騒ぎに耽った（酒に関しては後年あるとき、自分で恐ろしくなって、今後一切酒を断つと誓ったのだが）。ビーチでもクラブでも、また、ホテルの中庭のバーでも、女性をひっかけた。コパカバーナの女性たちが気軽に誘いに応じるのには、当時も今も、味を占めて病みつきになりそうなところがある。一時期ファインマンは、ホテルに宿泊していたスチュワーデスばかりを相手にしていた。また、バーで出会った地元の女性を知恵で負かして楽しんだときの話を自分で繰り返し語ったことは有名である。ある女性の場合は、彼と寝る気にさせたのみならず、バーで彼が奢《おご》ってやった分の代金を返させまでしたという。

しかし、ありがちなことだが、誰彼かまわず肉体関係を持つことは、気晴らしにはなっても、ほんとうは誰ともつながっていないのだという孤独感を強めるばかりで、おそらくそのためであろう、彼はばかばかしいとしか言いようのない、彼らしからぬ行動に出た。以前から付き合っていた、イサカの女性に手紙でプロポーズしたのである。彼女はほかの女性たちとはまったく違っており、ファインマンともまったく違っていたので、ファインマンは、彼女なら自分に欠けているものをすべて補ってくれるだろうと自分を説き伏せたのかもしれない。

以前彼と付き合っていた女性の多くが、ファインマンとはお互いに楽しんでいるのだと思っていたのは自分のほうだけだったということに気付いた。ファインマンは、そのとき一緒にいる女性に完全に集中することができ、それでその女性はまったく魅了されてしまうのだった。しかし同時に、体のほうでどんなに深く打ち込んでいるように見えても、彼の心は実は孤独だったのだ。件《くだん》のイサカの女性、メアリー・ルイーズ・ベルは、こんな問題があるとはまったく思いもよらず、彼を追ってパサデナまでやってきたようだ。ハイヒールと、体の線がくっきり出る服を好むプラチナ・ブロンドの彼女は、ファインマンこそ、彼女の好みに合う究極の男──洗練された外見と、芸術を理解する心を持ち、科学者たちとはあまり付き合わない男──を作り上げる土台になる人物だと思い込んだのだった。

二人は一九五二年に結婚した。離婚は必至だと言った者もあったが、考えてみれば、心の問題に関しては、物理学の場合とは違って、正確な予測を立てる拠《よ》りどころになるようなルールなどまったく存在しないのである。それでもやはり、二人が結局離婚訴訟で争うことになって、その係争中に提示された問題の一つを見ると、「やはりそうか」という感じがする。彼女がこう訴えたのだ。「彼は目が覚めると同時に、頭のなかで微積分の問題を考え始めるのです。車の運転中にも、居間で腰掛けているときも、夜ベッドのなかでも、彼は微積分について考えていました」。

終《つい》のすみか、カルテックへ

ブラジルで奔放な一年を過ごしたあと、結婚した最初の年いっぱいをかけて、彼はパサデナに徐々に馴染んでいったが、それと並行して、至福の家庭生活になるはずだったものは、地獄の様相を呈してきた。結婚相手だけではなく、落ち着く土地も間違ってしまったのだと、彼は考えるようになった。ハンス・ベーテに手紙を送り、コーネルに戻れないだろうかと尋ねさえした。しかし、カルテックにはメアリー・ルイーズをはるかにしのぐ魅力があったのだろう、一九五六年に二人が別れたあとも、彼はパサデナに留まった。

彼の新しい大学、カルテックは、東に位置する彼の母校、MITのライバルとなるべく、急速に成長を遂げていた。宇宙物理学から生化学や遺伝学に至るさまざまな分野で、実験・理論の両面においてますます名声を高めていたと同時に、工科大学としての実践的な学習も重視していたカルテックは、ファインマンに最適と見えた。そしてそのとおりだった。彼はその後生涯をそこで過ごすことになる。

ファインマンの私生活でたいへんな変化が起こっていたちょうどそのころ、物理学も混乱期にあった。中間子などの新顔の素粒子が、次々と建設される粒子加速器のなかで、狂ったように増えていた。素粒子物理学の対象となる粒子たちがあまりにごちゃごちゃと、面食らうほどたくさんになり、記録紙に現れた新しい輝点や、泡箱で見つかった新しい軌跡の、どれがほんとうに新しい素粒子のもので、どれが既存の粒子たちが組み合わせを変えただけのものなのか、はっきりしないほどだった。

ファインマンは、中間子の理論には以前、QEDについての理解を深め完全にしようと学んでいたころに一度手を出していたが、ファインマン・ダイアグラムの手法が、中間子理論には適さないと見抜くに十分、彼は賢明かつ現実的だった。中間子に関する実験の多くが決定的でなかったばかりか、たいていの場合、粒子どうしの相互作用がとても強く、ファインマン・ダイアグラムを系統的に使って、プロセスに対する微小な補正を算出するという方法は、見当違いだと思われたのだ。彼はブラジルからエンリコ・フェルミに、「中間子理論でファインマン・ダイアグラムを使っているものは、どれも信用しないでください！」と書き送っている。また別のところでは、中間子物理学の分野全体について、「そのパターンが何なのか、明らかにできるに十分な手がかりを持っている人間は一人もいないのかもしれない」と言っている。

彼の目には、いまだ試行錯誤をくりひろげるだけの中間子研究の世界は、それについて何か解釈できる段階にはまだ達していないと映ったのではないかとわたしは思う。また、量子世界の数学的複雑さを解き明かす努力よりもむしろ、その物理的な影響を直接明らかにする作業のほうが中心となるような、新しい方向へと踏み出したいという願望が彼にはあったのかもしれない。彼は、頭のなかにしか描けないものではなくて、自分が感じ、いじることのできるものについて考えたかったのだ。そのようなわけで、カルテックに到着するとすぐに、まったく異なる物理の分野の、まったく異なる問題に彼は取り組み始めた。それは同じ量子世界とは言っても、極微の世界ではなくて、極低温の世界であった。

極低温の世界に取り組む――超流動へリウムの謎

一九世紀後半から二〇世紀前半に活躍したオランダの物理学者、カメルリング・オネスは、学者生活のすべてを極低温の物理に捧げ、系を絶対零度にとことん近いところまで冷却した。絶対零度とは、少なくとも古典物理学では、原子の内的運動がすべて停止する温度である。この過程で一九一一年、オネスは驚くべき発見を行なった。絶対零度より四度高い温度において（オネスは最終的に絶対零度の上一度以内のところまで到達し、それまでに地球上で達成された最も低い温度を実現した）、水銀に劇的な変化が起こるのを彼は目撃した――突然、電流がまったく抵抗を受けずに流れだしたのだ！

それまでに、極低温では電気抵抗が減少するだろうという推測はなされていた。それは、それほど低くない温度範囲での、温度が下がれば電気抵抗が下がるという単純な観察に基づいての推察であった（訳注：一八六〇年代、イギリスの化学者マーティセンが、低温領域での電気抵抗の温度変化を定式化した「マーティセンの法則」がある。大まかに言って、電気抵抗は低温になるほど低下するが、ある値に達するとそれ以下にはならないというもの）。オネス自身は、絶対零度では抵抗はゼロになるだろうと考えていたが、絶対零度というのは、実験室では決して実現できない温度である。ところが、彼は驚くべき結果を得た。ゼロではない、有限の極めて低い温度で、電気抵抗が突然、きっかりゼロに落ちたのである。このような状態では、一度流れ始めた電流は、決して止まらない！　オネスは発見したこの現象を超伝導と名づけた。

オネスはこの二年後にノーベル賞を受賞したが、面白いことに、ノーベル委員会が示した受賞理由はこの発見にははっきりとは触れておらず、彼の研究をもっと全般的に指して、「低温における物質の性質を研究し、とりわけ、液体ヘリウムの生成に至ったこと」となっている。これは、ノーベル委員会としては珍しい先見の明とも言えよう（それとも単なる偶然か）。というのも、一九一三年時点では誰にも予測できなかった理由で、ヘリウムそのものも、少なくとも水銀などの金属が示す超伝導に負けず劣らず興味深い性質を持っていることが、その後明らかになるからだ。一九三八年、液体ヘリウムは十分冷却されると、超伝導よりも視覚的にはもっと奇妙な、超流動という現象を示すことが発見されたのである。さらに、これもまたちょっとびっくりさせられる話なのだが、オネスはおそらく、液体ヘリウムを超流動になる温度まで冷却していたのだろうと思われる。しかし、どういうわけか、このすごい現象について、彼は沈黙していたようだ。

超流動状態では、ヘリウムは摩擦なしに流れる。容器に入れても、薄膜となり、勝手に壁面を這い上がって口から出て行ってしまう。どんなに小さくてもひびがあったなら、そこから外へ流れ出てしまう。超伝導の場合、電気抵抗や電流を測定しないことには、魔法のようなことが起こっているのに、目で見ただけではわからないが、超流動なら、すべてはわれわれの眼前で起こり、肉眼で観察できる。

一九五〇年代前半になっても、超伝導も、超流動も、まだ微視的なレベルの原子の理論では説明されていなかった。ファインマンの言葉を借りると、両者は「包囲された二つの都市のようなものだった……知識が完全に周囲を固めているのに、自身は孤立して、いつまでも難攻不落なままだった」。だが同時にファインマンは、自然が極低温で見せた、興味引かれる新しい現象に魅了されてもいて、「極低温の世界のように、どこまでも掘り下げていけそうな計り知れぬ領域を発見したカメルリング・オネスのような人のことを、実験物理学者たちはうらやましく感じることも多いことでしょう」と言った。ファインマンは極低温で見られるこれらの現象すべてに興味を引かれていたが、まずは液体ヘリウムの謎に注目することにした。超伝導の原因を探るための努力も続けたが、結局そちらは成功しなかった。

やがて凝縮系物理学と呼ばれるようになるこの分野は、当時はまだ小さかったが、ファインマンが思い切って踏み切った劇的なジャンプのことは、いくら強調しても強調しすぎることはないだろう。超伝導と超流動の諸問題はまだ解決されていなかったが、この分野に取り組んでいる人々のなかには、最も優秀な物理学者たちもおり、しかも彼らは、これらの問題について、すでにかなりの期間考えていたのである。

しかしファインマンは、まったく新しいアプローチが必要だとはっきり認識していた。そして、これは彼が取り組んだすべての研究を振り返って言えることだが、彼の物理学の直観のすばらしさが数学の腕前の秀逸さと結びついて、それまで理解を阻んでいた障壁を、打ち破るというよりものの見事に迂回する様子がはっきりと見て取れるという点で、この超流動についての研究にまさるものはおそらくないだろう。彼が最終的に導き出した物理的描像は、超流動を理解するために自ら立てたすべての目標を達成したのであり、しかも、完成してしまえば、驚くほど単純に見えた――あまりに単純で、どうしてそれまで誰も思いつかなかったのかといぶかしく思うほどだ。だが、これこそファインマンの仕事の特徴である。それまではすべてが霧に包まれ、混沌としていたのに、彼が道を示してからは、すべてがまったく明らかで、ほとんど自明に見えるのだ。

超流動に極微の視点を持ち込む

彼は物理学の面白い現象全般に興味を持っていたとはいえ、それまでとは焦点を完全に変えて、特に液体ヘリウムを選び、また、量子力学を物質全般の性質に応用する仕事に着手したのは、この領域に何があったからなのかと不思議な気持ちになる。わたしの見るところ、このときもまた、動機の出所は、その前に取り組んでいた、まだ発見されて間がない、強い相互作用をする素粒子、中間子の性質を理解しようと行なった努力だったのではないかと思う。ファインマン・ダイアグラムは、加速器から続々と出現している大量の強い相互作用をする粒子を巡る、あまりにも混乱した状況を実験物理学が解明する助けにはなりそうにないと彼は認識していながら、強い相互作用をするほかのさまざまな系を支配している、超流動とも関係のある物理を定量的に理解できるかもしれない別の物理的方法に彼は強い関心を抱いていたのである。

　彼が見るに、密度の高い物質の内部に存在する電子や原子の性質は、これとまったく同様の問題を示していた。ただし、こちらのほうは、実験の状況ははるかに明瞭で、当時の理論の状況も、それほど込み入っていなかった。実際、ファインマンがこの問題に取り組むまでは、液体ヘリウムが通常の状態から超流動状態に転移する際の性質全般を直接導出するのに微視的なレベルまで降りて行き、量子力学を使おうとした者は誰もいなかったのである。

　量子力学が超流動で重要な役割を演じているということは、早い段階から明らかだった。そもそも、エネルギーがまったく散逸《さんいつ》も消失もしないという、超流動と同様の振舞いを見せる系として唯一知られていたのが、原子だった。古典電磁気学の法則によれば、陽子の周囲を軌道に沿って回転している電子は、放射によってエネルギーを失っていくはずで、その結果、電子はすぐに原子核に落ちてしまうことになる。ところがニールス・ボーアは、電子は、時間が経過しても一定の性質を維持し続け、エネルギーが散逸することもまったくない、安定した「エネルギー準位」というものに存在し続けることができると主張し、のちにエルヴィン・シュレーディンガーが波動方程式によってそのとおりであることを示したのであった。個々の電子や原子についてはそういうことだとわかったが、では、塊として目に見える液体ヘリウムのような巨視的な系全体が、一つの量子状態に存在することなどありえるのだろうか？　これについても、量子力学が重要な役割を演じているということを指し示す手がかりが一つあった。古典物理学では、絶対零度はすべての運動が停止する温度として定義される。普通の気体や液体、あるいは固体のように、原子が振動したり、押しあいへしあいしたりできる熱エネルギーはまったく存在しない。さらに、ヘリウム原子どうしは極低温でもお互いを引き付けあう引力をわずかながら持ち続けていると仮定すると――液体ヘリウムがばらばらになり、一個一個の原子からなる気体になってしまわないためには必要なことだ――、絶対零度、あるいはその付近まで低温になると、液体ヘリウムは、原子が互いの引力によって決まった位置に固定されてしまうだろうし、しかも熱エネルギーが存在しないので、その位置の周囲を動き回ることすらできなくなり、堅い固体の状態に固まってしまうだろう。

だが、実際にはこのようなことは起こらない。可能なかぎり冷やそうとも――絶対温度一度をはるかに下回る温度まで冷やそうとも――、オネス自身も示したとおり、ヘリウムは固化しない。ここでも、こんなことを起こしている犯人は量子力学である。どんな量子系でも、最低のエネルギー状態には常に、量子揺らぎに伴う、ゼロではないエネルギーがある。そのため、絶対零度においてさえも、ヘリウム原子はなおも小刻みに揺れ動いている。ヘリウムはひじょうに軽いので、ヘリウム原子どうしが引き付けあう力は小さく、ヘリウムの量子力学的基底状態のエネルギーのほうがこれに勝り、原子が引力を振り払って、液体として動き回るのだ。固体のように、格子をなして固まってしまわないのである。水素原子はヘリウムよりなおも軽いので、同じ現象を起こしそうに思われるが、じつは水素原子どうしが引き付けあう力はヘリウムの場合よりもはるかに強く、極低温における基底状態のエネルギーはその結合を断ち切るには至らず、したがって水素は固化するのである。

巨視的なスケールで起こる量子現象

このようにヘリウムは、極低温でも液体のままであり続けるユニークな元素だが、そのユニークさの由来は本質的に量子力学的なものである。したがって、絶対温度二度付近で、ヘリウムが普通の液体から超流動体へ転移する現象を司《つかさど》っているのもまた量子力学であるというのはうなずける。

早くも一九三八年に、物理学者のフリッツ・ロンドンが、液体ヘリウムの超流動状態への転移は、アインシュタインがインドの物理学者、サティエンドラ・ボースと共に予測した、ボース粒子の理想気体で起こる巨視的な現象ではないかと示唆していた。ボース粒子とは、整数のスピンを持つ粒子だ。フェルミ粒子の場合は、本書でもすでに説明したように、パウリの排他律に従い、二個以上の粒子が同じ位置で同時に同じ状態を取ることはできないが、ボース粒子はこれとはまったく反対の性質を持っている。ボースとアインシュタインが予測したように、ボース粒子の気体は、十分な低温においては、一つの巨視的な量子状態に凝縮する——そこではすべての粒子がまったく同じ量子状態にあり、巨視的に見たときさえも、古典的な物体としてではなく、量子力学的な物体として振舞う（古典論的な物体では、どの粒子もみな、近隣の粒子とはまったく相関のない確率振幅を持っている。その結果、量子力学において、異なる確率振幅どうしが完全に打ち消しあうことによって生じる、奇妙な量子力学的相互作用——これこそが量子世界の奇妙な現象の数々を引き起こす原因である——は、古典論的な物体ではまったく起こらない）。

だが問題なことに、このボース－アインシュタイン凝縮と呼ばれる現象は、個々の粒子がまったく相互作用をしない、理想気体に起こるものだ。ところがヘリウム原子どうしは、離れているときは弱い引力を及ぼしあい、接近すると強い反発力を及ぼしあう。このような系でも、ボース－アインシュタイン凝縮のような転移を起こすことが可能なのだろうか？　これが、ファインマンの関心を引いた問題の一つであった。

彼は関心を抱いたのみならず、量子力学的な効果を直感的に理解するためのツールをすでに作り上げてもいた。それぞれの経路にその作用で重み付けをしたうえで、あらゆる経路にわたって和を取る経路積分という方式で、量子力学を捉えなおす自分の手法が、極低温で液体ヘリウムを支配している微視的現象を記述する完璧な枠組みを提供してくれると、彼は確信したのだ。

量子液体をなす個々の粒子に対して、あらゆる経路にわたって和を取る方法で取り組み始めたファインマンにとって、二つの事柄が導き手となった。一つめは、ヘリウム原子はボース粒子なので、ヘリウム原子の配置を記述する量子力学的振幅は、どのボース粒子がどこにあるかには依存しないということだ。つまり、どの二つのヘリウム原子の位置が入れ替わっても、振幅は変化しないのである。これは、経路積分に最も大きく寄与する経路（すなわち、作用が最小である経路）――すなわち、個々の粒子が元々の位置に戻っている経路――と、すべての粒子の最終的な位置が元々の配置に近い経路とを、同じものとして扱わねばならないということを意味する。一見しただけでは、こんなことはあまり意味のない数学上の細かい話と思われるかもしれないが、実は物理に大いに影響を及ぼすのである。

二つめは、任意の一個のヘリウム原子が、近隣のヘリウム原子すべてを背景として行なう運動についての作用に関するものだ。古典論での作用は、任意の軌跡に対して、その軌跡に沿うすべての点における運動エネルギーとポテンシャル・エネルギーの差を足し合わせたものを含んでいたのを思い出していただきたい（四〇ページ参照）。ファインマンは、任意のヘリウム原子がある速度で運動しているとき、近隣のヘリウム原子たちがさっと位置を変えて、その原子が別の場所まで移動するのにじゃまにならないようにしてくれさえすれば、運動している原子は、別のヘリウム原子に接近しすぎて大きな斥力《せきりょく》を受ける（そのような斥力のポテンシャルは、経路の作用を増大させる）ことなどなしに、任意の別の点に到着することができるはずだと考えた。もしもその原子がゆっくりと運動していたなら、近隣の原子たちも、じゃまにならないよう道を開けるために、ゆっくり移動すればいいだけだ。これらの原子たちは、道を開けるために移動する過程において運動エネルギーを獲得し、それが作用に寄与してしまうかもしれないが、これらの原子の運動エネルギーは結局、最初に運動を始めて別の点に移動しているヘリウム原子の速度、ひいてはその運動エネルギーで決まるのだ。

このプロセス全体の正味の効果として現れるのは、わたしたちが普通、この最初に運動を始めたヘリウム原子の質量と考えているものが変化するだけのことのはずだと、ファインマンは考えた。なぜなら、この原子が運動するとき、作用を最小にするためには、二個以上のヘリウム原子がその経路からどかなければならないからだ。それ以外のことは何も変わらないはずである。

その結果、「すべての経路にわたっての和」に最も大きく貢献する経路——すなわち、作用が最小である経路——は、個々の粒子があたかも自由粒子であるかのようにその経路に沿って運動するが、その質量がわずかながら増加しているような経路であると、ファインマンは示した。このようなプロセスがなければ起こったはずの、原子どうしが短距離で強く反発しあう相互作用は、この効果によって完全に回避され、したがって無視することができる。だが、もしも粒子が自由粒子のように振舞っているのだとすれば、ボース－アインシュタイン理想気体の描像が当てはまり、ボース－アインシュタイン凝縮体への転移も可能となる！

「強く相互作用しながら自由に振舞う粒子」という謎

強く相互作用しあう粒子も、その量子力学的な振舞いを計算するという視点から見ると、あたかも自由粒子であるかのようだと示せたことが、ファインマンにとって、液体ヘリウムの場合を超えた大きな意味を持っていたことは間違いない。このテーマについて書いた最初の論文のなかでファインマンは、「この原理は、ほかの物理学の分野でも役に立つだろう。たとえば原子核物理学だ。原子核物理学の不可解な事実に、核子は、強い相互作用をしているにもかかわらず、しばしば孤立した粒子のように振舞う、というものがある。ヘリウムについて本稿で論じてきた事柄が、ここにも当てはまるかもしれない」と書いている。ファインマンは、この現象に間違いなく深い印象を受けていたようだ。続く二〇年ほどのあいだに、彼の研究が何度もこの現象――強く相互作用しあっているはずの物体が、同時に、そんな相互作用などしていないかのように振舞うという状況――に戻るのを、このあと本書でもご覧いただくことになる。

彼の興味は、核子(すなわち、原子核を構成する陽子と中性子)のみに留まらなかった。このときも、彼の関心は発見されて間もない、強い相互作用をする中間子を理解することにあったが、ファインマン・ダイアグラムはここでは使えないようだった。もしも彼が、自分の物理的直観を液体ヘリウムの実験についての豊富な情報と結びつけて、強く相互作用しあう系を理解する新しい方法をテストするのに使えたなら、ひょっとしたらいい方法が見つかって、中間子を研究するのに使えるかもしれなかった。彼は、これとほとんど同じようなことを、次の論文――一九五四年に発表された――で書いている。この論文にはヘリウムそのものは登場せず、遅い電子が存在するせいで分極する物質のなかで、これらの遅い電子がどのように運動するかを探究しているが、ここでもまた、時空アプローチによる経路積分の手法を使っている。再度彼の言葉を引こう。「このこと自体への興味は別として、この問題は、従来の中間子理論のなかで生じ、摂動論が当てはめられない問題と類似している。違いは、それよりもはるかに単純だという点だけである」。さらに、ほぼ一〇年後に出した別の論文では、こう書いている。「これは固体のなかでの現象として興味深いが、一個の粒子と一つの場との相互作用の最も単純な例の一つであるという点で、さらなる関心がある。それは多くの点で、中間子場と相互作用している核子の問題に似ている。……わたしが大いに興味を掻き立てられているのは、この問題が強い相互作用で結びついた粒子たちの系でどんなふうに現れるのかという側面である」。

ファインマンは、物理学にはいろいろな領域があるが、ある領域の現象についての理解が遠く離れた領域の現象を理解することに応用できて、実は全部がつながっているという、物理学の調和について好んで取り上げた。しかし、彼がそのあいだも中間子と核子に言及し続けたのは、さまざまな素粒子と、それら素粒子どうしの摩訶不思議《まかふしぎ》な相互作用――そんな相互作用が相次いで発見されていた――が織り成す、発展著しい素粒子物理学の世界に、彼がたえず引き戻されていたことの現れであろう。彼はやがてこの世界に戻ってくるのではあるが、彼は、自分自身で取り組み始めたのに、まだ完全には解決できていない問題を抱えていた――つまり、超流動を説明し、できれば、それと同時に、多くの物理学者が先を競って取り組んでいる超伝導も説明したいと考えていた——のであり、彼には取り組み始めた問題を、自分が望む答えを手に入れる前に放棄するなど絶対にできなかった。そしてこの取り組みのなかで彼は、物質の量子力学的な振舞いをわれわれがどう理解するかを根本的に変えることに一役買うのである。

第12章 宇宙を整理しなおす

抵抗は無駄だ。

――《スター・トレック》でボーグがピカード艦長に言った言葉

何が超流動状態を持続させるのか？

ファインマンは、ヘリウムを超流動状態にする転移が、巨視的に見ることができる単一の量子状態へとすべての原子が凝縮する、ボース-アインシュタイン凝縮と同様の現象として理解できることを説明した。だが、問題はまだ解決していなかった。わたしたちに世界が量子力学的に見えないのは、あれこれの奇妙な現象を生み出す、原子レベルでの摩訶不思議《まかふしぎ》な量子力学的関係が、環境と相互作用するとたちまち破壊されてしまうからだ。系が大きくなるにつれて、これらの相互作用――系内部のさまざまな要素どうしの内部相互作用も含めて――は、数も種類も増加し、微視的な時間尺度における「量子コヒーレンス」はすぐに失われてしまう。したがって、ヘリウムは巨視的量子状態に凝縮するということはわかったとしても、疑問は残る。どうして些細な乱れがこの状態を破壊してしまわないのだろう？　何が超流動ヘリウムを超流動状態に保っているのだろう？

ファインマンがこのテーマの研究を始めるまでは、この問題に与えられてきた答えはすべて「現象論的」だった。言い換えればこういうことだ。さまざまな実験で超流動が存在することがはっきりと示されてきたので、それらの実験結果から系の一般的な振舞いを抽出し、そこから逆に考えて、そのような結果が生じるためには、系の微視的な物理的性質はどのようなものでなければならないかを推測できる、という取り組み方だった。これも完全に物理的な説明のように聞こえるかもしれないが、実は違う。実験から微視的な物理的性質を導き出すことは、自然がどんな理由でこのような性質をもたらすかを説明することとは異なる。ファインマンが自分に課した目標は後者で、彼はそれをほぼ達成したのだった。

すでにレフ・ランダウが、正しい現象論的モデルを提案していた。先に本書でも触れたとおり、ランダウはその圧倒的な個性と、ファインマンにも引けを取らない関心の広さで、ソビエト連邦の物理学界に君臨しており、ファインマンは彼を深く尊敬していた。実際、一九五五年にソビエト科学アカデミーが会合に出席するようファインマンを招いたとき、ファインマンが初めこの話に飛びついた理由の一つが、ランダウに会えることだった。だが残念なことに、冷戦の緊張のなか、国務省に行かぬようにと勧告され、彼はそれに従った。

知的関心の「中心」が、しょっちゅう素粒子物理学へと戻ってしまうファインマンとは異なり、ランダウの関心は、常に物性物理学にあった。ファインマンがちょうどこのとき注目していた分野だ。ランダウは、超流動状態が持続するのは、極低温にあるコヒーレントなボース－アインシュタイン凝縮状態の付近に、系が入りこめるような低エネルギー状態がほかに存在しないということを意味しているのではないかと主張した。普通の液体が流れに対して抵抗を持つ（つまり、粘性を持つ）のは、個々の原子や分子が、流体のなかに存在するほかの原子や分子や、ほかの不純物、あるいは容器の壁に衝突して跳ね返り、乱れた運動をするからだ。このように、内部で起こる刺激は、個々の原子の運動状態を変えるだけだが、そのおかげで、流体のエネルギーは容器へと散逸《さんいつ》し、流体の流れは遅くなる。しかし、個々の粒子がそんな刺激に突き動かされて新たに入りこめるような量子力学的状態がなければ、これらの粒子はいくら衝突しても運動状態を変えることはできない。こうして、超流動体は一定の運動を続ける――ちょうど、原子核の周囲を軌道に沿って周回している電子が、エネルギーをまったく失うことなく、その状態を続けるのと同じように。

ファインマンは、自らの経路積分の手法を用いて、ランダウの推測は正しいということを量子力学の第一原理に基づいて示したいと望んだ。ここで彼は、わたしが先に説明した重要な事実を利用した――すなわち、ヘリウム原子はボース粒子なので、いくつかの原子がその位置をただ交換するだけでは、N個のヘリウム原子の状態を記述する振幅はまったく変化しないということを利用したのだ。

前にも少し申し上げたが、彼の議論は一見単純だ。彼はまず、ヘリウム原子どうしは、短距離では斥力《せきりょく》を及ぼしあうので、液体ヘリウムのエネルギーが最低の基底状態は、密度がほぼ均一な状態であろうと論じた。彼は、個々の原子は、隣接するすべての原子の位置で決まる「檻」のなかに閉じ込められていると考えた――原子が接近しすぎると、隣接する原子のそれぞれが、斥力を及ぼすのである。液体の密度がほかより高いところがあれば、それは、その付近のどれか一つの原子を囲んでいる檻がほかより小さくて、その原子は狭い場所に閉じ込められているということを意味するはずだ。しかし、ハイゼンベルクの不確定性原理によれば、原子をより狭い場所に閉じ込めると、そのエネルギーは増加する。したがって、系のエネルギーは、すべての原子が隣接するほかの原子たちからできるかぎり遠く離れているとき、すなわち、全体の密度がほぼ均一であるときに最低となる。

超流動体に常に存在する低エネルギー状態の一つに、極めて波長の長い「音波」が伝播している状態がある。音波は、「密度波」である。つまり、音波が液体中を伝播するとき、液体の密度が長い距離にわたってゆっくりと変化していき、このとき、密度が上がった際に受ける圧縮に対して、原子は小さなばねのように振舞って力を及ぼし、これが原因となって、上がった分の密度は、ある速度――音速を定義する速度――で液体のなかを伝播していく。音波の波長が極めて長いかぎり、密度の変化はひじょうにゆるやかで、音波によるエネルギーの消費はほとんどない。また、音波は液体の性質を変えることもないし、さらに重要なことに、液体の流れに影響することもない。

なぜほかの、低い励起状態が存在しないのか？

しかしここでも同じ疑問が湧いてくる。「どうして超流動体のなかには、ほかの低エネルギー状態が存在しないのだろう？」という疑問だ。

量子力学では、すべての粒子は確率を表す波と見なせることを思い出していただきたい。波の振幅が、その粒子をいろいろな場所で見出す確率と結びついているのだ。だが、どういうわけか、粒子を波動関数とは呼ばない。量子力学の波動が一般的に持つ性質の一つが、波動に付随するエネルギーは波長によって決まるというものだ。小さな領域のなかで小刻みな振動を盛んに行なう波は、そうでない波よりも高いエネルギーを持っている。

じつのところこの理由は、ハイゼンベルクの不確定性原理と密接に関係している。波動関数がごく短い距離のあいだに高い値から低い値へと変化しているとき、その波動関数が記述している粒子は、極めて狭い範囲のなかにあると特定することができる。しかしこのとき、ハイゼンベルクの不確定性原理から、その粒子の運動量の不確定性は大きくなり、したがってそのエネルギーの不確定性も大きくなる。

だとすると、エネルギーが低い量子状態を見つける鍵は、小刻みに振動する波が狭い範囲に集中していないような波動関数を見つけることだ。さて、先ほど説明したように、波長の長い音波が加わるだけでは超流動は破壊されないので、ほかの可能性を探らねばならない。ファインマンは、密度が均一な基底状態から始めよう（正体はよくわからないが）、そして、どうすればこれとは違う状態を一つ作り出せるか想像してみようと言った。ただし、その違いは、長い距離にわたってのみ現れ、その波動関数の振動が狭い範囲に集中することのないようなものに限る。ある一個の原子Aを長い距離移動させて、別の位置Bまで遠く離してしまえば、そのような波動関数を実現できるだろうと考えるかもしれない。しかし、この新しい配置も密度が均一だとすると、ほかの原子たちも自らの位置を変えねばならず、また、Aにあった原子の代わりに、どれか別の原子が、その位置を埋めねばならない。

さて、一個の原子を長い距離にわたって移動させたので、この新しい状態は、長い距離を見たときだけ初めの状態と異なっている、ファインマンが求めた状態だと思いたくなるところだ。なぜなら、Aにあった粒子の位置が大きく動いているからだ。しかし、ファインマンが指摘したように、ヘリウム原子はどれもみなまったく同じだし、そもそもボース粒子なのである。したがって、Aにあった粒子が大きく位置を変えているとしても、最終結果は単にまったく同一のボース粒子どうしが交換されたというだけのことなので、これは新しい量子力学的配置ではない。

この例をしばらく考えてみると、一個の粒子をどんなに遠くまで動かしても、その結果得られる系の新しい波動関数は、その粒子の移動距離が、隣りあう粒子どうしの平均距離の約半分までなら元の波動関数と違うとはっきり言えるが、それ以上移動しても、波動関数はそれを反映するようには変化しないことがおわかりいただけるだろう。粒子の平均距離の約半分を越える移動は、ほかのヘリウム原子との入れ替わりと同じことになってしまい、したがって波動関数はまったく変化しない。

　これは、系の新しい状態を記述するために波動関数に導入できる最大のうねりは、平均原子間距離よりも大きくなれないということを意味する。しかし、この尺度の、あるいは、これより小さな振動は、かなり高い励起《れいき》エネルギーに相当する――超流動が現れなくなる程度の温度でランダムな熱揺らぎが生み出すエネルギーよりも、格段に高いのは間違いない。

　こうしてファインマンは、エレガントな物理的論法を使って、ボース粒子の統計から直接、原子の運動によって容易に入り込めて、超流動体の流れに対する抵抗を生み出すような、低い励起状態が基底状態の上に存在することはありえないと示したのである。系が入手できる熱エネルギーが、基底状態と、最低の励起状態とのギャップよりも小さいかぎり、超流動状態は持続する。

　もちろん、彼がやったことはこれに留まらない。経路積分形式を使って、波動関数に関する理に適った推測をすべて検証し、エネルギー最低の状態を計算することによって、ランダウがロトンと名づけたこの励起状態のエネルギーを見積もることに成功した。近似が雑だったので、当初は既存のデータにあまりよく合わなかったが、一〇年のあいだに、彼は解析を徐々に洗練させ、データとよく一致する予測を出した。

　ファインマンが液体ヘリウムの研究に着手する前に、物理学者のラスロー・ティサ――わたしは、このころから数十年が経って、MITの教授を退官し、感じのいい名誉教授となった彼しか知らない――は、二流体モデルと彼が名づけたものを提唱して、超流動体ヘリウムと通常の流体としてのヘリウムのあいだでどのように転移が起こるのかを説明しようとした。

ランダウは、のちにこの考え方を拡張した。彼は、絶対零度付近では、液体ヘリウムの全体が超流動状態にあるのだろうと想像した。この状態からヘリウムを熱すると、随所に励起が生じ、それらの励起した部分は、背景にあたる超流動体のなかを動き回るが、壁と衝突してエネルギーを失って、通常の流体の状態にある成分のように振舞うだろう。系がさらに熱せられると、励起された部分もどんどん増え、やがては通常流体の成分が体積の全体を占めるようになる。

このときも、ファインマンの第一原理を使った定量的な見積もりは、全般的な物理的描像と一致するものだったが、データとよく一致する十分詳細な計算ができるようになるまでには、三二年もの年月がかかった。物理学者たちは、ファインマンが大雑把な近似をしていた経路積分をスーパー・コンピュータで綿密にやりなおし、一九八五年、この方法が液体ヘリウムが通常相と超流動相のあいだを転移する現象の詳しい性質に極めてよく一致する結果を生み出すことを検証することに成功した。

超流動ヘリウムが入ったバケツを振り回したらどうなる?

しかし、ファインマンが袖から引っ張り出してみせた物理の手品のなかで最も印象的だったのは、「超流動ヘリウムが入ったバケツを振り回したらどうなるだろう?」という問題を解いたトリックだったのではないだろうか。物理学の問題の多くがそうであるように、この問いも、急を要する問題には見えないかもしれないが、じっくり考えてみるとその重要性に気付かされる。ファインマンはまず、基底状態の性質と、その上に位置する励起状態のエネルギーが満たすべき必要条件からして、超流動状態は「渦なし」でなければならない、つまり、流体の流れを阻むような渦の形成は禁じられていなければならないと指摘した。しかし、それなら、超流動体が入れられている容器を回転させて、超流動体全体を強制的に回転させたらどうなるだろう？　ファインマンは、このときどうなるかについて、主要な点を明らかにしたが、そのとき、ラルス・オンサーガーという、その後ノーベル賞を受賞するノルウェー出身のアメリカの化学者が同様の解をすでに提案していたことは知らなかった。それはさておき、この解でも、量子力学の法則が重要な役割を演じた。

ニールス・ボーアが量子力学を創始して物理学に革命をもたらしたのは、原子核を軌道に沿って周回している電子には、特定の離散的なエネルギー準位しか許されていないと仮定したときのことであった。つまり彼は、電子のエネルギーは量子化されている、と仮定したのだ。だが、この量子化のルールを規定する原理は、じつのところ、原子核の周囲を回転する電子の角運動量から導き出されたものだった。ボーアは、この角運動量が、ある最小単位の整数倍として量子化されているのだと仮定した（この単位は、先に電子のスピン角運動量を説明したときに紹介した単位と同じである。ちなみに、電子のスピン角運動量は、この単位で表して1/2である）。

もしも超流動体も量子力学に支配されており、しかも、ぐるぐる回転させられるのならば、その軌道角運動量もまた、同じ基本的な単位で量子化されているはずだ。だとすれば、ぐるぐると周回する運動にも、最小の量があるはずである。

ファインマンは、このような流体のエネルギーが最小になるのはどのような場合かについてじっくりと考え、ついに、流体全体は回転しないが、多数の微小領域――可能なかぎり微小な領域で、実際、直径が原子数個分程度の領域――がそれぞれ、自らの中心部分の周りを回転するという物理的な描像を思いついた。この中心部分が垂直方向に並んで、竜巻の漏斗《じょうご》状部分、あるいは、排水口の周りに渦を巻く水のような（ファインマンは後者の例を使った）、渦線を形成する。このような渦線が、背景の回転しない流体の全域に、均一な密度で分布するのである。

ファインマンは渦について考えることによって、液体ヘリウムの振舞いのさまざまな側面を見積もることができた。その一つに、渦としての励起が次々と生み出されるにつれて、どのように抵抗が生じてくるかという事柄があった。これらの渦は、流体の流れのなかで、ゆがんだり、互いに絡み合ったりするので、詳しい事情を知らなければそのくらいまでもつだろうと想像したくなる速度の一〇〇分の一ほどの速度で、超流動は破壊されてしまうはずだと彼は推測した。

ファインマンの独創的な思考は、最終的に、ランダウが提唱したロトンという準粒子――エネルギー最小の局所的な励起と見なせる渦で、粒子のように扱えるもの――について、極めて物理的な描像を生み出した。ファインマンは、超流動ヘリウムのなかの渦は、容器の底から口までまっすぐ縦に伸びる必要はなく、丸まって閉じた輪になってもいいのだということに気付いた。彼は、高校時代に研究した煙の輪のことを思い出し、液体のなかに存在しうる、そのような原子の最小の輪を量子力学で描いたものがロトンの描像に当たるのではないかと思いつき、そこからロトンの性質を導き出した。これを表す数学を頭のなかで順を追って詰めていき、方程式を解いて、煙の輪の直感的な描像をシュレーディンガー方程式の数学に適合させるにはどうすればいいかを明らかにしようと努力し、ついに、もう一つの極めて具体的な描像に到達した。それは、輪になった小学生たちが順番に、すばやく一人ずつ滑り台を滑り降りて、そのあとゆっくりと滑り台の階段を登って、再び滑り台を滑る、という描像だ。ロトンは、流体が、背景の流体に対して相対的に異なる速度で運動している局所的な領域かもしれないが、量子力学の角運動量の性質が成り立つためには、流体は、どこか別の場所では再び逆向きに流れて、渦状にならなければならないだろう。そして、丸まって輪になった渦は、そのエネルギーが可能な最小の値――ロトンのエネルギー――になるまで収縮するだろう、こう彼は推測した。

これらの考えは面白いが、特に重要なのは、ファインマンのこの一連の考えが、このときもまた、この分野に取り組む物理学者たちが彼らのテーマをどう考えるかを、いかに変えてしまったかということだ。ファインマンは、直感的な推論により「テスト波動関数」にいろいろな変更を加えて、どうすればエネルギーを最小にできるかを探ったが、この方法によって彼は、いわゆる変分法の凝縮系物理学におけるバリエーションとも言うべき手法を確立した。この方法は、その後、この五〇年間を通して、物性研究における主な未解決問題のほとんどすべてに取り組むために利用されている。

解きそこなった「超伝導」

ファインマンは、それらの未解決問題のいくつかを解決するチャンスを逃してしまったが、彼の考え方が大きな影響を及ぼしたことは間違いない。「解決しそこなったもの」の一つ、超伝導について見てみよう。ファインマンは、ジョン・バーディーン、レオン・クーパー、ロバート・シュリーファーの三人がこの現象を説明するために成し遂げたブレークスルーに達することはできなかった——その最大の理由は、ファインマンはこの分野におけるそれまでの研究を一通りでも調べようとはしなかったことにある。これは、その後も彼にいくつもの重要な発見をしそこなわせてしまう、悩ましい癖である——が、彼らのアプローチは、物性全般の研究にファインマンが導入した考え方、とりわけ、超流動を説明するために彼が展開させた考え方を大いに借用している。ファインマンが彼の時空アプローチを物質のなかの電子の性質を理解する取り組みに応用した最初の論文では、電子どうしが結びついて対《つい》を形成することが、物質内の振動モードに対して持つ意味が詳細に述べられている。実はこの電子どうしの結びつきが、超伝導体のなかで電子が対を形成し、それが凝縮することが可能になる相互作用を理解するうえで、鍵となる重要性を持っていたのである。実際シュリーファーは、仲間と共に、彼らにノーベル賞をもたらすことになる問題をついに解くのに成功する一年前、ファインマンが超流動と超伝導について講演するのを聴衆の一人として聴いており、ファインマンが超伝導についての自分の考えを、うまくいかなかったものまで含めて詳細に話すのを聞いて感心した。彼ら自身が超伝導を理解するために取ったアプローチは、まさにファインマンもそうしたように、ボース－アインシュタイン凝縮に似た凝縮がいかにして起こりうるかを明らかにすることだったが、超伝導の場合は、ボース粒子でない電子のような粒子が対象となる。同じく重要だったのが、やはりファインマンがやったのと同じように、基底状態と励起状態とのあいだにギャップがあり、そのため低エネルギーにおいては、普通の場合なら衝突が起こってエネルギーが散逸するところ、そのような衝突が起こらないのだということを示すことであった。

強制的に回転させられた超流動体に渦が形成されて角運動量が導入される様子を巡るファインマンの考え方にも、瞠目《どうもく》すべき先見性があった。超伝導体でも、まったく同様の現象が起こるのだ。超伝導体は普通、内部に磁場が存在することを許さない。超流動体が渦状に回転しようとしないのと同じだ。しかし、ファインマンが示したように、超流動体を強制的に回転させると（たとえば、高圧のもとで凍らせて回転し、その後解凍するなどの方法で）、渦が生じて流体は循環する。のちにアレクセイ・アブリコソフは、超伝導体の内部に強制的に磁力線を通すことができ、このときの磁力線もやはり、細い渦線となって超伝導体全体に分布するということを示した。アブリコソフはこの研究でノーベル賞を勝ち取るのだが、ノーベル賞講演で彼が明かしたことには、最初にこれを提案したときランダウがあまり感心してくれなかったので、その提案書を引き出しに仕舞ってしまったそうだ。その後、超流動体の内部の渦に関するファインマンの考えを知って初めて、アブリコソフは磁気渦についての自分の考えを発表する勇気を得たのだった。このように、ファインマンが凝縮系物理学に手を出したことは、彼の直観がいかにして重要な洞察につながったかという点のみならず、ほかの物理学者たちが書いた数件の論文のなかに、彼がこの分野に残した痕跡が見事なまでにはっきり示されているという点でも注目に値する。

オンサーガーの温情

この時期ファインマンは、それまで知らなかった物理学分野のコミュニティーに手を伸ばすのを楽しんだが、同時に、自分の専門でない分野に入るときに感じる不安も味わわされた。そういうとき、新参者として踏みつけにされたような気がすることがあるものだ。たとえばファインマンは、招待講演を依頼されていたある会合に出向いた折、渦についての自分の予測をオンサーガーの学生に話して相手を驚かせたが、そのあと、凝縮系物理学の会合でオンサーガー本人に会う機会を得た。ファインマンの講演の前夜に晩餐会があったのだが、その席でオンサーガーから、「じゃあ君は、液体ヘリウムの理論を作り上げたと思うのかね?」と尋ねた。ファインマンは、「はい、そうです」と答えた。それに対してオンサーガーは、ただ「フッ」としか言わず、ファインマンは、オンサーガーにはたいして期待されていないなと思わざるをえなかった。

だが翌日、ファインマンが講演中に、この相転移について一つ理解できない点があると言うと、オンサーガーは直ちに大きな声でこう言った。「ファインマン氏は、われわれの分野にやってきたばかりで、わからないことがおありのようなので、教えてさしあげねばなりませんぞ」。ファインマンは驚いて体をこわばらせたが、オンサーガーは続けて、ファインマンがヘリウムについて理解できないと言っているそのことは、どんな物質についても理解されておらず、「したがって、彼がヘリウムⅡに対してそれが理解できないからといって、現象のそれ以外の部分に関する理解に彼が貢献していることの価値をなんら損なうものではありません」と述べた。

ファインマンはこの好意的な態度にいたく感動し、彼とオンサーガーはそれ以降、時折会って、いろいろなことを議論しあうようになった。ただし、喋っていたのはほとんどファインマンだけだったが。オンサーガーは、作家でラジオ・パーソナリティーとしても有名なギャリソン・キーラーがアメリカの人気ラジオ番組で描くところの、ノルウェー生まれでミネソタ在住の独身農業従事者（訳注：アメリカのラジオ番組《プレーリー・ホーム・コンパニオン》で放送されているドラマの登場人物）のようなタイプではなかったが、ノルウェー生まれなのは同じで、やはりごくまれにしか喋らず、それは、ほんとうに言わねばならないことがあると彼が感じたときだけだった。

そして、ファインマンは確かにいくつかの賞を逃したかもしれないが、彼にとって最大の賞は常に、物理学を理解することであった。賞を逃したり、称賛を横取りされたりして嫉妬や後悔を感じたことがあったとしても、それを表に出したことはなかった。彼が自分自身の満足のために何かを明らかにしたけれども、それについて論文を書く必要を感じず、誰かほかの人間が同じアイデアを発表して関心を集めてしまったという例には事欠かない。同様に、誰かほかの人が似たようなアイデアを得たと知った場合には、自分の研究ではなくて、その人の研究を引用することが多かった。たとえば、渦に関するアイデアについては、彼はいつもオンサーガーによるものとして引用していたが、実際には、自分で結果を導出したずっと後になってからオンサーガーの研究があったことを知ったのだった。これはおそらく、彼らが初めて会ったときに、オンサーガーが知識人としての寛大さを示してくれたことへのお返しだったのだろうと思われる。

ファインマンのこのようなおおらかさの最たる例の一つが、彼が液体ヘリウムと渦について考えはじめた二〇年後にあったいきさつだ。たとえば液体ヘリウムの薄膜のような二次元系を考えていたとき、ファインマンは、渦が出現すると系の性質が劇的に変化し、そのような二次元系について知られていた有名な数学の定理に見かけ上反するような相転移が起こることに気付いた。彼はこれをテーマに論文を一件書きさえした。ところが、当時はまだ無名だった二人の若手物理学者、ジョン・コスタリッツとデイヴィッド・サウレスが、同じアイデアについて同様な論文を発表したばかりだと知った。ファインマンは、彼らを圧倒したり、彼らの手柄を掠《かす》め取ったりすることはせず、自分の論文は出版しないことに決めた。この驚くべき相転移は、その後コスタリッツ－サウレス転移として知られるようになった。

ファインマンはこのように、実験面でも理論面でも混乱を極めていた素粒子物理学の領域からしばらく離れて楽しんでいたのは確かだが、新しい自然法則を発見したいという願望もまだ捨てていなかった。そして、そのような発見の可能性が最も高いのは、最先端の基礎物理学だった。そのようなわけで、液体ヘリウムの研究に取り組みながらも、彼は自分の本来の縄張りのなかで起こっていることに遅れをとらぬよう努力していた。ディラックにはディラック方程式があった。しかしファインマンには、まだそのようなものはなかったのだ。

第13章　鏡に映った像に隠されているもの

それは、自然がどういう具合に働いているかがわかった瞬間だった。
　　　　　　　　　　　　　　　　　　――リチャード・ファインマン

ファインマンに魅せられて

　一九五〇年にリチャード・ファインマンの世界を侵略し始めた中間子は、一九五六年までには、素粒子物理学者全員の世界をひっくり返していた。新しい素粒子が次々と発見され、しかも、発見のたびに、新粒子はますます奇妙なものになっていたのだ。これらの素粒子は宇宙線のなかで盛んに生み出されていたが、生まれた粒子は、それらを生み出すのと同じ物理のからくりによって、即座に崩壊してしまうはずだった。ところが、これらの粒子は一〇〇万分の一秒も生き長らえているのだった。これは、普通にはとても長いと言えるような時間ではないが、それでも第一原理に基づいて予測した寿命より数百万倍も長かった。

一九五六年までには、ファインマンの名声は物理学者たちのあいだに確立していた。ファインマン・ダイアグラムは物理学のコミュニティーでは標準的なツールの一つとなっており、カルテックに足を踏み入れた者はみな、なんとかして彼に敬意を表しようとした。誰もがファインマンと話したがったが、それは、自分自身が抱えている物理学の問題について話したかったからだ。女性たちに抗しがたい魅力を感じさせたのと同じファインマンの特徴が、科学者たちにも驚くべき効力を発した。同じ特徴は、卓抜なイタリアの物理学者でノーベル賞受賞者のエンリコ・フェルミも持っていた。フェルミはマンハッタン・プロジェクトにおいて、世界初の制御された原子炉をシカゴ大学で作り上げる仕事を導く大きな力となった。また、理論にも実験にも等しく熟達していた最後の原子核物理学者、素粒子物理学者だった。

フェルミは、中性子が陽子（ならびに電子、そして、それに加えて、フェルミがニュートリノ――「小さな中性子」を意味するイタリア語――と名づけた新粒子という合計三つの粒子）へと崩壊する際に付随して起こる核プロセスを記述する単純な理論を作り上げたが、この崩壊はベータ崩壊と呼ばれており、原子爆弾と、それに続く熱核兵器をもたらした核反応の一部をなす、重要なプロセスの一つである。フェルミは、中性子衝撃によって生成された新放射性元素の存在の発見と、それに関連する熱中性子による原子核反応の発見で、一九三八年にノーベル賞を受賞した。

中性子は崩壊するまでに一〇分近く存続するので――一九五〇年代に発見されていた、強い相互作用をする不安定な中間子たちに比べれば、事実上永遠に存在するといえる――、その崩壊を支配している力はひじょうに弱いに違いないと考えられていた。このため、フェルミがモデルを作ったベータ崩壊の相互作用は、「弱い相互作用」と呼ばれた。一九五〇年代の中ごろまでには、弱い相互作用は自然界のなかに存在する極めて特殊な力で、加速器で観察されている新しい素粒子のすべてを生み出している強い相互作用とはまったく異なる力であり、この力こそが、異常に長い寿命を持つ粒子すべての崩壊を担っているのだということが明らかになっていた。しかし、フェルミのベータ崩壊のモデルは単純ではあったが、当時観察されており、この新しい力によるものとされていた、すべての相互作用を結びつけるような基本的な原理はまだなかった。

フェルミは、シカゴ大学の理論グループを強力な国際的チームに育てあげた。誰もがそのメンバーになりたがったが、それは物理学の興奮を分かちあうためだけではなく、フェルミと一緒に仕事をする興奮を分かちあうためでもあった。彼は極めて稀な特徴を持っていた――ファインマンと共通する特徴である。この二人は、人の話を聞くとき、ほんとうに聞いていたのだ！　何が話されているかに全身全霊を傾け、話し手が表現しているアイデアを理解しようと努め、そして可能ならば、それを改良するのを手伝おうとしたのであった。

残念なことに、フェルミは一九五四年に癌で亡くなった。放射性物質を、その危険がまだ理解されていなかった時代に、不用意な扱いをしたせいで罹《かか》ってしまったのだろう。彼の死は物理学にとって、そして、次世代にこの分野で主役を果たす若い理論家や実験家の育成にフェルミが大きく貢献した場であったシカゴ大学にとって、大きな打撃であった。

フェルミの死後、若い理論家たちはファインマンの魅力に惹き付けられるようになった。フェルミとは違い、ファインマンは科学者の育成をこまめに助けるようなたちでもなければ、そんな我慢強さも持ち合わせていなかった。それでもなお、ファインマンが自分のアイデアに全身全霊で注目してくれたなら、それはこのうえなく光栄なことだった。なぜならファインマンは、一旦ある問題に取り組み始めたら、それを解決するか、あるいは、それは解決不可能だと判断するまで休まなかったからだ。多くの若い物理学者たちが、ファインマンが彼らの問題に興味を持ってくれるのを、彼ら自身に興味を持ってくれているのだと誤解した。おかげで、ファインマンが若者を惹きつける力は一層強まった。

マレー・ゲルマンが来た！

シカゴからファインマンの光に惹きつけられた一人に、二五歳の神童、マレー・ゲルマンがいた。ファインマンが終戦直後の時代の素粒子物理学に君臨したのだとしたら、ゲルマンはそれに続く一〇年、同じ分野で君臨することになる人物である。他人の研究を褒めるのを好むファインマンが、のちにゲルマンについて語った言葉を引用しよう。「基礎物理学に関するわれわれの知識のなかには、マレー・ゲルマンの名を冠していない豊かなアイデアなど存在しない」。

ここには誇張などほとんどない。ゲルマンの才能は当時持ち上がっていた諸問題の解決にまさに必要だったもので、彼はこの分野に消えることのない足跡を残した。それは、ストレンジネスとかクォークなどの風変わりな用語を提案したことのみならず、ファインマンと同じように、今日《こんにち》にいたるまで物理学の最前線における議論を彩り続けるアイデアを提案したことにもよる。

とはいえ、ゲルマンは多くの点でファインマンの対極だった。ジュリアン・シュウィンガーと同じく、ゲルマンも神童だった。一五歳にして高等学校を卒業し、イェール大学から最高の条件を提示された。じつのところ、それはゲルマンをがっかりさせたのだが、とにかくイェールに行くことにした。一九歳の若さで卒業し、MITに移って、そこで二一歳のときに博士号を取った。彼は一度わたしに、論文の主題を完璧にするのに時間を浪費しなければ、一年で卒業できたはずだと言ったことがある。

ゲルマンは、二一歳になるまでに物理学を極めたばかりか、すべてを極めた。なかでも最も注目すべきなのは、彼がさまざまな言語に興味を持っていたことで、各言語の語源学、発音、そして異なる言語どうしの関係に夢中になった。マレー・ゲルマンの知り合いで、彼から自分の名前の発音の誤りを正されなかった人を見つけるのは難しい。

しかしゲルマンには、シュウィンガーとははっきりとした違いがあり、それがゲルマンをファインマンへと向かわせたのだった。たいしたことのない研究を大げさな形式で表現する輩《やから》には、ゲルマンはまったく我慢がならなかった。ゲルマンはそんな偽装など簡単に見透かすことができたし、また、彼ほど他人の仕事を距離を置いて見ることのできる物理学者は珍しかった。しかし、ゲルマンはファインマンの研究から、そして彼が話すのを聞いた経験から、ファインマンが物理学に取り組んでいるときには、でたらめも見せかけもなく、物理学しかないということを知った。そのうえ、ファインマンの解は実際に重要だった。ゲルマンの言葉を借りると、「リチャードのスタイルについて、わたしがいつも好きだったのは、彼が尊大なところなど一切なしに説明する、ということでした。わたしは、自分の研究を大げさな数学の言葉で飾ったり、たいていはたいしたことのない自分の貢献を見栄えよくするような枠組みをでっちあげるような理論家たちには辟易していたのです。リチャードのアイデアは、力強く、奇抜で、独創的なことが多く、率直なかたちで表現されていたので、わたしには新鮮でした」。

ファインマンの性格には、ショーマンというもう一つの面もあったが、こちらにはゲルマンはあまり感心しなかった。ゲルマンがのちにこう言っているとおりである。「彼は非常に多くの時間とエネルギーを、自分自身についての逸話を作り出すのに費やしていました」。しかし、この側面が後年ゲルマンの神経に障るようになるのは確かだとしても、一九五四年、フェルミの死を受けて、シカゴ大学を去るとすればどこへ行きたいか、そして、誰と一緒に研究したいかを考えたとき、ゲルマンの決断に迷いはなかったようだ。

ゲルマンは、理論物理学者のフランシス・ロウと共に、一九五四年という早い時期に、ファインマン流の量子電磁力学（QED）を使ってどんどんより小さな尺度——従来のQEDでは観察不可能とされていた領域で、無限大を回避するためにファインマンが取った手法では、QEDが無理やり変更されている領域——を追究していったときに、QEDに何が起こるのかを厳密に明らかにする、注目すべき計算を行なった。驚くような結果が得られ、当時はあまりに技巧的で理解するのが難しかったけれども、その結果はやがて一九七〇年代になって成し遂げられた素粒子物理学の発展の多くに対して、基盤を提供することになった。

彼らが発見したのはこのようなことだ。QEDの量子力学的効果を考慮するときに考えに入れなければならない仮想粒子-反粒子対の効果のせいで、電子の電荷のような物理的に測定可能な量は、それが測定される尺度に依存する、ということである。実際QEDの場合、電子の有効電荷、そしてその結果として電磁相互作用の強さも、個々の粒子を取り巻いている仮想電子-陽電子対の雲のなかをどんどん進んで元の電子に近づくにつれて、増加するように見える。

物理学の結果はすべて独自に導出するよう努力する――実際、他者が導出したものを再導出する場合も多かった――のを常としていたファインマンは、その過程で他人の論文は無視することで有名だったが、ゲルマンとロウの論文にはいたく感心し、ゲルマンが初めてカルテックにやってきたとき、そのことを本人に告げた。実際ファインマンは、QEDの計算で、自分で導出したことはなかったと気付いたのはこれだけだと言った。今振り返ってみると、これはちょっとすごい話だ。というのも、ゲルマン-ロウ・アプローチの影響は、場の量子論から無限大を取り除くことについて、ファインマンがしばらくのあいだ主張し続けたのとはまったく異なる解釈をもたらすことになるからだ。本書でもこのあと触れるが、ゲルマン-ロウの手法は、繰り込みに対するファインマンのアプローチ――ファインマン自身は、いつの日かQEDに対する真に根本的な理解によって取って代わられるべき、その場しのぎの便法でしかないと考えていた――は、じつは自然がその最も小さな尺度ではどう働くかということの中核をなす、根本的な物理のリアリティーを反映しているのだということを示唆しているのである。

ゲルマンがカルテックに到着したとき、彼には、そして物理学のコミュニティーの大部分の人々にも、当時最大の物理学者二人が、今や一つの研究機関に所属することになったということがはっきりと感じられた。二人が刺激しあって炎のような研究活動がおのずと始まるのを、誰もが待ち構えた。

対称性、そしてネーターの定理

これほど深く独創的な科学者の業績の特徴を語るのに、その一つの性質だけを選び出せば、どうしてもフェアではなくなってしまうのだが、あえて言わせていただくと、このころゲルマンはすでに、自然の最も小さな尺度における新たな対称性を暴露する仕事で、物理学に足跡を残し始めていた。対称性は、今日われわれが到達している最先端の物理学において中核をなしているが、その重要性について、一般市民は相当誤った認識を持っている。その理由の一つは、物理学で対称性が高いとされるものは、芸術的な意味においては面白みが少ないと受け止められていることにある。従来から、芸術作品の場合には、同じ対称性とはいっても、凝った対称性ほど高く評価されてきた。このため、繊細な曲線で構成された同一の部品を夥《おびただ》しい個数組み合わせて作られた美しいシャンデリアは高く評価される。魚や動物などの無数のコピーで覆い尽くされたエッシャーの絵画も、やはりそうだ。だが物理学においては、最も高く評価される対称性は、自然を最も簡素にするものだ。たとえば、つまらない球のほうが、四面体よりもはるかに対称性が高いのである。

これはどうしてかというと、物理学においてある物体や系が対称性を持つのは、われわれが見る角度を変えてもその見え方が変わらない場合だからだ。たとえば四面体は、その任意の側面に沿って六〇度回転させても同じに見える。しかし球は、どれだけの角度回転させても見え方は変わらない。回転させる角度がどんなに小さかろうが、大きかろうが、同じである。対称性があるとは、われわれが見る角度を変えても何か変化しないものがあるという意味だと気付けば、物理学において対称性が重要であることは、今日のわれわれにしてみればほとんど自明に思える。しかし、若きドイツの数学者、エミー・ネーターが、今では「ネーターの定理」と呼ばれているものを一九一八年に発表するまでは、物理学において対称性が持つ真の数学的な意味は明らかではなかったのである。

女性であるという理由で大学では地位が得られないという辛い経験の持ち主であるネーターが示したのは、自然界に存在する個々の対称性に対して、保存される量が一つずつ存在しなければならないということだった。ある量が保存されるとは、時間が経過しても、その量が変化しないということだ。最も有名な例は、エネルギーの保存と運動量の保存である。学生たちが学校でこれを習うときは、ただそう信ぜよという教わり方をすることが多い。しかし、ネーターの定理によれば、エネルギーが保存されるのは、物理学の法則が時間が経過しても変化しない――明日も今日と同じである――、つまり物理法則が時間発展対称性を持つからだということになる。そして、運動量が保存されるのは、物理法則はある点から別の点へと移っても変わらない――実験をロンドンでやろうがニューヨークでやろうが物理法則は同じである――、つまり、空間並進対称性を持つからだということになる。

物理学の基本法則がどんなかたちをしているか、その可能性を絞って追究するのに自然の対称性を利用しようという企ては、一九五〇年代前半にはますます盛んになってきたが、それは、あまりに多くの新粒子が加速器から登場するので、物理学者たちはただ混沌としか見えないもののなかになんとか秩序を見出さねばならなくなったからだ。彼らは、たとえばある粒子が別の粒子に崩壊したときに変化しないように見える量を探し求めることに集中した。このような保存量が見つかれば、そこから逆向きに辿って、その根底に存在する自然の対称性を見出すことができ、そうすればその対称性が、関連する物理学を記述する方程式の数学的な形式を支配しているはずなのだから、こちらも明らかにできるだろうという思惑だったのだ。この思惑は、今日に至るまでかなりうまくいっている。

ゲルマン派「言語学」

ゲルマンが最初に名をなしたのは、極めて盛んに生成される一方で半減期が異常に長くなかなか崩壊しない、新しく発見された奇妙な中間子について、そのように振舞う理由を一九五二年に提案したときのことだ。この振舞いの理由は、この新粒子が持つある量が、強い相互作用において保存されるからではないか、というのが彼の提案だった。ゲルマンはこの奇妙な新しい量をストレンジネスと呼んだが、なかなか的を射た命名ではないか（訳注：ストレンジネスは、強い相互作用と電磁相互作用においては保存される一方で、弱い相互作用においては保存されない）。しかし、彼が最初にこの考え方を発表した《フィジカル・レビュー》の編集者たちは保守的で、この新しい名称は物理学の出版物にはふさわしくないと感じ、これこそがテーマなのにもかかわらず、その論文の表題にストレンジネスという名称を使うことを拒否したという。

さて、ゲルマンはこのように論じた。ストレンジネスは保存されるので、この新粒子が生成されるときは、この新しい量子数を等しい大きさで、しかし逆の符合で持っている、粒子と反粒子の対として出現しなければならない。こうして生まれた粒子そのものは、絶対に安定であるはずだ。なぜなら、関与している力が「強い力」だけだった場合、崩壊してストレンジネスを持たない粒子になってしまうと、ストレンジネス数が一だけ変化して、保存則が破られることになるからだ。ところが、中性子の崩壊や太陽の動力源となる反応を司る「弱い力」がこの保存則に従わないとすると、弱い力の働きでこれらの新粒子は崩壊してしまうだろう。だが、弱い力は弱いので、もしそうなったとして、粒子は完全に崩壊してしまうまでに長い時間存続し続けるに違いない。

この考え方は確かに魅力的だったが、物理学の理論は、発見された事実をあとからうまく説明できただけでは成功を勝ちとることはできない。その理論が、検証できるような予測として、どんなものを提示できるかが大切だ。実際、ゲルマンの同僚の多くは、彼の提案に対し、即座にこの点を突いた。たとえば、水素爆弾の開発で重要な役割を演じた優秀な実験家のリチャード・ガーウィンは、「一体何に使えるのか、わたしにはさっぱりわからない」と言った。

事態ががらりと変わったのは、このストレンジネスという量子数が、既存の粒子の集合を分類するのに使えるとゲルマンが気付いたときのことで、彼はさらに、もっと奇妙な予測まで立てた。その予測とはこうだ。K^0と呼ばれる電気的に中性の粒子（のちにK中間子と呼ばれるもの）には、自分自身とは異なる、反粒子の「反K^0」が存在しなければならないというのだ。光子をはじめ、電気的に中性な粒子のほとんどは、反粒子が自分自身と同じなので、この提案は控えめに言っても変わっている。しかし最終的には、これが正しいことが証明され、K^0‐反K^0対の系は、新しい物理学を探究するためのすばらしい実験室として今日なお役立っている。こうして、台頭しつつあった新世代の素粒子物理学者のあいだで、ゲルマンの名声が確固たるものになったのである。

彼がストレンジネスを提案し、そしてフェルミが亡くなると、ゲルマンはシカゴの外で働かないかという申し出をいくつも受け取るようになった。彼がカルテックに行ってファインマンと一緒に研究したいと思っていたところ、カルテックのほうも、競合するほかの研究機関と同等の条件を提示してゲルマンの意欲をなお一層高め、ゲルマンを二六歳にして、カルテック史上最年少の教授に任命した。ゲルマンがファインマンと共にもたらしてくれる史上初の出来事は、これに留まらないはずだという期待があったのだ。

水と油の「両雄」

ファインマンとゲルマンのあいだには、対等の知的な協力関係からなる注目すべき結びつきができあがった。二人はどちらかのオフィスでいつまでも議論にふけったが、それは、対等な相手との友好的な議論、あるいは、ゲルマンがのちに述べた言葉を借りれば、素粒子物理学の最前線で最新の謎を解明しようと挑む二人が、「宇宙の尻尾《しっぽ》をねじり回している」のだった。わたしがハーバード大学の若い研究者として、かつてシュウィンガーの学生だったノーベル賞受賞者、シェルドン・グラショウと共に研究していた当時のことを思い出す。わたしたちのミーティングは、議論と笑いが混ざった、しかも的を射たものだった。グラショウはポスドク時代をカルテックでゲルマンのもとで過ごし、そこで目撃した議論のスタイルに強い影響を受けたのだとわたしは思う。わたしやわたしの学生たちも、グラショウを通してゲルマンの間接的影響という御利益を受けているのだといいのだが。さて、ファインマンとゲルマンの関係は、正反対のものが結びついた、緊張を伴うものでもあった。ゲルマンは、まさに教養ある科学者そのものだったが、ファインマンはそうではなかった。ゲルマンは、人々やその考え方を手厳しく批判し、新しい物理学上のアイデアを誰が最初に発表したかという先行権を常に気にしていた。ファインマンは意味が通らないような物理の主張や尊大な態度には我慢がならず、またその一方で、才能のある相手にはそのことを称賛した。しかし、先にも触れたように、人に先を越されたときも、彼にとって重要だったのは自分が正しかったか間違っていたかであって、最終的にそのことで自分が称賛されることではなかった。この二人が結びついたのだから、それはじつに興味深い関係だったが、二人の性格もスタイルもまったく違うことを考えると、やがて厄介なことが起こる運命にあった——しかし、さしあたってはうまく行っていた。

とはいえ、これは、二人の科学者の両方が、それぞれの独創力が頂点近くにあった時期のことだった。ゲルマンはまさに素粒子の世界に革命を起こそうとしていたし、ファインマンのほうは、量子力学において自分が起こした革命を完了させたばかりだった。そしてちょうど二人が一緒に仕事を始めたとき、厄介な物理の問題がもう一つ持ち上がった。この問題は、ゲルマンが分類を試みていた奇妙な新粒子にも少し関係していたが、ゲルマンの理論で説明できた、単純に寿命が長すぎるというような問題に比べ、はるかに不可解だった。それは物理的世界を特徴づける、最も普遍的で、最も常識的な自然の対称性に関する問題であった。

対称性とパリティ

わたしたちはみな、子ども時代のどこかの時点で、右と左を区別することを学ぶ。これはじつは容易なことではなく、ファインマンも、彼ですら自分の左手にある黒子《ほくろ》を見て左右を確かめなければならなくなることがあると学生たちによく話していた。この難しさの原因は、右と左の区別が恣意的であることにある。わたしたちが左と呼んでいるものをすべて右と呼び、右と呼んでいるものを左と呼んだとして、名称以外に何が変わるというのだろう？

ファインマンがかつて説明した線に沿って、これを違う角度から考えてみよう。もしもわたしたちが、別の惑星にいる異星人たちとコミュニケーションしているとしたら、右と左の違いを彼らにどう説明すべきだろう？ そう、彼らの惑星にも地球と同じような磁場があり、また、地球と同じ向きに恒星の周囲を公転していたなら、一本の棒磁石を、そのN極が北を向くように持ってもらえば、そのとき恒星が沈む方向が左だと説明できる（訳注：北に対して西は左だということ）。しかし彼らは、「ああ、もちろん棒磁石はある。でも、どっちの端がN極なんだい？」と尋ねるかもしれない。

このような議論を延々と続け、結局、左や右などの用語は、人間が生み出した恣意的な慣習に過ぎず、自然のなかでは本質的な意味など持たないのだと納得してしまいたくもなる。だが、ほんとうにそうだろうか？ ネーターの定理によれば、右と左を入れ替えても自然は変化しないのなら、何か保存される量、つまり、どんな物理的プロセスが起こっていても変化しない量があるはずだ――この量をわたしたちは「パリティ」と呼ぶ。

しかし、だからといって、すべての物体が左右対称だというわけではない。鏡に映った自分の姿を見ていただきたい。あなたの髪は、どちらかの向きに分けられているかもしれないし、あるいは、あなたの左脚は右脚よりも少しだけ長いかもしれない。だが、鏡のなかにいるあなたの分身は、髪は逆向きに分けられ、右脚のほうが長い。たとえば球のように、左右を入れ替えてもまったく変化しないものは、「偶パリティ」を持つと言い、変化するものは「奇パリティ」を持つと言う。ネーターの定理によれば、偶パリティの物体も奇パリティの物体も、パリティの違いにかかわらず、鏡の世界のなかでは同じ物理法則に従う。そしてパリティ保存則によれば、偶パリティの物体が、自然に奇パリティに変わることはない。もしもそんなことがあるのなら、その自然な変化をもってして、絶対的な右と左を定義することができるだろう。

さて、素粒子をそのパリティの性質で分類することができる。パリティの性質は、通常、素粒子がほかの粒子と相互作用する様子から判定する。偶パリティ相互作用をするものもあれば、奇パリティ相互作用をするものもある。ネーターの定理によれば、一個の偶パリティ粒子は、崩壊して「一個の奇パリティ粒子＋一個の偶パリティ粒子」になることはできない（訳注：そんなことになれば、パリティ保存則を破ることになるから）。しかし、二個の奇パリティ粒子に崩壊することはできる。その理由はこういうことだ。崩壊して生じた二個の奇パリティ粒子のうち一方の粒子が左に向かって動き出し、もう一方の粒子が右に向かって動き出したとしよう。このとき、二個の粒子の運動する向きが入れ替わったと同時に、粒子のアイデンティティーも入れ替わったとすると、二個の粒子が別れていく様子は、そのあともまったく同じに見える――つまり、これら二個の粒子からなる系は偶パリティを持ち、その点では元々の粒子と同じで、パリティは保存されている、というわけだ（訳注：崩壊後の奇パリティの粒子二個からなる系は、反転特性の点で最初の偶パリティの粒子と同じで、パリティは保存されているということ）。

ここまでのところはいい。ところが、マレー・ゲルマンがストレンジネスによってその寿命の長さを説明したあの奇妙な中間子――K中間子であった――は、この規則に従わないということを物理学者たちが発見した。ケーオンとも呼ばれるK中間子は崩壊して、パイオン（もしくはπ中間子）と呼ばれるより軽い粒子になることが観察されたが、このとき、二個のパイオンになることも、三個のパイオンになることもあるのだった。パイオンは奇パリティなので、パイオン二個の状態と、パイオン三個の状態では、反転特性が異なる。一方で、素粒子が崩壊するとき、結果として生じる粒子の組み合わせは一通りしかなく、ケーオンのように、二通りの崩壊の仕方をすることはないはずである。というのもそれでは、元々の素粒子のパリティが、偶の場合も奇の場合もある、ということになってしまうからだ。

単純な解決策は、ケーオンには二種類あって、一方は偶パリティを持ち二個のパイオンへと崩壊し、もう一方は奇パリティを持ち三個のパイオンへと崩壊するとすることだった。だが問題があった。物理学者たちがタウとシータと名づけたこれら二種類のケーオンは、それ以外の点ではまったく同じに見えたのだ。質量も寿命も同じだった。どうして自然はわざわざ、ここまでそっくりなのに違う粒子を二つ作らねばならなかったのだろう？　これらの粒子の質量が同じになるような、風変わりな対称性をいろいろと案出することができそうに思われ、ゲルマンをはじめ多くの物理学者たちがそのような可能性を熟考した。しかし、これに加えて寿命までも同一にするのは不可能に思われた。というのも、ほかのすべての条件が同じなら、一般的な量子力学の確率として、三個の粒子へと崩壊する確率は、二個の粒子に崩壊する確率よりもはるかに小さいからだ。

どうしてパリティの対称性が破れていてはいけないのか？

これが一九五六年の春にファインマンとゲルマンがカルテックで共に研究を始めたときの状況で、二人は当時最大の素粒子物理学者の会議、ロチェスター会議に出席した。この会議、正式名称は「高エネルギー物理学国際会議」だが、初期にはニューヨーク州のロチェスターで開催されていたため、この通称がある。二人はこのときの会議で、タウ粒子とシータ粒子はやはり一卵性双生児のようにそっくりだとの思いを強めたくなるような、新しい説得力あるデータを知った。

このような状況では、タウとシータは別物ではないのかと個人的に考え始めた一部の物理学者たちを正当化するのは難しくなってきた。この会議でファインマンは、マーティン・ブロックという若手実験物理学者と同室だった。記録によれば、会議の終盤、土曜日のセッションでファインマンは立ち上がり、ブロックが最初に持ち出した疑問だが、と断ったうえで、専門家たちに向かって一つの問いを投げかけた。タウとシータはじつのところ同じ粒子で、弱い相互作用はパリティを保存しないのではないか――つまり自然は、あるレベルにおいては右と左を区別するのではないか、という問いである。

後年、このセッションがお開きになったあとマレー・ゲルマンが、どうしてこの問いを潔く自分のものとして持ち出さなかったのかとファインマンをきつい言葉でからかったとする評伝が出たので、わたしは旧友のマーティ・ブロック（訳注：マーティはマーティンの愛称）に連絡を取り、実際はどうだったのか尋ねた。彼は、確かに自分はどうして弱い相互作用でパリティの対称性が破れていてはいけないのかとファインマンに訊いたと言った。ファインマンは、ブロックを「大ばか者」呼ばわりしようとしたようだが、やがて、自分もその答えを見つけられないことに気付いた。それからは、会議の期間中毎晩、マーティと二人でこの問題を議論しあい、ついにファインマンはマーティに、こういう可能性があることを会議で提起してはどうかと勧めた。マーティは、自分の発言など誰も聞いてくれないだろうから、ファインマンに提起してほしいと頼んだ。ファインマンはこの件をゲルマンに話し、パリティが弱い相互作用で破れていることなどありえないという、明白な理由を何か知らないかと尋ねたところ、ゲルマンも知らなかった。そのような次第で、ファインマンはいつもの彼のやり方で、「最初にアイデアを述べた」という称賛を、それが帰すべき人間に与えたのであって、挑発的で、大間違いの可能性も高い意見を公表して揶揄されるのを避けようとしたのではなかったのだ。

ファインマンの問いに、若い理論物理学者、楊振寧《ヤン＝チエンニン》が応えた。公式の記録によると楊《ヤン》は、同僚の李政道《リー＝チユンタオ》と共に、この問題について以前から検討しているが、それまでのところ結論には至っていないと言った（ブロックがわたしに話したところによれば、この記録は間違っていて、彼が記憶しているかぎり、楊《ヤン》はパリティが破れているという証拠などまったくないと言ったそうだ)。

ファインマンとゲルマンは、このときの会議でブロックが提起した問題を議論してみたが、その際二人は、弱い力によるケーオンの崩壊(このような、弱い力による崩壊を「弱崩壊」と呼ぶ)でパリティが破れている可能性はないという、実験に基づいた十分な証拠を挙げることはできないと気付いた。では、弱い相互作用でパリティが破れているとして、素粒子物理学のなかで、その弱い相互作用はほかにどこで見られるというのだろう? 弱い相互作用そのものが、十分には理解されていなかった。先にも触れたように、かつてフェルミは、中性子が陽子に崩壊する過程を説明するのに、弱崩壊の先駆となるような単純なモデルとして、ベータ崩壊を提案したが、既知のさまざまな弱崩壊を統一的に説明する図式はまだ登場していなかった。

これを契機に、ファインマンとゲルマンという理論物理学の大物二人がこの奇妙な可能性について熟考し、この会議に出席したほかの物理学者たちも各人この問題を真剣に考えだし、パリティ対称性の破れの有無について、それぞれ自分自身の見解を持つようになったが、そんな状況のなか、二人の若手物理学者、李《リー》と楊《ヤン》——二人とも、ゲルマンと同じくシカゴ大学に在籍したことがあった——は、会議から戻ってすぐに、当時入手可能だったすべてのデータを真剣に検討し、弱い相互作用においてパリティの対称性が破れている可能性は完全に排除できるのかどうかを調べた。そして彼らは、この問いに決定的な答えを与えられる実験は存在しないことを確認した。さらに重要なことに、二人はベータ崩壊に関わるある実験によって、パリティの破れが確認できるはずだと予測した。それはこんな実験だ。まず、中性子を一定の向きにスピンさせておく。もしもベータ崩壊でパリティが破れているなら、このときの生成物の一つである電子に注目したとき、元の中性子のスピンと同じ向きに出る電子の数と、逆向きに出る電子の数が異なっているはずだ、と彼らは予想したのだった。この予想について、二人が書き上げた見事な論文が、一九五六年六月に出版された。

そんなことが起こるわけはあるまいと思われたが、やってみる価値はあった。二人は、コロンビア大学の同僚でベータ崩壊の専門家だった呉健雄《ウー＝ジェンション》を説得し、夫とヨーロッパで休暇を楽しんでいたのを切り上げてもらい、コバルト60の中性子をベータ崩壊させる実験をやってもらった。素粒子物理学の理論で提案されたことが実験で検証されるまでに何十年もかかるのが普通である現代とは、時代が違っていた。呉《ウー》は六カ月のうちに、彼女の実験装置から電子が非対称的に出ているらしいというのみならず、その非対称性はヤンとリーの予想とほぼ同じ程度のようだという、暫定的な証拠をつかんだのだった。

この快挙で、コロンビア大学のもう一人の実験物理学者、レオン・レーダーマンは、前々から李に求められていたのに応じて、パイオンについて同様の実験をぜひともやらねばならぬという気になった。これもまた、一世代あとに育った物理学者にはとうてい理解できない素早さで、レーダーマンとその同僚リチャード・ガーウィンは、金曜日のランチタイムに教授会でこの実験の可能性を議論したあと、実験装置を組みなおし、月曜日までには結果を出した。呉《ウー》の実験が完了して一日以内のことである。実際のところ、パリティは決定的に破られていたのだった。疑り深い理論家、ヴォルフガング・パウリが使った野球がらみの比喩を拝借するなら、神は「軽い左利き」ではなくて、相当きつい左利きだったのだ！

この結果はセンセーションを引き起こした。わたしたちを取り巻く世界の、いとも神聖な対称性が、根本的なレベルにおいて、自然界の四つの力の一つによって無視されていたという事実は、物理学界全体を大きく揺さぶり、その波紋はマスコミの報道でも感じられた（李《リー》と楊《ヤン》は、世界初の現代物理学の記者会見の一つと呼んで間違いないものをコロンビア大学で行ない、彼らの予測が実験によって確認されたことを発表した）。物理学史上異例の速さで一九五七年、李《リー》と楊《ヤン》は、ほんの一年前に発表した彼らの予測が正しかったことを評価されてノーベル賞を共に受賞した。

なぜ自分でやらなかったのか？

どうしてファインマンは、一九五六年のロチェスター会議で自分が提起した問題を徹底的に追究しなかったのだろう？　彼は今回もまた、物理学の重要な問題の答えに自分が近づいていることを知りながら、結論に至るところまでやり通さなかった。この傾向は、その後も彼につきまとうことになる、彼の性格の一面——彼は、ほかの物理学者のあとを追ったりしたくなかったのだ——が現れたものなのかもしれない。物理学のコミュニティー全体が一つの問題ばかりに注目しているなら、自分はそれを避けて、心を開いた状態に保ち、自分が解きたいパズルに取り組んで、答えに至りたかった。そのうえ、彼は物理の文献を読むのが大嫌いだったが、李《リー》と楊《ヤン》が成し遂げた研究には、それは不可欠なことだったのである。だが、もしかしたら、ファインマンにはもっと重要な仕事があったのか、あるいは、彼自身はそう思っていたのかもしれない。弱い相互作用でパリティ対称性が破れていると発見するのは確かにたいしたことだったが、しかし、それは自然に関する新しい理論を考え出すのとは別のことだった。ファインマンは、後者をこそ切望していたのだ。彼は、QEDに関する自分の研究は、その場しのぎの技法でしかなく、彼のヒーロー、ディラックが作り上げた方程式のように、ほんとうに根本的なものではないという思いをずっと抱いていた。

ファインマンがもっと強く引き付けられていたのは、それまでに確認されていた、さまざまに異なる弱い相互作用の現象をすべて一つの図式に統一する理論を構築する可能性だった。中性子、パイオン、ケーオンなど、まったく性質の違う粒子が弱い相互作用によって崩壊するとされていた。中性子のベータ崩壊については、フェルミが暫定的で大雑把なものではあったが、美しいモデルを提案してはいた（訳注：二六三ページでも触れたように、フェルミは一九三三年、中性子はベータ崩壊で電子とニュートリノを放出して陽子に変化するという描像を発表した。当時中性子は発見されたばかり、ニュートリノはパウリが仮説として示唆している段階だった）。しかし、さまざまな粒子の弱崩壊のデータは決定的なものではなく、統一は困難だった。そのような次第で、「これらのプロセスすべてを記述する、単一の統一的な弱い相互作用なるものは、ほんとうに存在するのだろうか？　もし存在するとしたら、それはどのようなかたちをしているのだろうか？」というのが核心的な問題となっていた。

ファインマンの妹も物理学者だったが、彼女は、パリティ非保存を巡る彼の気弱な態度を厳しく非難した。彼女は、ほんの少し仕事をして、それを論文として書き上げる勤勉ささえあれば、まったく違っていたはずだということを承知していたのだ。彼女は、弱い相互作用についての自らのアイデアをあまりに放ったらかし、成り行き任せにしている兄にはっぱをかけたのである。

今日、弱い相互作用で左右反転対称性が破られていることとは、一言で単純に言い表されている。ニュートリノと呼ばれる摩訶不思議な素粒子――ベータ崩壊で生じる粒子で、フェルミが命名したもの。弱い相互作用だけしか行なわない唯一の既知の粒子――は、「左巻きである」というのである。すでにご説明したように、たいていの素粒子は角運動量を持ち、まるで自転しているかのように振舞う。一つの向きに自転している物体を鏡に映して見ると、逆向きに自転しているように見える。知られているほかのすべての粒子は、実験ごとに、ある場合は時計回り、また別の場合は反時計回りのスピンを持つのが観察される。ところが、弱い相互作用しかしない、捉えがたいニュートリノは、少なくともわれわれが知るかぎり、鏡面対称性を完全に破っている。ニュートリノのスピンは、常に一つの向きに決まっているのだ。

李政道は、一九五七年のロチェスター会議で、楊《ヤン》と共に行なった研究について説明したときに実際、このことをほのめかしており、ファインマンの注目を引いていた。以前、ファインマンが学部学生時代にテッド・ウェルトンと共に、まずはディラックの方程式を再現しようと躍起になっていたころ、彼は重要なことを見落として、電子のスピンが適切に加味されていない、はるかに単純な方程式を導き出してしまったことがあった。ディラックの方程式には電子の二種類のスピンと、その反粒子である陽電子の二種類のスピンに対応する、合計四つの成分があったのだ。

V・A相互作用の謎を解く——「全部わかったよ」

さて、ロチェスター会議が終わった今、ファインマンが気付いたのは、経路積分の手法を使えば、ディラックのものに似ているが、もっと単純な方程式を簡単に作り出せるということだった。成分は二つしかなかった。ファインマンは興奮した。なにしろ、もしも歴史が違っていたなら、彼の方程式が先に発見されて、その後その方程式から、ディラックの方程式が導出されていたかもしれなかったのだ。もちろん、ファインマンの方程式からは、結局はディラックのものと同じ結果が出てくることがわかった——ファインマンの方程式は、電子の一つのスピン状態と、電子の反粒子の一つのスピン状態を記述していたが、じつはもう一つ、よく似た方程式があって、こちらは残りの二つの状態を記述していたからだ。したがって、ファインマン方程式はほんとうの意味で新しいものではなかった。しかしそれは、新しい可能性を示していた。どうやら一つのスピン状態しかもっていないらしいニュートリノに対しては、彼の方程式のほうがより自然かもしれないとファインマンは感じたのだ。

だが、一つ問題があった。ベータ崩壊を起こし、ニュートリノを生成する弱い相互作用を記述するために、このようなタイプの方程式を数学的にきっちり当てはめて利用しようとすると、実験家たちが実験によって明らかにしつつあったこととは異なる結果が出てくるのだ。奇妙なのは、これらの実験結果は決定的なものではなく、しかも作用している力は一つだけだということとは矛盾しているという点だった。中性子、陽子、電子、そしてニュートリノ（あとの三つは、中性子の崩壊で生じる）の相互作用を表しうる、すべての異なる数学的形式を分類してみると、可能性は五種類になる。スカラー（Ｓ）、擬スカラー（Ｐ）、ベクトル（Ｖ）、軸性ベクトル（Ａ）、そしてテンソル（Ｔ）である。それぞれの数学的形式は、回転とパリティ反転のもとでの、相互作用の性質に対応している。つまり、それぞれの形式で表される相互作用は、性質が異なるのだ。弱い相互作用がパリティ対称性を破っているのなら、弱い相互作用には、少なくとも二つの異なるタイプの相互作用――それぞれがパリティに関して異なる性質を持っている――がなければならない。問題は、ベータ崩壊のいろいろな実験は、それはＳとＴ、あるいはＶとＴだと示唆していたのに、ファインマンの二成分方程式では、組み合わせはＶとＡでなければならないことだった。

ファインマンだけがこれらの問題を考えていたわけではなかった。ゲルマンもパリティの問題を深く追究し始めてから久しかったが、やはりさまざまな弱崩壊をなんとか統一したいと考えていたし、李《リー》と楊《ヤン》に先を越されたことは、おそらくファインマンよりもはるかに悔しがっていたのだろう。ファインマンは夏じゅう遊び回ろうと、また休みを取ってブラジルへ行ってしまったが、ゲルマンはカリフォルニアに残って研究を続けた。

だが、もちろんほかにも同じことに取り組んでいた者はおり、なかでも、E・C・G・スダルシャンという物理学者は、ちょっと気の毒なめぐり合わせに遭ってしまった。スダルシャンは当時まだ若手のインドの物理学者で、ロバート・マーシャクの元で研究するために、一九五五年にロチェスター大学にやってきた。マーシャクは一九四七年、それまでの実験は二種類の中間子が観察されているのではないかという見解を提案した。一つは、物理学者たちが以前からその存在を予測していた、強い相互作用を媒介する粒子、パイオン。そしてもう一つは、ミューオンという別の粒子だ。ただし現在では、ミューオンは、電子と同じレプトンという種類の、重い粒子であることが知られている。マーシャクはまた、タウ-シータ問題など、当時の素粒子物理学の重要な問題が徹底的に議論された、ロチェスター会議の創始者としても物理学者のコミュニティーでは有名だった。

大学院生のスダルシャンは、原子核物理学の完全な知識をすでに修得しており、とりわけ中性子のベータ崩壊に精通していた。パリティが保存されないことが発見されると、彼はマーシャクと共に現状の実験データを調べ、従来、中性子のベータ崩壊はSかTだとされてきたのは誤りに違いないと断じた。彼らは、ミューオンの崩壊も含め、すべての弱崩壊は弱い相互作用がV-Aの形式である場合にのみ統一される、ということに気付いたのだ。

マーシャクが司会を務めた一九五七年の第七回ロチェスター会議では、この結果をスダルシャンが発表することになっていた。しかしマーシャクは、スダルシャンはやはりまだ大学院生なので、会議の正式な出席者とすることはできないと判断した。そして、マーシャクは別のテーマで総括講演をすることになっていたので、自分が弱崩壊について話すわけにもいくまいと感じた。そのような次第で、物理学者のコミュニティーに向かって彼らの提言をする絶好の機会は失われてしまった。ミューオンが崩壊してパイオンになる過程――パイオンはその後弱崩壊して電子とニュートリノになる――に関するデータは、まだあまり信頼できなかったので、マーシャクはこの段階ではまだ決定的なことを言いたくなかったのかもしれない。

発表を先延ばしにしたマーシャクとスダルシャンは、夏のあいだに、そのときまでのデータを体系的に分析する仕事を完了し、弱崩壊は普遍的にV-A形式であると提案する論文を準備した（訳注：当時、ミューオンの崩壊、ミューオンの捕獲、そしてベータ崩壊という三つの現象はすべて、「普遍フェルミ相互作用」という一つの相互作用に支配されているという主張が複数のグループから出ていた。今日では、これは「弱い相互作用」と呼ばれている。マーシャクとスダルシャンは、「普遍フェルミ相互作用はV-Aでなければならない」と述べたのである）。秋にイタリアのパドヴァでマーシャクが発表する予定である。四つもの実験結果が誤りだということになってしまう、大胆な内容であった。この時期、マーシャクとスダルシャンはカリフォルニアのUCLAを訪問し、その際二人はゲルマンのところにも立ち寄った。ゲルマンは、二人がカルテックの実験物理学者、フェリックス・ベームとも面談できるよう手配してやった。ベームもV-Aの可能性を検討したこともあったが、一部のデータと合わないので、放棄してしまっていた。マーシャクとスダルシャンは、それらのデータの元になった実験は間違っていると思うと、ゲルマンとベームに説明した。それを聞いたベームは、自分の最近の実験で得られた結果も、V－Aに一致していると請け合った。

ゲルマンも、もしも弱い相互作用を統一的な一つの形式に書き表せるとしたら、V－Aこそが唯一理に適った形だと気付いていたが、不安げなマーシャクとスダルシャンに、これをテーマに論文を書くつもりはないと言った。ただし、執筆中だった、弱い相互作用についての長い総括のなかで、どこかの段落で言及するかもしれないと言い添えた。そして彼はバカンスに出発し、マーシャクとスダルシャンはロチェスターに戻った。

一方ファインマンも、やはり弱い相互作用を一つの普遍的なものにまとめることに躍起になっていた。おそらく、これは彼にとって、根本的な法則を発見する最後の望みだったのだろう。しかし、いろいろな実験のさまざまな結果が混乱した状況で、なかなか前へは進めなかった。パサデナに戻ってくると、ゲルマンは休暇を取って留守にしていた。そんなタイミングでファインマンは、ベームとゲルマンが、V－Aはやはり実験結果から要求される条件を満たしているのかもしれないと議論していたということを聞き知ったのだった。

それはファインマンにとって、勝利を告げる鐘が鳴り響いた瞬間だった。もしもそれがほんとうなら、ベータ崩壊に合致する、二つの項を持つ一つの単純な方程式でニュートリノを記述するという彼のアイデアが正しかったことになる！　このときのことを、彼はのちにこのように述べている。「その瞬間、僕は椅子から飛び上がって、『そうか、全部わかったぞ。全部わかったよ。明日の朝、君たちに説明するよ』と叫んだ……。みんなは僕が冗談を言っているのだろうと思った……。だが、僕は冗談なんか言っていなかった。僕は、それはSとTだという支配的な考え方からなんとしても解放されたかったんだ。というのも、僕が手にしていた理論では、もしもVとAが可能なら、VとAは正しかったからだ。なぜならそれはすっきりして美しかったからね」。ファインマンはたいへん興奮し、自分はV‐Aが弱い相互作用の普遍的な形式を生み出すことを理解した世界でただ一人の人間だと独り合点してしまった。実際彼は、そのように考える、彼特有のちょっと奇妙な理由があった。それはいつもと同じように、あの彼独自の経路積分形式を根拠としていた。彼らしからぬ素早さで、彼は論文を書き始めた。これは自然を記述する新しい理論への大きな希望だと、彼は思った。

そのうちゲルマンがカルテックに戻ってきて、ファインマンが自分のアイデアを提案する論文を書いていると知った。じつはゲルマンにも、V‐Aを支持する彼独自の理由があった。それは、「カレント」という、プロセスに参入したり、逆にそこから離脱したりする粒子に付随する電荷の流れを指す新しい概念の対称性に関わる要請である。ゲルマンは、マーシャクに約束したにもかかわらず、自分も論文を書かぬわけにはいかないと決断した。

学科長の仕事を辛いものにしてしまう、そんな場面の一つ（わたし自身、一二年間そんな立場にあって、何度も経験した場面だ）で、カルテックの物理学科長は、自分の最も優秀な部下二人が競いあうような論文を別々に出してはならないと断じ、二人に協力して一つの論文を書くようにと言った。驚いたことに、ファインマンとゲルマンはこれを承知した。

このファインマン‐ゲルマン論文は、不調和なスタイルが混ざり合った面白いものに仕上が、やはり傑作であった。式（ファインマンの、ニュートリノを表現する二項からなる方程式当時はあまりに技巧的で不自然だと思われたが、のちに有用であることがわかる）と、ゲルマンの、弱カレントに伴う保存量と対称性に関する優れた考察（何年か先に、ベータ崩壊を理解することに留まらず、広く有用であることが証明される）という、それぞれの最善のものが盛りこまれていた。

言うまでもなく、ファインマン－ゲルマン論文の噂は瞬く間に広まり、気の毒なことに、スダルシャンは、どんな講演や解説でもV－Aのアイデアがこの二人の巨星のものとして紹介されるのを黙って聞いているほかなかった。確かに、ゲルマンはこの論文のなかで、マーシャクとスダルシャンと議論したことに謝意を表すべきだと主張したし、折々にスダルシャンを支持する内容の手紙を書こうとした。また、ファインマンものちに、スダルシャンが誰よりも早くV－Aのアイデアを得ていたことは以前から聞かされていたと認め、そのあと、公にもそのように明言した。しかし、ファインマン－ゲルマン論文は何年にもわたって、このアイデアを論ずる人々がその出所として引用する唯一の文献として物理学の古典の地位を占め続けたのだった。

これは、ファインマンが一つのアイデアに駆られ、興奮して、それを自分自身のものとして発表したいとまで思った、彼の学者人生唯一の瞬間だったのかもしれない。おそらく彼は、これは自分の人生で最も誇り高い瞬間だと感じていたのだろう。彼自身はこのように語っている。「それは、自然がどういう具合に働いているのかがわかった瞬間だった。そこにはエレガンスと美しさがあった。すごいものが光り輝いていた」。

そしてそれは、見事な研究で、当時、素粒子物理学において最も優れた二人の人物ならやってくれるはずだと期待されたであろう、まさにそのような内容のものだった。ファインマンの主観的な評価とは相違して、驚天動地の発見ではなかったし、それどころか、意外な着想ですらなかった。また、何かの完全な理論だということもないのは確かだった（弱い相互作用の完全な理論が書き上げられるにはさらに一〇年を要し、また、その理論が受け入れられるまでには、その後なお一〇年がかかった）。だが、世界にとってそれは、一九五四年にゲルマンがカルテックにやってきて、ファインマンのそばで研究できるようになって始まったパートナーシップが実を結んだ成果と見え、また、その後もそこから偉大なことがさらに続いて起こると約束しているかのように見えた。《タイム》誌はこの二人を、アメリカの科学を先導する人々に数えた。「二人は黒板の前で、まるで高速回転する砥石から飛び散る火花のように、爆発的な勢いでさまざまなアイデアを生み出し、交互に相手が複雑な箇所をはしょっているのを見つけては額をこづいたり、壁の幅いっぱいほどの長い方程式の細かい点にけちをつけあったりしながら、離れた場所にある何かを的にして、それめがけてクリップを飛ばし、独創性を生み出す彼らの電池を充電している」。

だがしかし、これは美しいパートナーシップの始まりではなかった。二人の協力体制はむしろ終わりに近づいていたのだ。二人が協力したのは、そうせざるをえなかったからであって、この二人の天才は、互いに相手の能力と着想に対する敬意を失うことはなかったとはいえ、その後は、決して交わることのない道を歩み続けた。もちろん、互いに助言を求めあったり、自分のアイデアを相手にぶつけて反響を見たりはした。しかし、再び「宇宙の尻尾をねじり回す」ために協力することはなかった。まもなくゲルマンは彼の物理学への最大の貢献を果たし、ファインマンのほうは一〇年近くにわたって、まったく別のテーマに集中する。彼は素粒子物理学に戻るのだが、皮肉なことに、ゲルマンの数学的発明品であるクォークはほんとうに実在するのかもしれないと、世界に納得させる手助けをすることになるのであった。

第14章　気晴らしと楽しみ・喜び

いろいろなことを明らかにする喜びこそが、賞なのだ。

――リチャード・ファインマン

長年の負い目から解放されて……

ついにファインマンは、すばらしいアイデアを時機を逃《のが》さずに書き上げ、新しい自然法則を世界に最初に明らかにする人間にようやくなれたという満足感を味わった――それは勘違いだったことがあとでわかるのだが。ようやく、ゲルマンと共に注目を浴び、物理学の世界の中心にいるという状況を、大いに楽しめることになったのだ。

ゲルマンとファインマンの存在によって、カルテックは学んだり、共同研究したり、あるいはただ自分のアイデアを当代最高の二人の物理学者に見てもらい、その反応をうかがうだけのために、物理学者たちが訪れる場所となった。何人もの創造力に富む若き物理学者たちが引きも切らずやってきて学び、そこからすばらしい新世界を探し求めに再び旅立っていった。ファインマンは大学院生を指導したことはほとんどなかったが、ファインマンとゲルマンが同じところにいるという魅力は、学生とポスドク研究員の両方をカルテックに引き寄せるに十分で、そのなかには、未来のノーベル賞受賞者が大勢含まれていた。

ファインマンに予期せぬ注目をされて、驚いた者もいた。バリー・バリッシュは、当時はバークレーからやってきた駆け出しの実験物理学者で、その後カルテックでファインマンの同僚となるのだが、カルテックで初めてセミナーを行なったとき、ファインマンと顔を合わせ、おまけにそのあと彼から質問を浴びせられて、大いに感激した。最近のことだが、バリッシュはわたしに、そのとき自分がいかに自己満足し、自尊心をくすぐられたかを話してくれた。だがその有頂天な気分は、ファインマンはあらゆるセミナーに出席し、いつもたくさん質問をするのだとほかの人たちから聞いて吹き飛んでしまった——ファインマンがやってきても、なんら特別なことではなかったのである。

その一方で、カルテックは身のすくむ思いのする場所となることもあった。ゲルマンは、非公式な場ではよく辛辣になった。ファインマンにしても、めったにないことではあったが、誰かの研究について、少しもいいところがないと感じると、あからさまに軽蔑的な態度を取ったり、もっとひどい反応をしたりすることがあった。何が彼にそんな激しい嫌悪感を抱かせるのかは、いつもはっきりしなかった。ばかげたことに我慢ならないのは確かだったが、妥当なアプローチで、すばらしいかもしれないものでも、自分の嫌いなスタイルをまとったものには、はっきりと否定的な反応を示した。若手理論物理学者のスティーヴン・ワインバーグがカルテックでセミナーを行なって自分の考えを発表しようとしたときにどんな反応を受けたかが一例だ。ワインバーグは、のちに世界で最も尊敬され、最も熟達した物理学者の一人となる（また、弱い相互作用の完全な理論を作り上げ、弱い力と電磁力を統一したことによってノーベル賞を共同受賞する）のだが、全体像から細部に至るまで漏れなく検討した、細かく入り組んだ形式の解を追求することが多かった――これは、ファインマンがいつも取る方法とは正反対だった。これほど実力のある物理学者でも、ファインマンとゲルマンの二人から容赦なく質問攻めに遭っては、なかなか話を終えることもできなかった。

ファインマンが激しい怒りを感じる相手は、普通、物理学の何たるかを知らず、根拠のない主張――多くの場合、不十分な証拠に基づいた主張――をする輩《やから》に限られていた。ファインマンにとっては、何よりも物理学が優先であり、誰がそんな間違った物理学をやったかは問題ではなかった。わたしが直接知っている最も有名な例は、ノーベル賞を取る前のフレデリック・ライネスだ。彼は、一九五六年に行なった世界で初めてニュートリノの存在を確認した実験が評価されて、一九九五年にノーベル物理学賞を受賞した。この実験のあとも、彼は原子炉から生じるニュートリノについて研究を続け、二〇年近くものちの一九七五年に、原子炉から外に向かって飛んでいくニュートリノは、まるで振動するように、二つの異なる種類に交互に変化するという証拠をつかんだと発表した。ニュートリノには、確かにいくつかの種類がある。もしもライネスの言うことが正しければ、この結果は極めて重要だったたはずだ（のちに、ニュートリノは実際に振動することが発見されることになる――ただし、ライネスが主張したような振動の仕方ではなかったが）（訳注：ニュートリノが、異なる種類のあいだを行きつ戻りつするという「ニュートリノ振動」と呼ばれる現象は、一九九八年に日本のニュートリノ検出装置、スーパーカミオカンデで、宇宙線由来のニュートリノを観測することにより確認されたが、その原因はニュートリノのフレーバー量子数が変化することにあり、ライネスの提案とは違っていた）。ファインマンはデータを調べ、ライネスが主張した効果には裏付けがないことを示し、公の場でライネスにこの結果を突きつけた。結局ファインマンが、ライネスのこの誤った主張の息の根を止めてしまった。ライネスが一九五六年の発見を理由にノーベル賞を取ったのが、発見の四〇年近くもあとになってしまったことには、このような気まずい出来事があったことも影響していたのかもしれない。

いずれにせよ、一九五七年にゲルマンと協力して弱い相互作用に関する論文を発表したことで、ファインマンは長年抱えてきた心の重荷からようやく解放されることができた――物理学のコミュニティーにおける彼の評価は上がり続けていたのに、彼自身は自分のQEDに関する研究の価値について疑いを持ち続けていたのだ。彼は素粒子物理学への関心を失うことは決してなかったが、遠く離れたまったく別の分野に足を踏み入れて、自分の才能を違う土俵で試してみてもいいだろうという気持ちになったのだった。

三度めの結婚

ときを同じくして、彼の精神は、研究とはまったく別のところでもふらふらと道を逸れていた。また人間関係がもつれて収拾の付かない状態に陥っていたのだ。一九五八年、ロチェスター会議が初めてアメリカ国外で開催されることになり、弱い相互作用の物理学の概要について講演するために開催地のジュネーブに行くことになったファインマンは、カルテックのある研究員の妻と同行することにした。どうやら不倫相手だったようだ。しかもこのとき、また別の人妻との関係が無残な終わりを告げようとしており、相手の夫は損害賠償の訴えを起こす準備をしていた。結局、その騒動は収まり、捨てられた女はファインマンに、彼が一九五四年にアインシュタイン賞を取ったときの賞品の一つだった金メダルと、アーリーンが描いた数枚のスケッチを突っ返した。

ジュネーブでは、ファインマンは独りだった。というのも、相手の女性がスイスに行くのはやめにして、会議のあとイギリスで落ち合おうと考えたからだ。湖の岸辺で、彼は二四歳の若いイギリス人女性、グウェネス・ハワースに出会った。彼女は、オペア（訳注：外国の家庭にホームステイし、そこで家事手伝いを行なうことで報酬を得、現地の学校に通うという形式の留学）をしながら世界各地を旅して回っており、そのときは少なくとも二人のボーイフレンドがすでにいたので、その意味ではファインマンとはおあいこだった。はたしてファインマンは、その夜彼女をクラブに誘った。しかし驚いたことに、ジュネーブを発つ前に、彼はグウェネスにアメリカに来て、メイドとして自分のために働いてくれないかともちかけ、それに必要な入国手続きも手伝うと言った（彼がこのあとロンドンにいる別の愛人に会いに行ったかどうかは記録に残っていない)。もちろん、この手の話はそうすんなりと決まるものでもないし、ファインマンは別れた人妻との関係の後始末にもまだかかずらっていた――この女性とは結婚まで考えていたこともあった――一方で、グウェネスはグウェネスで複数の相手と恋愛関係にあって、アメリカ行きについてはころころと考えを変えた。このようなわけで、二人のあいだに惹かれあうものがあったのは間違いないが、ファインマンが、あるいはグウェネスが、この状況をどんなふうに考えていたのか、ほんとうのところはよくわからない。

こういう状況を考えると、四〇歳の男が、二四歳の女性が自分と同じ屋根の下で暮らすために入国するのを手伝うというのは、よくても人目には不適切に映るだろうし、最悪違法なことかもしれないとファインマンが気にしだしたので、彼の同僚で、マシュー・サンズという名前の、明るく自由奔放な実験物理学者が自分の名前で必要な書類を作成してくれた。最初の申し出から一年以上経っていたが、とうとう一九五九年の夏、グウェネスはパサデナにやってきた。そして、間違いなく孤独な独り身の男の家だったものを、家庭と呼べるものに変えるために手を貸してやったのだった。ほかの男性とデートしているときは――そういうふりをしていただけなのかどうかはわからない――、この仕事も断られてしまった。しかし、やがて彼女は、社交的な行事にファインマンと一緒に顔を出すようになった。ただし、体面を保つために、帰るときは一緒ではなく別々にしていたが。彼女がやってきて一年と少し経ったころ、ファインマンは彼女に結婚を申し込んだ。

これは、B級映画にふさわしいような話で、とても実際にあったこととは思えないし、ファインマンのいかにも軽はずみな行動はどう考えても、彼が持ったほかの多くの関係がそうだったように、悲惨な結果に終わると思われた。ところが、そうはならなかった。二年後、二人には息子のカールが産まれ、おまけに犬も一匹やってきた。リチャードの母も、ファーロッカウェイを離れて近くで暮らすようになった。彼は同僚で共同研究者のゲルマンがイギリス人の新妻と住んでいる家のそばに新居を購入した。ファインマンは家庭的な男になった。その後彼とグウェネスは、もう一人子どもを養子にした。ミシェルという娘である。そして彼が亡くなるまで幸福な結婚生活を送った。

ファインマンの個人生活はようやく落ち着いたが、考えてみれば、それ以上混乱するのは不可能な状況だったのかもしれない。しかし、彼の精神はまだ落ち着かなかった。彼は別の分野に進出しようと考え、彼の友人で、物理学から生物学へ転向し、のちにノーベル賞を受賞するマックス・デルブリュックにそそのかされて、遺伝学に手を出した。だが、長続きはしなかった。

弱い相互作用については、ゲルマンと共同研究を続け、セミナーでは相変わらず彼をからかっていた(やりとりは徐々に辛辣さを増していったようではあるが)ものの、ファインマンの心の在り処《ありか》はこの研究でもないようだった。二人は、ある不可解な実験結果を説明するためには、二種類の異なるニュートリノが存在すると考えねばならないかもしれないと思い付いた。ところがファインマンは、このテーマに興味をなくしてしまい、論文を書き上げようとしなかった。その後まもなく、レオン・レーダーマン、メルヴィン・シュワーツ、そしてジャック・シュタインバーガーが、実際にそうであることを実験で検証し、それによってノーベル賞を獲得した（訳注：三人は一九六二年、陽子加速器を使った実験で、電子ニュートリノとミューニュートリノが別の粒子であることを証明している）。また別の論文については、ゲルマンを含む数名の同僚に、協力すると合意したのに、前刷りが送られたあとになって、出版前に自分の名前を削除してくれと懇願し、結局それが聞き入れられた。

新たな熱中の対象――『ファインマン物理学』の誕生

一九六一年、ファインマンの創造的なエネルギーをまったく新しいかたちで開花させ、ファインマンを物理学のコミュニティーのみならずその外側でも、新しい高みへと一気に押し上げる一因となった、めったにないような機会が訪れた。それは、新しい自然法則を発見したというようなことではなくて、物理学を教える新しい方法を発見したことによるものだった。

カルテックの学部学生は、二年間の初級物理学の講座を取らねばならないことになっていたが、このような講座の常で、内容は期待はずれだった。とりわけ、高校の物理に夢中になったあと、相対性理論や現代物理の不思議な世界を学びたくてうずうずしており、斜面を転がるボールの研究から始める気などさらさらなかった、最も優秀な学生たちにとってはまったく幻滅でしかなかった。このことを、もうかなりにわたってファインマンと議論していたマシュー・サンズの強い勧めで、まず物理学科が、そしてついに学科長のロバート・バッカ

――ファインマンとゲルマンに、いわば強制的な協調関係を結ばせた張本人――が、この講座を刷新することに決めた。これもまたサンズの提案で、ファインマンが初級講座のはじめから終わりまで全授業をとおして、一つのクラスを受け持つことが合意された。ファインマンは、教え方のうまさで定評があったわけではなかったが、コーネル大学で彼が書いた授業報告書はひじょうに優れており、彼がその気になったときには、解説に比類ない才能を示すことで内輪では有名だった。彼の驚異的なエネルギー、気さくな態度、物理学の直観、ロングアイランド訛《なまり》、そして生まれ持った才気が、どこで演壇に立とうが、聴衆を惹きつけて離さないオーラとなって彼から発散した。

ファインマンはこの困難な仕事を引き受け、その後も学生のための講座をいくつか担当した。彼は生涯のすべてを、物理法則の体系全体を自分の頭のなかで構築しなおす仕事に捧げてきた。子どものころから、自分自身で理解するときのわくわくする感じに駆り立てられてきた。今や、彼の頭のなかにあるその描像を外に出してほかの人々に見せてやるべきときが来たのである（わたしがこの箇所を書いたあとで、マシュー・サンズの回想記を読み通していたときに、彼はこれとほとんど同じ言い回しを使って、ファインマンにそのクラスを教えるよう説得したということがわかった）。最先端の物理学のみならず、わたしたちの物理学についての理解の核心をかたち作る最も根本的な考え方にさえも、ファインマンは自分の刻印を押すことができたのだ。続く二年のあいだファインマンは、戦争以来ほかの何にも注いだことのないほど集中的な創造力のエネルギーを、自分の講義を計画することに捧げたのであった。

完璧なタイミングだった。この時期にこんな活動に時間とエネルギーをあてることができた理由の一つは、さすらいを求める彼の心が鎮まっていたからだ。結婚して落ち着き、家庭生活も安定したので、彼は自分自身の必要や欲望にそれほど意識を集中させなくてもよくなり、孤独を覆い隠すために冒険を求める動機も弱まった。そして、もっと重要なことに、物理学の基礎への入門コースをまったく新しいものとして作り出し、その概要を描き出すに必要な期間、一つ所に腰を据えることができるような状況だったのだ。彼は、自分が個人的に世界をどのように理解していたかのみならず、それを学びたくなるほど彼を夢中にさせたものは何だったのかも、他人に示すことができた。物事のあいだに今までになかった新鮮な結びつきを作ってみせる――これこそ、物理的な宇宙の謎を解き明かすことに取り組む科学の本質と言える――能力が、彼の真骨頂だった。彼は、わくわくするような最先端の謎に学生たちをサッと連れていけないものかと考えたが、同時に、それらの謎のすべてが難解で、選ばれた者にしか解けないというわけではなく、その多くがオートミールを煮るとか、天気や、管を流れる水の振舞いを予想するなどといった、実際の現象に結びついていることも示したかった。

彼は毎日、学生たちが来る前に教室に入り、毎回、古典力学から、電磁気学、重力、流体、気体、化学、そして最終的には量子力学に至るまでのすべてについて、まったく独創的な講義を彼らに聞かせようと準備万端整えて、にこにこしながら待ち構えていた。実演を見せるための巨大なデモ・テーブルの後ろや大型黒板の前を行ったり来たりしながら、大声で叫んだり、顔をしかめたり、聴衆を持ち上げる甘い言い方をしたり、ジョークを飛ばしたりした。こうして、講義が終わるまでに必ず、黒板一面にびっしりと書き込み、そして、今日の授業で議論する予定として最初に提示しておいた、互いにつながりあっている一連の概念や考え方を、もれなく示し終えるのだった。こうやって彼が示したかったのは、たとえ彼らの知識が足りなかったとしても、必ずしも十分な理解に到達できないというわけではない、懸命に努力すれば一年生であっても、最近発見されたばかりの現象のいくつかを、詳細に至るまで探ることができるということだった。

彼は何よりも、理解に至るための指針、あるいは、彼がときどき「当惑した人々のための導き」と呼んだもの（おそらく、一一世紀の哲学者、モーシェ・ベン＝マイモーン〔訳注：「マイモーン」は、ヘブライ語の表記で、ラテン語表記の「マイモニデス」で呼ばれることも多い。『迷える人々のための導き』という著作がある〕の名高い小論文の表題を借用したのだろう）を示したかった。彼はこのように述べている。

わたしはこれら〔の講義〕を、クラスのなかで最も聡明な者に向けて語り、そして、それが可能な箇所では、最も聡明な学生でさえも、講義のなかで示されているすべてを完全に把握することはできないような内容にしました——本筋から離れたさまざまな方向へ、個々の考え方や概念をどう応用するかにまで漠然と話を広げたりすることで。しかし、このためにわたしは、すべての発言をできるかぎり正確にし、あらゆる場合に、方程式や概念が物理学全体のなかのどこにはまり込むのか、そして、――学生たちが多くを学んだ段階に達したら――あれやこれやがいかに違って見えてくるかを指摘するように、懸命に努力しました。そしてまた、そんな段階に達した学生たちには、――彼らが十分賢明な場合には――何が以前に述べられたことから推論して理解でき、何がまっさらな新出事項なのかを示してやることが重要だということも感じました。

高揚感のなかにあって、彼は物理学をそれ以外の科学とも結びつけ、物理学が孤立した学問ではないことも示したかった。彼は色覚の生理学や、自分が学生時代にのめりこんだ機械工学を紹介し、そしてもちろん、自分自身で行なったさまざまな発見についても解説した。何かすごいことが起こっているぞと物理学科が気付き、ファインマンは大きな支援と励ましを受けた。彼は毎週、マシュー・サンズとロバート・レイトンの監督のもとで、初級コースを担当しているほかの教授たちと打ち合わせをし、学生たちの理解を助けるために、設問に取り組ませる時間や復習授業を計画した。ファインマンは教科書などまったく使わずに教えていたので、このような打ち合わせが欠かせず、コース担当の教師や助手たちは、自分たちが落ちこぼれないように、そして、ファインマンが行なっているものをより多くの学生にわかりやすいよう補って、講義として磐石《ばんじゃく》なものにするために、終日働かねばならなかった。

まもなく、カルテックの大講義室で何が行なわれているかが噂になって広まり、受講していた学部学生の多くが怖気づき圧倒されて出席しなくなっていった一方で、大学院生や教授たちが、聴いてみようと次第に集まってきた。おそらくカルテックのような学校でなければ起こらないことだろうが、多くの学生が最後の試験で合格できなかったにもかかわらず、物理学科はファインマンに二年めもこのコースを教えてくれと頼んだ。

ファインマンの講義は録音もされて、サンズがほかの同僚たち、主にはレイトンと協力して文字に起こし、編集した。そして最終的に、「赤本」と呼ばれる全三巻の教科書が全世界に販売されることになった。近代になって以降、物理学の基本原理の知識基盤全体と、その提示の仕方を、これほど網羅的かつ個人的に一から作り変えて、再編成した者はそれまでなかった。これが題名に反映されて、この三巻セットは『ファインマン物理学』と呼ばれている（訳注：岩波書店から刊行されている邦訳版は、五巻構成となっている）。

これには重大な意味がある。これによって、一人の科学者にほかにはない特別な地位が与えられたのであり、わたしは、少なくとも物理学の世界において、そのような扱いをすべきではないかと検討されたことのある人物をほかに知らない。ファインマンは物理学の象徴的存在になろうとしており、教科書につけられたこのタイトルは、講義の内容がどのようなものかという証《あかし》であるばかりか、物理学の世界でファインマンが占めつつあった特別な地位の証でもあった。

このコースは結局、成功半分、失敗半分に終わった。カルテックの学生といえども、受講した学生たちのうち、すべての内容についていくことができた者はごくわずかだった。しかし、この講義に出席できる幸運に恵まれた者たちは、そこで学んだものが自分の精神のなかで時が経つにつれて熟成していくのを味わった。かつての受講生の多くが、それは生涯で最高の体験だったと言っている。ノーベル賞受賞者のダグラス・オシェロフがのちに述べた次のような言葉は、彼らの賛同するところだろう。「あの二年連続の講義は、わたしが受けた教育のなかで、とりわけ重要なものでした。すべてを理解したとはとても言えませんが、わたしの物理学的直観を大いに研ぎ澄ませてくれたと思います」。

実験台にされたカルテックの学部学生たちは辛い思いをしたかもしれないが（サンズはそのような意見に異議を唱え、ほとんどの学生がある程度のレベルでついていったと主張した）、『ファインマン物理学』は、物理学者になろうというすべての人間にとって必携の書となった。わたしも、学部学生時代に自分用に一組買い求め、毎回ほんの少しずつ読んで、いつの日かすべての内容をほんとうに理解することができるのだろうかと訝った。また、わたしが習っている教授の誰か一人がこれを教科書に使ってくれないだろうかと願った。おそらくわたしにとってはよかったのだろう、誰もこれをテキストにはしなかった。実際にそれを試してみた人のほとんどが、期待はずれの試みだったと感じたのだ。平均的な物理のクラスには内容があまりに高度で、また、あまりに革命的だったのである。

それにもかかわらず、この本は今なお出版され続け、二〇〇五年には新訂版が登場し、そして毎年、新しい学生の一団が買い求め、ページを開き、まったく新しい世界を経験し始める。

　しかし、ファインマン、サンズ、レイトンには残念なことに、印税はすべてカルテックに支払われ続けた（カルテックが後年、講義の一つを本と録音テープのセットとして販売したのに対し、ファインマンの家族が、その講義に対する権利を巡ってカルテックに訴訟を起こしはしたが）。ずっとあとになってファインマンは、物理学者の友人で著書ものしているフィリップ・モリソンと、お互い物理学の巨人と呼ばれたことを、「われわれは物理学の巨人で、商売の小人、というわけかね？」と嘆きあった。

繰り込みでノーベル賞に

　ファインマンがこのコースを教えるという経験をしたのは、ちょうど彼が一般市民に向けてさまざまな活動を立て続けに行なうようになって、彼のカリスマ的なスタイルが、物理学のコミュニティーという狭い世界をはるかに越えて、大きな反響を起こし始めていた時期のことだった。すでに一九五八年には、ファインマンはワーナー・ブラザーズが制作していたテレビ番組のアドバイザーを引き受けており、この制作に関するある手紙には、ファインマンが広く市民に物理学を伝えようとして重ねてきた経験と、彼の哲学がよく表れている。「映画人たちはエンタテインメントのことには精通しているが、科学者たちはそうではないので、映画人たちのほうがこういった内容をどう見せればいいかをよく知っているという考え方は、間違っています。すべての映画が証言するように、彼らはアイデアを説明した経験などまったくありません。しかし、わたしにはあります。わたしは、一般市民の聴衆に対して、物理学の講演をすることには長けています。エンタテインメントにほんとうに必要な仕掛けとは、興奮、ドラマ、そして、テーマが孕む謎です。人々は何かを学ぶのが大好きで、それまで決して理解したことのなかった何かを、ほんの少しだけ理解させてもらうことで、心の底から楽しむのです」。

ちょうどそのころ彼は、わたしの記憶では彼の初めてのテレビ・インタビューにあたるものにも出た。これは、グウェネスがアメリカにやってくる少し前に放映された。彼はテレビ出演することに興奮していたようで、彼女に、「君が二週間早く来られるなら、君にしてあげられることがたくさんあるんだが――僕はテレビに出ることになってるんだ。六月七日に、ニュース解説者とのインタビューが放映されて、視聴者からのたくさんの手紙に僕が答えるんだ」と知らせている。このインタビューは、最近行なわれているようなものと比べ、質も知的な深さもはるかに優れた傑作と呼べるものだが、一部、宗教について率直な議論がなされている箇所があったため、テレビ局は予告していた放映時間帯を変更することにした。おかげでこれを実際に見た人はとても少なくなってしまった。

彼がアドバイザーを引き受けた《時間について》というタイトルのテレビ番組は、ようやく一九六二年になってNBCで放映された。視聴者からは大きな反響があり、一般市民のあいだでファインマンの信用はますます確かなものとなっていった。専門家でない聴衆相手の講演を見事にこなすファインマンの能力が評価されて、彼はコーネル大学で行なわれる、権威あるメッセンジャー講演の演者として招待された。七回にわたって行なわれたこの講演は有名になり、『物理法則はいかにして発見されたか（The Character of Physical Law）』というすばらしい本にまとめられた（この本こそ、物理学にもっと興奮を感じられるように読んでごらんと、わたしが夏期講座で物理の先生から薦められた本だった）。この講演は録画もされ、最近、ビル・ゲイツがこの録画フィルムに対する権利を買い取り、インターネットで無料公開している（ゲイツは、自分が学生時代、ハーバードを休学してしまう前にこのビデオを見ることができていたなら、自分の人生は違っていたかもしれないと言った）。この映像は、いたずら好きで、頭の回転が速く、すぐ興奮し、カリスマ性があり、エネルギッシュで、そして、ナンセンスなことを許さない、実際のファインマンをほかのどの録画も文書も比べ物にならないぐらい見事に捉えている。

一九六五年一〇月二一日、ついにファインマンは、「聖者の列に加えられ」、科学者たち、そして一般市民たちのあいだで、彼の地位は永遠に固められた。彼は、朝永振一郎、ジュリアン・シュウィンガーと共に、彼らの「素粒子の物理学に深く刻み込まれる影響を及ぼした、量子電磁力学における基礎的な研究」によって、一九六五年のノーベル物理学賞を受賞したのである。ほかのすべてのノーベル賞受賞者と同じく、ファインマンの生活はがらりと変わってしまい、彼はこれによる影響を憂慮した。注目を浴びることを楽しんでいたのは間違いないが、彼はそもそも虚飾と仰々しさは大嫌いで、子どものころ父親を見て自然に身につけた考え方から、敬意だけから与えられる称号には徹底的な不信感を抱いていた。彼は自分の考えのとおりに行動した。青年時代、ＭＩＴを卒業しようとしていたころ、名誉学位はすべてばかばかしいと確信し――というのも、名誉学位を贈られたものはみな、彼が自分の学位を獲得するために しなければならなかったほど勉強しなかったのだから――、自分に申し出られた名誉学位はすべて断った。一九五〇年代、彼は誉れ高い全米科学アカデミーの会員に選出された。これは、多くの科学者にとって、同僚から最大の尊敬が得られる嬉しい地位だ。しかしところがファインマンは一九六〇年から科学アカデミーを脱退しようと動き始めた。しかし一筋縄ではいかず、長い年月がかかることになった。退会の動機は、アカデミーの一番の目的は、誰が「入る」ことができて、誰が「値しない」かを決めることにあると見極めたことにあった（この何年かのちに起こったことは、有名な逸話となった。カール・セーガンが入会を断られたのだ。多くの人が、その原因の少なくとも一部は、セーガンが科学を一般市民に広めようと努力してきたことにあると考えている）。ファインマンは、科学アカデミー会員という事実を、彼の栄誉のリストに挙げるのをやめた（たとえば、NBCテレビの人たちに、一九六二年のテレビ番組の人物紹介から削除するよう求めた）が、アカデミーの当局者たちが彼の脱退を公式に発表するまで一〇年かかった。

ファインマンがどれだけ本気だったかはわからないが、これと同じ理由で、ノーベル賞も辞退しようかと一瞬考えたと、のちに彼は書いている。スウェーデンのアカデミーの誰かが、彼の研究が十分「高貴だ」と考えたとして、誰も気にかけまい、というわけだ。広く知られているように、「いろいろなことを明らかにする喜びこそが、賞なのだ」と、彼は言っているのだから。しかし彼は、辞退すれば素直に受賞する以上に注目を浴びてしまうだろうし、自分はノーベル賞には「もったいない」と思っているという印象すら与えかねないことにすぐに気付いた。そして、ノーベル委員会はやり方を変えて、受賞者に事前にこっそりと決定を通知し、彼らが静かに引き下がれる十分な時間を与えるべきだと主張した。ファインマンによれば、このように考えているのは彼だけではなく、彼のヒーローのディラックも、自身が受賞したときに同じように感じたという。

懸念を感じた一方で、ノーベル賞を獲得したことによって、自分がある程度の是認を受けたとファインマンが感じたのも確かだ。そして、彼の学生だったアルバート・ヒッブスが述べたように、仮にノーベル賞を取っていなかったとしたら、彼はおそらく、はるかにいやな気分を味わっていたことだろう。それに、ノーベル賞やほかの表彰が名声をもたらしたのを少しは喜んでもいた。というのも、おかげで以前よりも思い通りに行動しやすくなったからだ。

いずれにしても、公式行事で何か粗相をしでかすのではないか——お辞儀の仕方やら、フォーマルな衣服の着こなしやら、スウェーデン国王の前で、後ずさりする歩き方やらで失敗しないか——と、ひどく神経質になっていたにもかかわらず、ファインマンは頑張り通し、式典に出席し、すばらしいノーベル講演を準備し、QEDの無限大を制御する方法を発見するに至るまでの、彼以外の者には歩めなかったに違いない道を披露した。これについては、彼は一九六五年になってもなお、自身が先頭に立って推進した繰り込みの手法は、無限大の問題をじゅうたんの下に掃きいれて隠すだけの手段であり、本質的な解決ではないと感じていたのであった。

ノーベル賞の授与には、ノーベル氏の遺書に含まれる恣意性のためにしばしば持ち上がる問題がある。彼は、どの分野の賞も、三人までしか同時に受賞できないとしたのである。ファインマンの受賞時には、シュウィンガー、フリーマン・ダイソン、朝永振一郎の誰もが、賞を分かちあうにふさわしかったことは明らかだった。それなのに、どうしてダイソンは受賞しなかったのだろう？　ダイソンはQEDの微妙な方程式を導き出す、一見まったく違うと思える、ファインマン、シュウィンガー、朝永それぞれによる三つの方法がじつは等価であることをいとも巧みに示し、どうすれば適切な計算ができるかを物理学の世界全体に教える指針を事実上提供することによって、それを徹底させた。覚えておられると思うが、ダイソンはファインマン本人が自分ではまだ論文を書いてもいないうちから、ファインマンが得た結果を自分の論文のなかで宣伝した人物でもあった。さらに、ファインマンの方法はその場しのぎのものではなく、ほかのアプローチに比べても、同等に十分な根拠があり、より直観的な物理学であり、しかも、より単純であることを世界に説明することに大きく貢献もした。したがって、ファインマンの手法を、最終的に根付いて成長する方法として確立させると同時に、世界がQEDを理解するのを助けたのは、ダイソンだったのである。

ダイソンは、仮にノーベル賞を取っていないことで悔しい思いをしていたとしても、それを口にしたことは一度もない。実際、彼の思いはまったく逆である。彼が後年述べたこんな言葉にそれが表れている。「ファインマンが大発見をし、わたしはほんとうに、ただそれを宣伝しただけです。この仕事で自分が担った役割に対しては、十分な報酬を受けました——ここ、高等研究所ですばらしい仕事をもらえたし、しかも生涯その地位にいられるわけですから、文句を言うようなことなど何もありません！　いえいえ、あれはまったく正しくて適切だったと思います。ファインマンに与えられたものこそ、これまでで最もふさわしいノーベル賞だと思いますよ」。

第15章　宇宙の尻尾《しっぽ》をねじり回す

とんでもないことをするための、正しいアイデアが浮かんだみたいだ。

――リチャード・ファインマン

よき家庭人、そして啓蒙者

一九五七年から一九六五年にかけての年月は、リチャード・ファインマンの人生が徐々に転換していく移行の時期だった。個人生活では、漁色家だったのが、夫として、また父として家庭的な男となった（とはいえ、冒険を求めるのをやめることはついぞなかった。今やしばしば家族と共に冒険を求めるようになったのであった）。仕事の面では、要は自分が今楽しむために、物理学の最先端で懸命に働いていたのが、長年自然について考えてきたなかで獲得した叡知を世界に還元し始めた（自分が得たものを彼が叡知と呼んだりすることは決してしなかったであろうが）。

ちょうど同じ頃彼は、最も有名で、最も聴衆を引き付けられる物理の解説者・教師の一人となり、また、ある意味、物理学の良心となった。彼は常に、同僚や一般市民が、科学とは何であるか、そして何が科学ではないのか、科学を学ぶことでどんな興奮が経験できるか、そして、科学が示している兆候の過剰な深読みや、根拠のない主張や、あるいは、科学との接点を失ってしまうことによって、どれほどナンセンスなことになりうるかを見失うことがないように気を配り、確実にそうであるように、できるかぎり力を尽くした。彼は、科学には学問としての誠実性が必要であると強く感じ、そして、このことがもっと広く理解され実行されていたなら、世界ははるかにいい場所になるはずだとつくづく思っていた。

これはなにも、ファインマンの人格がどこか根本的なところで変化したという意味ではない。彼は物理学のあらゆる側面に深い興味を抱き続け、つい今しがたわたしが述べたように、冒険を求め続けたが、求める冒険の種類が以前とは変わっただけのことだった。妻と異国を旅したほかに、昇華と呼べるであろう二つのことを新たに行なうようになった。一つめは、ほとんど毎日、パサデナのストリップ劇場に行って計算をすることだ。計算がうまくいかなくなったら、いつでも女の子たちを見つめることができるというわけだった。二つめは、絵を描いてみたいという長年の望みを、やはり長年にわたる、彼の求めに快く応じて裸体になってくれる女性たちへの関心と結びつけた活動だ。実際彼は、この活動にはかなり熟達したが、これは考えてみると少し皮肉な感じがする。というのも、彼は若い頃、音楽と絵画をあざ笑っていたのに、中年になるまでに、その両方を自分でやるようになったからだ。同じく逆説的に思えるのが、一九六〇年代に、そのころ新たに興《おこ》って流行になったニューエイジ運動にものめりこんで、エサレン研究所をはじめ、さまざまな施設を訪問し、景色を楽しむと同時に、参加者たちが、自分がそれまで固く信じていた、ファインマン呼ぶところの、「いかさまな」御伽噺から解放される機会を共有するのを喜んだ。おそらく、裸での水浴びの魅力や、このような場所以外では会うことなどありえない、まったく異なる類《たぐい》の人々と交流することの刺激が、量子力学などの物理学の概念を都合よく曲解して、ニューエイジ運動にありがちな、「何をやっても許される」という主張を正当化する連中など許せないというファインマン本来の気持ちに勝《まさ》ったのだろう。

学者生活においては、名声が上がるにつれ、彼は自分の時間を積極的に守るために動いた。彼は、たくさんの管理責任を背負わされる、伝統的な意味での「偉大な人」には絶対になりたくなかった。そういう責任が押し付けられそうなときには、できるかぎり避けた。彼はまた、ノーベル賞を取ったあとジュネーブのCERNを訪問したときに、ヴィクター・ワイスコップに、自分はこの先一〇年、「責任ある地位」を占めたりはしないと請け合っているところをわざわざ録音までした。この「責任ある地位」とは、「その立場の性質上、その立場にある人間に、自分がまったく理解もしていないような、特定の行為を実行せよとの他者の指示を受けざるをえなくなる地位」である。言うまでもなく、彼はこの言葉を守った。

独創、新奇よりも自分の見出した正しいものを

ますます名声が上がっていくものだから、過去には彼のためになったもう一つのこだわりを、やはりこれからも続けていこうという意を彼は強くしたが、それは長期的には、先頭に立って新しい物理学を発見していくことにおいて、より大きな成功をもたらしたかもしれないものをふいにしてしまった。彼は、新しい道を切り開くには、ほかの人々がやっていることの多くを無視し、とりわけ、「最新の問題」には注目しないようにすべきだという確信を一層強めていったのだった。

物理学もつまるところ人間の社会的活動であり、どんなときにも、何が「ホット」なのか、そして、新しい洞察に至る可能性が最も高いのはどの方向かについて、共通認識があることが多い。この、みんなして流行を追い求める傾向を問題視する向きもある。この二五年間、物理学のコミュニティーのほとんどが、数学的には魅力的だが、経験世界とは直接の接点がまったくない一連のアイデアである弦理論に夢中になったが、その熱狂に勝《まさ》ったのはこれまでのところ唯一、弦理論が自然について何を予測しうるかを巡ってますます深まっていく混乱だけである（そうはいっても、このような現状にもかかわらず、弦理論の数学は、もっとオーソドックスな物理学において、計算をどのように行なうかやその結果をどう解釈するかについて、興味深い洞察を多数もたらしている）。

似たような興味を持った人間からなるグループが、同じようなことに興奮するのは当然だ。そして結局、科学における流行にはあまり意味はない。というのも、第一に、どんな活動も、科学以外のどんな分野におけるよりも早く、その欠点と美点の両方を露呈せざるをえないし、第二に、自然が正しい方向を示し始めるや否や、科学者たちは、沈み行く船から飛び降りる——海で嵐に遭ったネズミたちよりも早く——からである。

科学が健全であるためには、すべての科学者が同じことに飛びつかないことが大切で、これこそファインマンが、ほとんど脅迫観念と言えるほどまでに注意を集中した点であった。彼は才能に恵まれ、何でもできたので、必要があれば、ほとんどすべての歯車を一から発明しなおすことができたし、その過程で改良までしてしまうことも多かった。とはいっても、歯車を発明しなおすには時間がかかり、その苦労が報われることはめったにないことも確かである。

彼はこの道を進むことができただけではなかった。そうせねばならないと、しばしば感じたのである。これは強みであると同時に弱みでもあった。彼は、彼自身の方法を使って第一原理から自分で導き出したものでなければ、どんなアイデアも絶対信用しなかった。これは、彼は夥《おびただ》しい数の概念を、ほとんどの人よりも、はるかに深く徹底的に理解していたということ、そして、彼がたくさんの秘密の技を知っていて、さまざまな種類の問題に、魔法の解決策を選んで使うことができたということを意味している。だがそれは同時に、彼自身の研究に新しい光を当てて、彼が一人で行けたよりもはるかに遠くまで導いてくれることもありえた、ほかの研究者たちによる新しい進展には注意を払っていなかったという意味でもあった。

卓越したハーバードの物理学者で、ひじょうに尊敬を集めているシドニー・コールマンは、一九五〇年代、カルテックで学生としてゲルマンの指導を受け、学者人生を通してファインマンと関わってきたが、彼はこのように言っている。「ディックは、それを美徳であり高貴なことだと考えていたに違いありません。しかし、わたしはそうは思いません。それは、自分に都合のいいように考えているだけだと思います。ほかの連中にしたって、馬鹿の集団ではありませんから……実際、とても独創的な人で、偏屈でもないのに、肝心なときに、正しくあることよりも独創的であることにこだわったがために、すばらしい物理の成果をあげられたはずなのに実際にはそこまで行けなかった人間をわたしは何人も知っています。ディックは多くを自分のものにすることができたはずでした。なにしろ、彼はおそろしく頭が切れましたからね」。

実際、ファインマンは多くを自分のものにした。だが、ときどき、新しい道を見出すのではなくて、踏み均《なら》された古い道を進んでそれをさらに延ばすことに合意していれば、もっと多くを成し遂げられたのだろうか？　それは決してわからないだろう。しかし、彼が一九六〇年ごろからそれ以降に科学に果たした貢献を率直に評価すると、いくつかの傾向が繰り返し現れているのがわかる。彼は、新しい領域を探っては、そこで使える極めて独創的な数学手法を創出し、また、その分野の物理学の洞察を新たにもたらした。これらのものは、その後ほかの者たちが成し遂げる重要な展開――やがては、たくさんの大発見につながり、実質的に現代理論・実験物理学のほとんどすべての領域を推進した展開である――に大いに貢献した。これは、彼の凝縮系物理学の研究から、わたしたちが共有している弱い相互作用と強い相互作用の理解、現在の量子重力や量子コンピュータの研究に至るまでの広い範囲にわたる。だが、彼自身は、発見をすることもなければ、賞を取ることもなかった。この意味で、彼は現代の科学者ではほとんど並ぶ者のないほど物理学を前進させ、新しい研究領域を拓き、鍵となる洞察をもたらし、それまで何もなかったところに関心を引き起こしたが、後方、あるいは、せいぜい側面から指揮をとるという傾向があった。

このことを彼が気にかけていたかどうかはわからない。本書でもすでに触れたように、彼は生まれつき目立ちたがり屋ではあったが、結局のところ、独創的であるよりも正しくあることを重視していたのであり、もしも彼の研究が他者を導いて彼らに新しい真実を発見させたのなら、彼は長いあいだ彼らの結果を疑っただろうが、最終的には暗闇のなかで明かりを提供できたという満足が、彼に深い喜びを与えたのだった。そして、主流の物理学者たちが近づかない困難な問題に焦点を当てることで、彼はそのような明かりを提供する可能性を高めたのである。

量子重力理論への挑戦

ファインマンが、踏み均された道を初めて逸れて新しい領域に足を踏み入れたとき、彼が一九六〇年ごろから抱き始めた、重力の量子理論を構築するにはどうすればいいかを理解したいという願望も大きく関わっていた。彼がこのテーマに興味を持つのも十分な理由があった。第一に、確かにこのような理論を創りあげようという取り組みはそれまですべて失敗に終わっていたが、ファインマンは、まだほかの学者たちが窮境を打開できずにいたうちに、電磁気学の一貫性ある量子理論を構築することに成功しており、彼はQEDでの経験が、何か有用なものへと導いてくれるだろうと期待していた。第二に、アインシュタインの一般相対性理論はニュートン以来最大の科学の進展だと、長いあいだ考えられてきた。つまるところ、一般相対性理論とは、新しい重力理論である。だが、極微の尺度でこの理論がどう振舞うかを見れば、どこかに欠陥があるのは明らかだった。この理論を最初に正すことができた人間は、アインシュタインの正統な後継者と見なされるに違いない。しかし、ファインマンにとって最大の魅力は、この問題を真剣に考えている者は、――少なくとも、ほんとうに重要な科学者のなかでは――誰もいなかったということだったのではないだろうか。ファインマンが、一九六二年にワルシャワで行なわれた重力に関する会議に出席していたときに、そこから妻に送った手紙のなかで、このように書いていることからもそれがうかがえる。「この分野は（実験というものがまったくできないので）あまり活発ではなく、ここで研究しているトップクラスの科学者などほとんどいない」。

これはおそらく少し言いすぎだったであろうが、実際のところ一般相対性理論の研究は、アインシュタインが古典論的な場の方程式を一九一五年に発見して以来、それ自体が一つの独立した分野になっていた。一般相対性理論では、物質とエネルギーは空間の性質そのものに影響を及ぼし、空間を湾曲させたり、膨張・収縮させたりすることになっており、また、こうして決まった空間の形状が、今度は逆にその後の物質やエネルギーの進化に影響する、ということになっている。そしてまたこうして進化した物質やエネルギーが空間に影響を与え、という連鎖が延々と続くわけで、この意味で一般相対性理論は、ニュートンの重力理論よりも数学的にも物理学的にもはるかに複雑である。

アインシュタインの場の方程式の数学的な解を見つけるために、多くの研究が行なわれた。なにしろ、そんな解が発見されたなら、宇宙の動力学から、恒星が自分の内部にあった核燃料をすべて燃やし尽くしたあとに最期を遂げる瞬間の振舞いに至るまで、さまざまな現象を説明できるはずなのだから。しかし、場の方程式は複雑極まりなく、並外れた独創性と数学的才能が要求され、これらの問題に対処する専門家の集団ができあがった。

一般相対性理論以降の重力理論の進展

このころの状況が実際どのくらい混乱していたかを実感していただくために、少しご説明しよう。いくつもの回り道に迷い込み、その都度袋小路だったり、結局間違いだったり、ということが丸々二〇年も続いた。その袋小路のなかには、アインシュタイン当人がはまり込んだ有名なものもあったが、結局科学者たちは、一般相対性理論は当時主流の宇宙観だった、定常的で永遠に続く宇宙という描像とは両立しないということに気付いた。この、われわれの銀河が定常的で空虚な空間に取り囲まれているという宇宙を可能にするために、アインシュタインは、あの名高い宇宙定数を彼の方程式に加えたのだった(のちに彼は、これを彼の最大の過ちと呼んだ)。

ソ連の物理学者アレクサンドル・フリードマンが一九二四年、膨張する宇宙を解とする場の方程式を世界で初めて書き下したが、どういうわけか物理学のコミュニティーはこれをほとんど無視した。ベルギーの司祭にして物理学者でもあったジョルジュ・ルメートルは、独自にフリードマンと同じ方程式を再発見し、一九二七年に、あまり有名ではない雑誌に発表した。ルメートルの研究も広く注目されることはなかったが、アインシュタインはこれに気付き、ルメートルに手紙を送った。「あなたの計算は正しいが、あなたの物理学は忌まわしい」、と。

一九三〇年代に入り、エドウィン・ハッブルが遠方の銀河の運動から宇宙が実際に膨張していることを観察してようやく、ルメートルの研究が英語に翻訳され、アインシュタインを含め、広く物理学者たちに受け入れられるようになった。一九三一年ルメートルは、彼の「原初の原子」モデルの概要を記した論文を《ネイチャー》誌に発表した。この論文は有名になり、その後彼のモデルはビッグ・バンと呼ばれるようになった。ついに一九三五年、ハワード・ロバートソンとアーサー・ウォーカーが、均一で等方的な宇宙（このころまでには、われわれの銀河は宇宙にただ一つの銀河ではなく、宇宙はあらゆる方向にほぼ均一で、いたるところに銀河が分散している——わたしたちの観察可能な宇宙のなかに、四〇〇〇億個の銀河が存在すると推定されている——ということが広く認識されるようになっていた）は、フリードマンとルメートルが主張した、膨張するビッグ・バン宇宙だけであることを、厳密に証明した。その後、ビッグ・バンが理論的な宇宙モデルとして主流となったが、ビッグ・

バンの結果生じた実際の物理的な痕跡が真剣に探し求められて、そのようなものとして宇宙マイクロ波背景放射が発見され、ビッグ・バン理論が明白な実証的足場の上に確立されるまでには、——ファインマンが自分の研究を始めてから——さらに三〇年がかかるのだった。

一般相対性理論の宇宙論的な意味が明らかになるのに二〇年かかったが、重力が関係する状況のなかでも最も馴染み深いものである、物質からなる球状の殻が重力によって崩壊する現象は、これよりもはるかに長いあいだうまく説明できず、現在もなお、完全には理解されていない（訳注：ここで著者が言っているのは、恒星が進化の末期に自らの重力に耐えられなくなり崩壊する重力崩壊の現象で、本章でこのあと解説されるように、この現象はまだ完全には解明されていない）。

アインシュタインが一般相対性理論を発表して数カ月のうちに、ドイツの物理学者カール・シュヴァルツシルトは、空間の性質を記述する厳密で正確な解を導き出し、さらに、球状に分布した質量の外側に生じる重力場も書き下した。ところが、彼の方程式の解は、質量分布の中心から有限の半径のところで、無限大になってしまった。この半径は、今日《こんにち》ではシュヴァルツシルト半径と呼ばれている。当時は、この無限大が何を意味するか——数学の技法上生じた不自然な答えに過ぎないのか、それとも、この尺度で起こっている、新しい物理的現象を反映しているのか——は理解されていなかった。

有名な（そして、やがてノーベル賞を受賞した）インドの科学者スブラマニアン・チャンドラセカールは、恒星のような実際の物体の崩壊について考え、われわれの太陽の質量の一・四四倍よりも大きな恒星の場合、この半径以下に崩壊することを止めることができる力は、既知のもののなかには存在しないと主張した。しかし、高名な宇宙物理学者のアーサー・エディントン——一九一九年に彼が行なった皆既日食の観察は、一般相対性理論を証明する最初の実験となった（そしてアインシュタインを一気に世界的に有名にした）——は、これに強く反対し、愚弄した。

結局オッペンハイマーが、チャンドラセカールの結果は、少し修正を加えれば正しい（質量が太陽の三倍以上というのが境目）ことを示した。だが、恒星が崩壊して、シュヴァルツシルト半径にまで縮まったら、何が起こるのだろうという問題はまだ解決されていなかった。この理論の帰結のなかでも最も奇妙に思えるものの一つが、外部の観察者からは、巨大な物体が崩壊していくにつれて、時間の進みが遅くなるように感じられ、したがってその物体は、この時点で「凍結」してしまい、それ以上崩壊しないように見えるということだ。このため、このような物体は「凍結した恒星」と呼ばれることもある。

これらのほかにいろいろと理由があって、大方の物理学者は、シュヴァルツシルト半径のさらに内側への崩壊は物理的に不可能である、なんらかの物理法則が働いて、シュヴァルツシルト半径に到達する前に崩壊は自然に停止してしまうのだと考えた。ところが一九五八年までには、シュヴァルツシルト半径に到達すると現れるように見える無限大は、この解を記述する際に採用された座標系のせいで生じた数学的な技法による不自然な結果にすぎず、物体がこの半径を越えようとも、物理学に反することは何も起こらないということがわかった。この半径は今日では事象の地平線と呼ばれており、この内側に入った物体は、その後外界とのコミュニケーションを一切断たれてしまうと解釈されている。

事象の地平線で何か厄介なことが起こったりはしないとはいえ、一九六三年にロジャー・ペンローズが示したことには、事象の地平線を越えてその内側に落下するものはすべて、系の中心で無限に密度が高い「特異点」に崩壊してしまう運命にあるという。またもや、おぞましい無限大が現れたのだ。しかも今回は、ただ粒子の相互作用の計算のなかで現れたというのではなくて、空間の性質そのもののなかに登場したのである。このような特異点はすべて、事象の地平線によって外部の観察者には隠されているので、直接見ることはできないだろうと考えられてきた。しかし、まだそうだとは証明されていないし、実際、これに対する数値的な反証が、まだ確実なものではないが、最近いくつか発表されている。もしも特異点での密度無限大の崩壊が、事象の地平線に遮られて観察できないというのが真実なら、このような物体の内部で何が実際起こっているのかという問題が、じゅうたんの下に掃き入れられて隠されているようなものだが、しかし、このような特異点が存在するのか否かという重要な物理の疑問はまったく解決されない。

一九六七年、かつてファインマンの指導教官だったジョン・ホイーラーは、以前はシュヴァルツシルト半径の内側への崩壊は不可能だという説を強く主張していたが、そのような可能性はあるという説を受け入れ、このような崩壊した物体に、ブラックホールという魅力的な名前を付けて、まっとうな物理学の概念として永遠にその地位を確立した。この名前のおかげで関心が高まったかどうかは別として、ブラックホールは、小さな尺度において強い場が働いているときの重力を理解することに関係する現代のすべての議論のなかで、中心に存在し続けている。

「異端者」と「大ばか者」の会議

アインシュタインの方程式の古典論的な解と、重力による崩壊とはどのようなものかという解釈を巡るこのような問題が、重力研究に取り組む理論家たちのコミュニティーの活動の焦点だった、このような状況のとき、ちょうどファインマンがこの分野に関心を向け始めたのだった。この状況の最も大きな特徴とはおそらく、重力の研究が展開を遂げて、ほかとは切り離され、ほぼ独立した一つの物理分野にまで成長したということだろう。そもそもアインシュタイン当人が、重力は自然界に存在するほかのすべての力とはまったく異なるということを示していたも同然だった。重力は空間そのものの湾曲によって生じるが、ほかの力は、たとえば空間のなかを運動する素粒子の交換を基盤としているなど、これとはまったく違ったしくみで働いているように思われた。教科書ですら、一般相対性理論を、物理学のほかの領域のほとんどすべてと無関係に理解できる完全に自己完結した分野として扱う傾向があった。

だがファインマンは、そのように一般相対性理論をほかから切り離すのは人為的なことでしかないと正しく認識していた。小さい尺度は量子力学が支配しており、重力を小さい尺度で理解しようとするなら、最終的には、電磁力学――電磁力は遠く離れるに従って、距離の二乗に反比例して小さくなる遠距離力であるという点で、重力と見かけ上似ている——のような古典的な理論を、量子力学の諸原理と合致させるにはどうすればいいかを突き止めるためにファインマンらが編み出したツールを使わねばならなくなるはずだ。ならば、ファインマンたちがQEDに取り組んだときと同じように、重力に取り組むことによって価値ある新たな洞察を得ることができるかもしれない。

ファインマンがこれらの事柄を真剣に考え始めたのは、一九五〇年代の中ごろ、彼がQEDに関する研究を終えたすぐあと、一九五四年のクリスマスに、ゲルマンとこういった議論したあとのことだったが、そのときまでにはすでに、ファインマンはかなりの前進を遂げていた。しかし、彼が自分の考えを完成させ、定式化したのは、カルテックで大学院生向けの講座を一年間教えていた、一九六二年から翌年にかけての時期になってからだった。この重力に関する講座は、ずっと後になって、一九九五年に『ファインマン講義 重力の理論』という至極《しごく》まっとうな題の本として一般読者向けに出版された。彼がこの院生向けのコースを教えたのは、もっと名高い『ファインマン物理学』の本の元になった有名な入門講座の二年めを計画し、実際に教えていたのと並行してのことだったので、この題は特にふさわしいと言えよう。この時期の終わりには、ファインマンが疲労困憊していたのも無理もない。

彼は重力理論に取り組んだ動機を、その取り組みで得た結果をまとめて一九六三年に発表した論文のなかで説明し、現在と同じく当時も、実験による検証などまったく不可能だった、重力の量子論的な側面を考えたことの弁明として、このように記している。「わたしがこの分野〔重力の量子理論〕に関心を抱いているのは、何よりもまず、自然のある部分とほかの部分との関係に関連してのことだ。……量子幾何学の問題には触れるまいと思っている。……ほかの分野の場の量子論で、今日まだ持ち上がっていない問題について論じるつもりもない」。

自然界の異なる力を統一することにこれほど関心が高まっている現在の状況において、当時ファインマンの取り組みがどれほど革命的だったかを理解するのは難しい。重力はそれほど特別でもないし、自己完結もしていないという考え方は、当時は異端同然で、とりわけ、重力をまるで特別な宝石のように扱い、普通の物理学者には使えない特殊なツールをもってしなくては研究してはならないと考えていた、閉鎖的な科学者のコミュニティーではそうだった。お察しのとおり、このような不毛な考え方は、ファインマンにはほとんど我慢ならなかった。なにしろ、彼が持っている科学に関するすべての信念と正反対だったのだから。第二回〈一般相対性理論と重力国際会議〉に出席してワルシャワに滞在していたあいだに（第一回の会議は一九五七年チャペルヒルで行なわれ、もっと楽しいものだったようだ）、ファインマンはグウェネスにこのような手紙を送っている。

この会議から得るものは何もない……ここには大勢の（一二六人）の大ばか者がいて──これは僕の血圧に悪い──、まことに無意味なことが発言され、議論されている──そして僕は、公式のセッションの外で、言い争いをするはめになる……誰かが僕に何か質問をしたり、自分の「研究」について話を聞かせようとしたりするたびに。それは常に、――（1）まったく理解不可能か、（2）曖昧で漠然としているか、（3）あって調べられ、はっきりしており自明なのにもかかわらず、長々とした困難な解析によって調べられ、重要な発見として提示されているか、（4）確認され長年受け入れられてきた明白で正しい事柄が、じつは間違いだったという、著者の愚かさに基づいた主張（このタイプのものは最悪だ――どんな議論をしても愚か者を納得させることはできない）か、（5）おそらく不可能で、しかも何の役にも立たないことをしようという試み。結局、失敗することが明らかになるか、（6）まったく間違っているか、のいずれかだ。最近、「この分野での活動」はかなり活発だ――しかし、この「活動」は主に、以前に誰かほかの人間がやった「活動」が失敗に終わったとか、有用なものや期待の持てるものをもたらさなかったということを示すことだ。……重力の会議にはもう出席すべきでないと痛感したよ。

ファインマンはまず、重力は電磁気力よりもなお弱いので――電磁気力の量子理論を理解しようとするとき、まずその古典理論を考え、次に、小さな量子力学的補正を順番に加えていくというやり方が取れるのとちょうど同じように――、重力にも電磁気力と同じ手順が使えるに違いないと述べるところから始めた。重力も電磁気力と同じようにできるのなら、電磁気力の最低次の近似から進んで、より高次の近似を考えたときに生じた無限大が重力でも現れるのか、そして、QEDで使ったのと同じ方法でこの無限大を除去できるのか、あるいは、重力では新たな問題が生じて、それが重力そのものの性質に関する洞察を提供してくれるのかを調べてみる価値は十分にあった。

電磁気力は、荷電粒子と電磁場との相互作用の結果生じるもので、その量子は光子と呼ばれている。注目すべきことに、わたしが調べたかぎりでは、量子重力もほかのどんな量子理論とも、とりわけ、見かけ上重力と極めてよく似ている電磁気力の量子理論と、同じように扱うことができるだろうと最初に示唆したのはファインマンだったのである。これを実行するために、彼はじつに面白いことを検討した。それは、もしもアインシュタインが一般相対性理論を見出していなかったならどうなっていただろうか、という問いだ。代わりに誰かが、量子場と相互作用している量子論的粒子の古典論的極限を考えるという方法で、アインシュタイン方程式を導出していただろうか？　ファインマンは、このような可能性を思い巡らせたわけでも、この問いに「イエス」という答えを最初に導き出したわけでもないが――じつのところ、スティーヴン・ワインバーグが一九六四年に、この問いについて最も普遍的で強力な検討を行ない、一九七二年の論文と、もう一つ、一九七九年の論文の、重力と宇宙論に関する美しい文章のなかで詳細に記述した――、ファインマンの独創的な分析はもっと最近になって、一般相対性理論が再評価されるようになる前提としての共通認識を形成したのだった。

重力も素粒子の交換によって記述できる

ファインマンの主張は注目に値する。「一般相対性理論の基盤をなしているように見える、幾何学と、時間と空間に関する魅力的な概念を、すべて忘れなさい。質量ゼロの粒子の交換を考えたとき（光子が、電磁力を媒介する質量ゼロの粒子であるのとまったく同じように）、この質量ゼロの粒子の量子化されたスピンが（光子のように）1ではなくて2だったとすると、その結果古典論的極限で導き出される自己矛盾のない唯一の理論は、本質的にアインシュタインの一般相対性理論と同じものである」というのだ。

これはまことにすばらしい主張だ。というのも、一般相対性理論は、自然界のほかの力を記述している理論とそれほど変わらないと示唆しているのだから。重力も、ほかの力とまったく同じように、素粒子の交換によって記述できるというのだ。一般相対性理論の特徴とされているあれこれの幾何学的な性質はすべて、この事実からおのずと出てくる。じつのところ、彼が実際にこれを主張したときの文章には、「自己矛盾のない」という言葉の意味からくる、微妙なところがあるが、それはほんとうにただ微妙なことでしかない。そして、先ほども触れたが、ワインバーグは、質量ゼロでスピン2の粒子の相互作用にはどのような性質があるかということと、そして、特殊相対性理論に現れる空間と時間の対称性とを論じることだけによって、この主張をもっと普遍的なかたちで証明することに成功したのだった。

だが、これらの微妙なところは別として、重力と一般相対性理論に関するこの新しい描像は、一般相対性理論と、それ以外の物理学とのあいだを結ぶ、それまでは存在しなかったたまったく新しい架け橋となった。それは、一般相対性理論を理解するためのみならず、重力を自然界のほかの力と統一するためにも場の量子論のツールを使えばいいのだと示唆していた──ファインマンが、そうなっているようにと望んでいた、まさにそのとおりに。

まず、質量ゼロでスピン2の粒子とは何で、自然界のなかにある何に対応しているのだろう？　これを考えるには、電磁場の量子である光子は、古典論の電磁波──電磁場の源《みなもと》である一つの電荷が振動することによって生じる波だということを、ジェームズ・クラーク・マクスウェルが初めて示したものだ──を量子化したものに過ぎなかったことを思い出すといい。わたしたちはこの電磁場を、目で見る光として、肌に感じる太陽の熱として、ラジオが受信するラジオ波として、あるいは、携帯電話から出ているマイクロ波として日常経験している。

アインシュタインは、一般相対性理論を作り上げてまもなく、重力の源である質量がこれと同様の効果を生み出すことができるのを示した。質量をちょうどいい具合に動かしてやると、新しいタイプの波動が放出される──これが重力波で、この重力波に沿って空間が収縮と膨張を繰り返し、光子の場合とまったく同様に、光の速度で伝播する。一九五七年にファインマンが物理学の会議で重力波に関する彼の考えを話したとき、聞いていた者の多くは、重力波の存在に関してすら懐疑的だった（実際、当のアインシュタインも一九三六年に、重力波は存在しないという論文を発表しようとしたことがあった。しかし、高等研究所で相対性理論を研究していたH・P・ロバートソンがこの論文の誤りに気付き、そのままのかたちでの出版を思いとどまらせたという経緯があった）。ところが一九九三年、ジョゼフ・テイラーとかつて彼の学生だったラッセル・ハルスは、二個の中性子星からなる連星パルサーが、一般相対性理論によってこのような系から放出されると予測される重力波によってエネルギーが散逸するのとまったく同じ割合でエネルギーを失っている、ということを納得できるかたちで示したことが評価され、ノーベル賞を受賞した。重力は極めて弱い力なので、重力波はまだ直接検出されてはいないが、これを検出する目的で、地球上での大規模な実験がいくつも計画されており、また、非常に感度の高い検出器を宇宙空間に設置する計画が現在進行中である。

重力波は、質量分布が非球対称に変化している物体からしか放出されない。このような分布から放出される放射を、物理学者たちは四重極放射と呼ぶ。このような非等方性を、放出された波動に付随する粒子によって符号化したいなら、その主「量子」は、スピンが2でなければならない。だからこそファインマンは、まずスピン2の粒子を検討したのだ。重力波の量子は、光子の命名にならって、重力子（グラビトン）と呼ばれている。

電気力や磁気力が電荷のあいだで光子が交換されることによって生じるのとまったく同じように、重力も、ただ質量のあいだで重力子が交換されることによって生じる力であると示したファインマンは次に、かつてQEDに取り組んだときに大いに役立ったのとまったく同じ手法を使って、重力プロセスを量子化したときの補正を計算する作業へと進んだ。だが、これはそれほど単純な仕事ではなかった。一般相対性理論はQEDよりもはるかに複雑である。というのも、QEDでは光子は電荷と相互作用するが、光子どうしが直接相互作用することはないのに対して、重力子は質量またはエネルギーを持つものなら何とでも相互作用し、また、重力子もエネルギーを持っているので、重力子は別の重力子とも相互作用するからだ。この複雑さが加わることで、ほとんどすべてが一変してしまう。このように言うのが大げさというなら、少なくともほとんどすべての計算が、格段に難しくなってしまう、と言いなおそう。

ファインマンのアプローチに沿った最近の進展

いうまでもなく、ファインマンは電磁力学で使ったのと同じ手法で一般相対性理論を扱うことによって、厄介な無限大を一切含まない、物質と相互作用する重力の、一貫性ある量子理論を発見したりはしなかった。そのような理論で決定的なものはいまだに存在していない。弦理論を含め、その候補になるものはいくつか提案されているが。とはいえ、ファインマンがこの領域で研究を始めてから五〇年あまりのあいだに起こった重要な進展――ファインマンからワインバーグ、そしてスティーヴン・ホーキングに至る一連の科学者たちが関与してきた進展である――はどれも、ファインマンのアプローチと、彼がその過程で創出したまさにその一組のツールを基礎に、その上に積み重ねがあって実現したものだ。

それらの進展のいくつかを以下に挙げよう。

(1) ブラックホールとホーキング放射

ブラックホールはおそらく、重力とは何かを理解しようとしている物理学者にとって、いまだに最大の難問だと言えるだろうし、また、ブラックホールほど驚愕させられるような話が出てくるものも、これまでのところほかにはないようだ。この四〇年間で、宇宙にはブラックホールのような大質量の物体が存在するらしいと示唆する証拠が観察によって得られている——異様に明るく、非常に強力なエネルギー源を持っていると推測されるクェーサーから、あちこちの銀河(われわれの銀河も含めて)の中心部にある、質量が太陽の一〇〇万から一〇億倍もある物体に至るまで。その一方で、ブラックホールの崩壊の最後の段階で、どのような量子プロセスが働いているかを詳細に検討するなかで、新たに驚異的な可能性がいろいろ明らかになり、それがまた論議を呼んでいる。なかでも最も驚異的なのが、一九七二年にスティーヴン・ホーキングが指摘したのちに「ホーキング放射」と呼ばれるもので、彼はブラックホールの事象の地平線付近で起こりうる量子力学的なプロセスを検討していたときに、ブラックホールはそれらのプロセスで、あたかも高温であるかのように、重力子も含むさまざまな種類の素粒子のかたちでエネルギーを放出するはずだということを発見したのだった。このときのブラックホールの温度は、質量に反比例するという。この熱放射のかたちは、ブラックホールがどのような種類の崩壊過程で生じたかには基本的には無関係であり、また、この放射によってブラックホールは質量を徐々に失い、ついには完全に蒸発してしまうだろう、というのである! この結果は、ファインマンが重力の量子力学を検討するのに最初に使った近似法――すなわち、背景の空間を固定的で平坦であると仮定し、この空間のなかで、ここを伝播していく重力子も考慮に入れながら、量子場を考えるという手法――に基づいて得られたものだが、常識的な古典論の考え方に反したばかりか、重力の存在のもとでの量子力学についてわれわれが理解するのを大いに阻みかねなかった。この有限の温度をもたらしている源は何なのだろう？　もしもブラックホールがついに蒸発しきってしまったなら、そのなかに落ち込んだ情報はどうなるのだろう？　従来の場の量子論が適用できない、ブラックホール中心部の特異点はどうなるのだろう？　このような、物理概念上も、そしてまた数学的にも重大な問題が、この四〇年間にわたって最高の理論物理学者たちを研究に打ち込ませている。

（2）弦理論と、それを越えた新理論

量子重力に出てくる無限大を解決しようとの努力のなかで、一九六〇年代に科学者たちは、輪になって振動している弦の量子力学を考えれば、質量ゼロでスピン2の励起《れいき》を記述する振動がすんなりと自動的に出てくるということを発見した。このことから、このような弦に似た励起を包含する基本的な量子力学に、さきに述べたファインマンの結果をそのまま適用すれば、そこからアインシュタインの一般相対性理論がおのずと導出されるかもしれないという認識が生まれた。さらにこの認識から、このような理論こそ真の重力の量子力学で、そのなかでは、ファインマンが重力を場の量子論として検討したときに見つかったいくつもの無限大がすべてうまく制御できるかもしれない可能性があるとの希望が生じた。一九八四年に、そのような理論の候補として、すべての無限大を消してしまうことができる弦理論がいくつか提案され、量子力学の創成期以来物理学では最大の興奮が理論物理学に巻き起こった。

しかし、この可能性は大きな興奮をもたらしたのと同時に、ちょっとした問題も伴っていた。無限大を含まない、一貫性ある重力の量子理論が数学的に可能であるためには、根底に存在する弦のような振動の励起は、四次元に存在するものではだめで、少なくとも一〇次元または一一次元のなかで振動していなければならなかったのである！　こんな理論が、わたしたちが経験している四次元の世界と、どう両立するというのだろう？　余分な六つもしくは七つの次元はどうなるのだろう？　これらの次元を一貫性をもって扱いながら、同時に、われわれが経験する世界のなかで起こる現象をちゃんと検討できるような数学的技法を、どうやって作り出せばいいのだろう？　余分な次元を隠してしまう物理的なメカニズムは、どうやって作ればいいのだろう？　最後の、そしておそらく最も重要な問題は、ファインマン流の思考法なのだが、もしもこれらの理論のなかで重力がおのずと導出されるのなら、わたしたちが経験しているほかの粒子や力も、同じ枠組みのなかでおのずと導出されるのだろうか、というものである。

この二五年間、これらの問題が理論物理学の重要課題として検討されたが、これまでのところ得られている結果は、せいぜい良くもあり悪くもあり、といったところだ。発見されたいくつもの魅力的な数学定理は、一見まったく違ったものと思える複数の量子理論を、根底に存在している同じ一つの物理が異なるかたちに現れただけであると解釈できるという、わくわくするような新しい洞察――これこそまさに、ファインマンが科学の最大の目標と言うものにほかならない――を提供してくれたし、また、これまでに得られた興味深い数学的結果は、ブラックホールが量子論の中心教義に反することなく熱放射を起こせる（訳注：一九七四年ホーキングは、ブラックホールから粒子が飛び出して、ブラックホールがまるで熱を放射して光っているように見える「ホーキング放射」という現象を提唱した。この放射でエネルギーが失われると、ブラックホールの質量は減少し、元々の質量によっては、やがてエネルギーをすべて放出してブラックホール自体が消滅する、「ブラックホールの蒸発」という現象が起こる可能性がある。しかし、このような放射が起こるとすると、ブラックホールに吸い込まれた物体の情報が完全に失われ、初期状態には無関係に同じ最終状態に至ることになってしまい、量子力学の原理である「時間発展のユニタリ性」〔すなわち、情報が保存されるという性質〕との矛盾が生じる。これは、長年パラドックスとして議論されてきたが、二〇〇四年になってホーキングは、ブラックホールに吸い込まれた物質の情報は、ブラックホールの蒸発時にホーキング放射に反映されて外部に出るという説を発表し、元々の説を修正した。しかし、この問題はまだ完全に解決されたとは言えない。パラドックスが生じる根底には、古典論である一般相対論を使っていることがあり、最終的な解決には重力の量子化が必要であると言われている。したがって、重力を量子力学的に正しく記述できる超弦理論などによる取り組みが期待されている）ことは、どうすれば説明がつくのか、また、そのとき内部の情報も失われていくように見えるが、それはどういうことなのかという問題について洞察を与えてくれるかもしれない。そして最後に紹介しておくが、弦の振舞いを含むプロセスを計算するための新しいファインマン・ダイアグラムに基づいた弦理論のおかげで物理学者たちは、このような手法がなくて、直接計算するほかなかったなら、絶対に扱いきれないほど膨大な数のファインマン・ダイアグラムを足し合わせなければならなかったプロセスを、閉じたかたちで解析結果を出せるようになったのである。

だが、良いことばかりではない。弦理論についての理解が深まるにつれ、この理論ははじめ考えられていたよりもはるかに複雑であることがわかり、また、この理論の要《かなめ》となる対象物は、弦ではなくて、ブレーンと呼ばれる、もっと次元の高いものだろうということがはっきりしてきた。おかげで、この理論がもたらしうる予測の範囲を導き出すのも、はるかに複雑になってしまった。おまけに、今日実験室で測定されている基礎物理学がすべて、根底に存在するたった一つの弦理論から、一意的かつ明白に予測として導き出されるだろうと当初は期待されていたのに、実際にはこれとは正反対のことが起こった。弦理論のなかでは、任意の組み合わせの物理法則を持った、存在しうる任意の四次元宇宙が生じうるのである。これが正しいかぎり、弦理論は「万物の理論」ではなくて、「なんでもアリの理論」を生み出すことになるが、そんなものはファインマン流の考え方によれば何ものの理論でもない。

実際ファインマンは、一九八〇年代の弦理論の大革命、いわゆる第一次ストリング革命と、それに伴う大げさな宣伝が巻き起こされたときには存命で、それを自分で目撃している。誇大な主張に接して湧き起こる彼の生来の懐疑心は健在で、当時彼はこのように述べた。「わたしはずっと、方法は一つではないと感じてきた――わたしのこの感じ方が間違っているということもありえるが。無限大を取り除く方法は、一つだけではないと思う。ある理論が無限大を取り除くからといって、わたしにはその理論が特別なものだという十分な理由にはならない」。彼はまた、これをテーマとした一九六三年の論文の始めの部分に明記しているように、量子重力を理解しようという試みはどれも、そこから予測されることはすべて、実験の範囲をはるかに越えているという不利な条件を課せられている――明確な予測をする理論ですら――ということもちゃんと理解していた。予測不可能性に加え、経験的証拠（訳注：直接の観察や経験に基づく証拠）が明らかに不足しているにもかかわらず弦理論が驚くほど自信過剰であることに対して、ファインマンは激怒し、次のように言わずにはおれなかった。「弦理論研究者がしているのは予測じゃなくて言い訳だ！」また、彼にとって、よくできた科学理論を定義するもう一つの要因に関して、弦理論に感じる不満を、彼は次のように述べている。

彼らが何も計算していないということが気に入らない。彼らが自分たちの考え方を検証しないのも気に入らない。実験と矛盾することがあれば、それがどんなことであっても、彼らは何かの説明をでっちあげる――対症療法的に、「でも、これが正しいかもしれないよ」という説明をこしらえるのだ。たとえば、弦理論では一〇次元が必要になる。これを見て、あのね、もしかしたら次元のうち六つを巻き上げる方法があるかもしれないよ、というわけだ。もちろん、数学的にそういうことは十分可能だ。だが、どうして七つじゃいけないのだろう？　彼らが弦理論の方程式を書き下すとき、その方程式は、これらの次元のうちいくつが巻き上げられるべきかを決定できなければならないのであって、実験と一致してほしいという願望だけで巻き上げ次元数を選んではいけないだろう。言い換えれば、巻き上げられる次元が一〇のうち八つで、その結果二つの次元だけが残る、という、経験には完全に反することがありえないという理由は、超弦理論のなかには一切存在しないのである。つまり、経験と一致しないかもしれないという事実には何の意味もなく、そのことは何ももたらさない。ほとんどの場合、言い訳しか理由付けがないのだ。そんなものが正しいとは思えない。

二〇年以上も前にファインマンに懸念を抱かせ、彼にそれを表明させたその問題は、その後解決されるどころか、かえってますます顕著になってきた。もちろん、ファインマンは新しい提案のすべてに懐疑的であったが、なかにはその後正しいことが明らかになったものもあった。時間と、さらなる理論研究、そして新しい実験結果だけが、弦理論に対する彼の直観が正しかったかどうかを決めるだろう。

（3）量子重力における経路積分と「量子宇宙論」
量子力学の慣習的な描像は、さきにも触れたように、空間と時間を別々に扱っているという点で問題がある。量子力学では、ある系の波動関数を、ある特定の時間において定義し、続いて、その波動関数が時間と共に展開していく際のルールを与える。

ところが、一般相対性理論の基本教義は、空間と時間のこのような区別は、ある意味恣意的だという。誰かの空間が別の人の時間であるような、さまざまに異なる座標系を選ぶことができ、ある座標系にいる人が導き出す物理学的結果は、時間と空間をどのように分けるかには無関係でなければならない。この問題は、空間が強く湾曲している場合――すなわち、重力場が強い場合――にとりわけ重要になる。重力が十分弱く、空間はほぼ平坦であるという近似が成り立つかぎり、ファインマンが編み出した、重力を小さな乱れとして扱い、重力の効果を、固定した背景の空間のなかで単独で行動する重力子たちによってほとんど決定されるものとして扱う手順を使うことができる。だが、重力が強い場合は、空間と時間は境界線がはっきりしない、混ざり合った量子変数となってしまい、それを背景にさまざまな現象が起こる、きっちりと分離された空間と時間からなる背景座標系として扱うのは、控えめに言っても、問題がある。

経路積分によって定式化された量子力学では、このような分離は必要ない。必要なすべての物理量に対して、あらゆる可能性をすべての経路にわたって足し合わせればいいのであって、空間と時間を分離する必要はない。しかも重力の場合は、経路積分せねばならない物理量には空間の計量が含まれるので、可能な計量のすべてにわたって和を取らねばならない。ファインマンの手法は、これをどう進めればいいかという指示を与えてくれるが、残った描像が量子力学の従来の定式で扱えるかどうかはまったくわからない。

いる。経路積分の手法はすでに、宇宙全体の量子力学を作り上げるという取り組みに利用されている。これを最も強力に進めているのがスティーヴン・ホーキング(その後シドニー・コールマンらもこれに加わった)で、経路積分では、存在可能なさまざまな中間的な宇宙――そのなかでは、ベビー宇宙やワームホールなどの風変わりな新しいトポロジーもありうる――にわたって和を取ることになる。宇宙全体を量子力学的に扱おうとするこの取り組みは、量子宇宙論と呼ばれており、外部の観察者が存在しない量子系をどう解釈すればよいかや、系の初期条件は、外部の実験者によって与えられるのではなくて、系自身の動力学によって決定されうるのかなど、多数の困難な問題が新たに生じている。

言うまでもなく、この分野はまだ生まれたばかりで、とりわけ、量子重力についてもまだはっきりとは理解されていないのである。しかし、ゲルマンがファインマンの死後書いたエッセーのなかで、ひいき目に予想を述べているように――というのも、ファインマンは、既存の法則を再定式化するだけではなく、新しい法則を発見したいという強い願望を持っており、QEDへの自分のアプローチは、単なる既知の法則の再定式化に過ぎなかったのではないかと恐れていたのを、ゲルマンはよく知っていたからだ――ひょっとするとファインマンの経路積分による量子力学の定式化は、ほかの形式による量子力学の定式化と等価であるばかりでなく、真に根本的な唯一の定式化なのかもしれない。ゲルマンはこのように書いている。「したがって、ファインマンの博士論文は、単に物理理論の形式を発展させただけではなく、物理理論そのものを真に根本的なレベルで進歩させたのかもしれないという認識が少しずつ持たれ始めているということを知ったら、彼は喜んだかもしれない。経路積分による量子力学の定式化は、標準的な定式化よりも、より根本的なのかもしれない。というのも、標準的な定式化ではうまくいかないようだが、経路積分方式だとうまく適用できそうな、ある一つの重要な領域があるからだ。その領域とは、量子宇宙論である……。リチャードのために（そしてディラックのために）わたしは、経路積分手法が量子力学の、したがって物理理論の、真の基盤だったということがいつの日か明らかになってほしいと思う」。

（4）宇宙論、平坦な宇宙、そして重力波

ファインマンの研究から推測される結果のなかで、最も具体的で、しかも、哲学的な深遠さとは最も程遠いと思われるものを、わたしは最後にとっておいた。なぜなら、このようなものこそ、実験データと直接比較できる計算を行なえる可能性が最も高いからだ――そしてファインマンは、このような比較ができなければ理論研究には意味はないと考えていた。

驚くべきことに、ファインマンが研究を行なった時代には、宇宙の最も大きな尺度について今日科学者たちが知っているほとんどすべてのことが、まだ知られていなかったのである。それでも、多数の重要な領域に関する彼の直観は、一つの例外を除いてどれもみな正しかった。そして、観測的宇宙論の最先端での実験が、重力子を重力場の基本量子であるとする彼の描像が正しいという、最初の証拠をまもなく提供してくれるだろうと期待される。

ファインマンは、粒子からなる系の総エネルギーはちょうどゼロであるという可能性に早くに気付いた。奇妙に聞こえるかもしれないが、無から粒子を創るには正のエネルギーが必要だが、その後生まれた粒子たちが及ぼしあう重力が結局引き付けあう力になるということは、粒子たちは「負の重力ポテンシャル・エネルギー」を持っているということ——つまり、粒子どうしが重力で引き付けあっているのを無理やり引き離すには仕事が必要なので、粒子たちが創りだされたあとに引き付けあっている状態での、正味のエネルギー損失は、粒子たちを創りだすのにかかった正のエネルギーをちょうど相殺するかもしれないということ——を意味するので、そういう可能性もあるわけだ。ファインマンは重力に関する講義のなかで、これについてこんなふうに言っている。「新しい粒子を創るのに何もいらないんだと思うと、わくわくするね」。

ここから、宇宙全体の総エネルギーはちょうどゼロかもしれないと提案するまでには、ほんの小さな一歩しかかからないのではないだろうか。総エネルギーがゼロに等しい宇宙は、なかなか魅力的だ。なぜなら、もしそうなら無から宇宙が始まることも可能になるからだ。わたしたちが目にする可能性のあるすべての物質とエネルギーは、量子力学的な揺らぎ（空間そのものの量子重力理論的な揺らぎも含めて）から生まれたのかもしれない。ファインマンはこの可能性について思い巡らせたが、宇宙の進化に関する現在最高のモデル、インフレーション理論は、まさにこの考え方を基礎としている。インフレーション理論の提唱者、アラン・グースは、このモデルでは宇宙は「無料のランチ」の究極の例になっていると言っている。

興味深いことに、総重力エネルギーがゼロの宇宙は、空間が平坦である——つまり、大きな尺度では、光が直線に沿って進む普通のユークリッド空間のように振舞う。実際、大きな尺度で宇宙のゆがみを直接測定する取り組みから、宇宙は平らだという、ひじょうによい証拠が得られている。最近の宇宙物理学の、最も面白い展開の一つだ。だがファインマンは早くも一九六三年に、重力によって一体に保たれている銀河と銀河団——銀河が集まったもので、宇宙に存在する、まとまりのある物体としては最大のもの——が存在するという事実は、宇宙が膨張していることによる正の運動エネルギーが、これらの系が持つ、負の重力ポテンシャル・エネルギーとほぼつりあっているということではないだろうかと示唆した。彼は正しかった。

しかし、ほとんどはずれることのなかったファインマンの物理的直感が、彼が自分の場の量子論を重力に応用して論じたときに、珍しくはずれてしまったことが一度あった。QEDに関する研究で、彼は仮想粒子が存在するのみならず、原子の性質を理解するためには不可欠なものだということを示した物理学者の一人だった。このように、真空は空っぽなのではなく、仮想粒子が沸き立つように生まれているのである。量子力学の法則によれば、取り上げる尺度を小さくすればするほど、束の間しか存在しない仮想粒子が持つことのできるエネルギーは高くなる。ファインマンは、このことを表現しようとして、片手を握った内側にできる空間のなかに、われわれの文明全体の動力を供給するに十分なエネルギーが存在すると言ってしまったことがあった。なお悪いことに、真空のエネルギーを利用する装置を開発して、われわれが抱えるエネルギー問題を解決しようという夢想家たちや変わり者たちが、自分たちの荒唐無稽な望みを語るのにファインマンのこの言葉を引き合いに出すようになったのだった。

ファインマンがどういうわけか忘れてしまい、その一方でロシアの物理学者、ヤーコフ・ゼルドビッチが一九六七年に明らかにしたのが、すべてのエネルギーは重力によって引き付けられ、真空のエネルギーもその例外ではないということだ。真空にファインマンが言ったほどのエネルギーがあったなら、重力は途方もなく大きくなって、地球を破裂させてしまうはずだ。なぜなら、一般相対性理論によれば、真空のなかにエネルギーが持ち込まれることによって生じる重力の力は、引力ではなくて斥力だからだ。したがって、真空のエネルギーは、全宇宙で平均したときには、すべての物質のエネルギーより何桁も大きくなることはないし、その結果生じる斥力が、銀河など決して形成されないほど大きくなることもありえないのである。

しかし、ファインマンは完全に間違っていたわけではなかった。この五〇年間で最大の発見は——それより長い期間を考えれば、最大とは言えないかもしれないが——、何もない空間のなかに実際にエネルギーが存在しているというものだ。ファインマンが考えたよりははるかに小さいが、現時点において、宇宙の膨張に寄与する最大の要因となって、膨張を加速するに十分な大きさがある。どうしてこうなっているのか、そして、真空がエネルギーを持っており、しかもその大きさが、宇宙に存在するすべての銀河と物質の総エネルギーと同等であるのはどうしてかについては、今のところ何もわかっていない。これは、すべての科学のとは言わないまでも、物理学最大の謎であろう。

ファインマンの間違いは別として、もしもインフレーションという考え方――インフレーションとは、宇宙のごく初期に起こった指数関数的な膨張で、現在の平坦な宇宙が生じたのも、現在観察されているすべての構造ができあがったのも、このインフレーションの結果だという――が正しいならば、ファインマンが最初に行なった一連の計算に立ち返る、ある意味合いが出てくる。重力子が光子と同じような素粒子ならば、インフレーションのあいだに働いて、最終的には、今わたしたちが見ている銀河と銀河団のすべてが形成される大元となった物質密度の揺らぎを生み出したのと同じ量子力学的プロセスが、初期宇宙に重力子の背景揺らぎも生み出していた――その背景揺らぎは、現在では重力波の背景揺らぎとなっているはずで、こちらの揺らぎはいつの日か観察されると期待される――のだということを、計算によって示せるはずなのだ。これこそが、インフレーション理論が示している重要な予測の一つであり、わたし自身が探究している課題でもある。最もわくわくするのは、宇宙の大規模構造を探るために打ち上げられたいくつもの衛星によって、そのような背景揺らぎがまもなく検出されるかもしれないことだ。もしもそのような背景揺らぎが観察されたなら、それは、ファインマンがほかのいろいろな場の理論に取り組んだのと同じアプローチで重力にも取り組もうと決心したときに行なった一連の計算から、観察事実と比較できるような予測が立てられるであろうということを意味する。これは、控えめに言っても、奥義《おうぎ》的ともいえるほど難解で検出不可能な量子重力効果について検討してしまったことについてファインマンが述べた弁明は不要だったのだということである。

何が重力の大きさを決めるのか

ファインマンが重力にこだわっていたことを紹介するこの章の最後には、やはり、彼が重力について書いた最初の論文の冒頭で述べた弁明にもう一度立ち返るのがいいだろう。ファインマンが量子重力に引き付けられたのは、それが未踏の分野だったからだ。さらに彼は、量子重力が未踏の分野であるのは、できそうな計算からはじき出されるのが永久に測定不可能な効果だからだとも気付いていた。そんな予測が出るのも、重力が極端に弱いからだ。そのようなわけで、彼は量子重力の効果についての議論を正式な論文のなかで始めるにあたって、一歩下がって、「したがって、われわれが今取り組んでいる問題は、正しい問題ではない。正しい問題は、『何が重力の大きさを決めるのか?』である」と述べたのだ。

これ以上先見の明のある言葉を当時発せたとはちょっと考えづらい。理論素粒子物理学者たちを駆り立てていたほんとうの謎は、どうして重力は電磁力よりも、桁で言うと四〇桁も弱いのかという問題だった。弦理論も含め、自然界の力を統一しようと現在行なわれているほとんどすべての努力は、この不可解かつ根本的な宇宙に関する問いに取り組むことに向けられているのである。どうやら、この問いに答えられるようになるまでは、科学者たちは重力もほかの力も完全に理解することはできないようだ。

これが、今日なおわたしたちが重んじているファインマンの遺産の、最も驚嘆すべき特徴である。自然についての根本的な謎の多くについて、それを解決し、答えを求めることには失敗したけれども、今日に至るまで科学の最前線にあり続けている問いに、彼は的確に光を当てたのである。

第16章　上から下まで

僕がやっているゲームはとても面白い。それは、がんじがらめに束縛された状態で、想像力を働かせるというゲームだ。

——リチャード・ファインマン

「ナノテクノロジー」の先駆者

一九五九年一二月、リチャード・ファインマンは、その年カルテックで開催された米国物理学会の年会で講演を行なった。新しい、あまり人が行かない道を踏み出したいという欲求が、またもや彼の心にわいてきたようで、この講演の冒頭で彼は、本書で先に引用した、次のような発言をした。「極低温の世界のように、どこまでも掘り下げていけそうな計り知れぬ領域を発見したカメルリング・オネスのような人のことを、実験物理学者たちはうらやましく感じることも多いことでしょう。なにしろその人間は、そのときからリーダーとなって、しばらくのあいだ、科学の冒険を独占できるのですから」。

この講演は翌年、カルテックの《エンジニアリング・アンド・サイエンス》（技術と科学）という雑誌に、「底のほうにはまだ十二分の余地がある」という題で掲載された。これは、素粒子物理学や重力とは関係ないが、直接の応用が可能なさまざまな現象にしっかりと支えられた、まったく新しい世界についての、想像力に満ちたすばらしい議論である。

素粒子物理学という深遠な分野に集中的に取り組もうと決めたにもかかわらず、ファインマンは、わたしたちが目で見、手で触れることのできる世界についての物理学にも決して関心を失わず、また、それらの分野に魅了され続けた。だからこそファインマンは、この講演を行なうめぐり合わせとなったことで、それまでずっと興味を引かれていた領域のなかで、想像力を自由に羽ばたかせ、次にやる科学の冒険――どこか、自分が独占できるようなところでやりたいと、彼は考えていた――の新たな材料を探す、絶好の機会をつかめたのであった。それはまた、子ども時代からロスアラモスで過ごしたときまで、彼の想像力を捉えてきた二つの領域――機械装置と、コンピュータによる計算――における物理学の注目すべき可能性について、彼が個人的に抱いてきた興味を象徴するものでもあった。

それは画期的な講演で、その後も何度も繰り返し出版されている。というのもこの講演は要するに、今ではナノテクノロジーと呼ばれているものに関連するが、それに限定されてはいない、技術と科学のまったく新しい分野――というよりむしろ、まったく新しい一組の分野――の概要を述べているからだ。ファインマンの一番の主張は、この一九五九年、多くの人が小型化を考えているが、みなあまりに気弱すぎる、実際、人間が使う機械の大きさと、原子の大きさとのあいだには、途方もなく広い領域があるのだというものだった。この領域を活用すれば、われわれは技術を変えることができるばかりか、当時は科学者たちの手が届かなかった、まったく新しい科学的探究の領域が拓かれるだろうと、彼は思い巡らせたのだ。しかもこれらの領域は、量子重力とは様子がまったく違い、人々が自分たちの鼻先にある驚異的な宇宙について真剣に考えるなら、彼の存命中に実用化できるかもしれなかったのである。彼はこのように述べた。「下にあるのは、度肝を抜かれるほど小さな世界です。西暦二〇〇〇年になって、人々が今の時代を振り返ったとき、彼らは、いったいどうして一九六〇年になるまで誰もこの方向に進もうと真剣に考えなかったのだろうと、首をひねることでしょう」。

ファインマンは講演を、こんなふうに始めた。針の頭に「主の祈り」を書くことができる機械を見て感心する人がいる。しかし、そんなことは何でもない。彼は、まずはピンの頭にブリタニカ百科事典の全巻を書くところから論に入っていく。だがしかし、これとて何でもない、なぜならそんなことは、ハーフトーン印刷で使われている網点《あみてん》の大きさを二万五〇〇〇分の一に縮小するだけで、普通の印刷技術で可能だからだ、とファインマンは論じた。彼によれば、たとえそこまで縮小しても、一個のドットには約一〇〇〇個の原子が含まれている。だから何の問題もない、というのだ。

しかし、これでもまだまだ弱気だと彼は主張した。世界中のすべての本のなかにあるすべての情報を書いてはどうだろう、というのである。それにはどれぐらいの物質が必要か、彼はその場で見積もって見せた。ちなみにその見積もりは、わたしが『《スター・トレック》の物理学』（*The Physics of Star Trek*、未訳）で、人間のデジタル・コピーを送るためにそれを一旦保存するにはどれくらいの情報容量が必要かを見積もったときの考え方ととてもよく似ていて面白かった。ファインマンはこう考えた。一ビットの情報（つまり、一個の1もしくは一個の0）を保存することは、たとえば、一辺が五個、あるいは、一〇〇数個の原子からなる立方体があれば簡単にできるだろう。さらに彼は、当時世界には約二四〇〇万冊の本が存在するだろうと見積もり、それらすべての本に含まれている情報は、約一〇の一五乗ビット（一〇〇〇兆ビット）だろうと推測した。それなら、世界中のすべての本のすべての情報を保存するには、一辺が一インチの一〇〇分の一よりも短い立方体の物質があれば事足りる――人間の目に見える一番小さなゴミの粒と同じくらい小さい！　よろしい。これでどういうことか、大体おわかりいただけただろう。

ファインマンは、原子レベルで物質を利用する可能性を探究したいと考えていた――その可能性の幅は、ほとんど計り知れないと言ってよかった。おまけに、彼の初恋の人が言ったとおり（彼はノーベル賞講演で、そのように述べた）、何よりもわくわくするのは、科学者たちがこのレベルを技術的に利用しようと取り組み始めたならば、彼らは量子力学に現実問題として直面しなければならなくなるだろう、ということだ。古典力学に頼って技術を作っていくのではなく、量子力学について考え始めざるをえなくなる！　量子の宇宙と人間の経験の宇宙を融合させる道がここにあった。これ以上わくわくすることなどあろうか？

ファインマンの用意したもの

彼の講演を読み直しながら、わたしは彼がさまざまなことを驚くほどよく予見していることに心を打たれた。彼が書いていた可能性の多くが、完全に彼が想像したとおりではなかったとしても、その後現実となった。しかも、彼の予測が外れた部分は、たいてい、正しく予測するために必要なデータが、当時は彼には入手できなかったことが原因だった。ここでもまた、彼はすべての問題を直接自分自身で解決したわけではなかったかもしれないが、彼は的確な問いを立て、半世紀後にまさに技術の最前線となる展開とはどのようなものかを明らかにしたのであり、また、次の五〇年間に技術の基盤となるであろう原理とはどのようなものなのかを思い描いたのだった。ここにいくつか例を挙げよう。

（1）地球上のすべての本を一粒の塵に書く

わたしたちは、すべての本を一粒の塵に書き込むという目標に、どこまで近づいただろう？　一九八八年にイェール大学で教えていたとき、わたしは当時最大のハードディスクを物理学科で購入した。それは一ギガバイトで、値段は一万五〇〇〇ドルだった。今わたしは、ペーパー・クリップぐらいの大きさのメモリー・スティックを持っており、いつもキーホルダーに付けている。容量は一六ギガバイトで、四九ドルしかしなかった。ノートパソコン用に、二テラバイト（つまり二〇〇〇ギガバイト）の携帯外部ハードディスクも持っているが、これは一五〇ドルだった。つまりわたしは今では、二〇〇〇倍の容量の記憶装置を一〇〇分の一の値段で買えるというわけだ。ファインマンは、世界中のすべての本を情報量に換算すれば一〇の一五乗ビット（一〇〇〇兆ビット）になると見積もったが、これは約一〇〇テラバイトで、携帯ハードディスクだと五〇台分である。もちろん、これらのドライブのなかのスペースの大部分は、データ保存のためではなくて、読み出し機能、コンピュータとのインターフェイス、そして電源供給のためのものである。それに、ノートパソコンの隣に違和感なく落ち着く大きさ以下に記憶装置を小型化しようと努力した者はまだいない。わたしたちは、大量の情報を原子の大きさ程度のものに保存することはまだできないが、現時点で、それより一〇〇〇倍ほど大きいだけのところまで来ている。

一九六五年に、インテル社の共同創設者の一人、ゴードン・ムーアは、利用可能な記憶容量とコンピュータの速さは約一二カ月ごとに倍増するだろうという「法則」を提案した。この四〇年間、技術が需要の上昇に遅れずに向上しているおかげで、このムーアの法則は守られ続けている。このペースが続くとして、$1000 \doteqdot 2^{10}$ なので、わたしたちはあと一〇年でファインマンの目標に到達できるかもしれない。そのときは、世界中の本を一本のピンの頭に書き込むだけではなく、そのピンの頭から世界中の本を読むこともできるはずだ。

（2）原子の大きさのレベルにおける生物学

ファインマンは、一九五九年の講演でこのように述べている。

今日《こんにち》の生物学において、最も重要で基本的な問題とは何でしょう？　それは、今から挙げるような諸問題です。DNAの塩基配列はどうなっているのか？　突然変異が起こるとどうなるのか？　タンパク質を構成しているアミノ酸の配列に結びついたDNAのなかでは、塩基はどのような配列をしているのか？　RNAはどんな構造をしているのだろうか――一本鎖なのか二重鎖なのか？　そして、塩基配列はDNAとどのような関係になっているのか？　ミクロソームはどんな組織になっているのか？　タンパク質はどのように合成されるのか？　RNAはどこへ行くのか？　また、どのような状態で存在しているのか？　タンパク質はどのような位置にあるのか？　個々のアミノ酸はどの位置に収まるのか？　光合成において、葉緑素はどのような位置にあるのか――つまり、葉緑素はどのように配置されるのか？　また、カロチノイドは光合成にどう関わっているのか？　どんなシステムが光を化学エネルギーに変換しているのか？　これらの生物学の基本的な問題の多くは、じつに容易に答えられます。それぞれのものを見ればいいだけなのですから！

これ以上明確かつ正確に、現代生物学の前線を列挙することができたろうか？　DNAの塩基対の配列を本質的に原子レベルで読むことを可能にした研究に対して、少なくとも三つのノーベル賞がすでに与えられている。ヒトゲノムの配列の解読は、生物学の聖杯だったが、遺伝子配列を決定する能力は、コンピュータについてのムーアの法則をはるかに上回る速さで向上している。最初にヒトゲノムが解読されてからまだ一〇年経たないが、費用は当初一〇億ドルを超えていた。ところが今では、数千ドルで解読が可能で、この先一〇年以内に、レストランでおいしいディナーを食べるよりも安い値段で誰もが自分のゲノムを解読することができるようになると予想される。

分子の並びを読み取ることは重要だが、生物学の進歩へのほんとうの鍵は、分子の三次元構造を原子の尺度で決定することだ。タンパク質の機能を決定しているのはその構造であり、したがって、タンパク質を構成する原子がどのように折りたたまれて、機能するメカニズムを形成しているのかを決定することは、現在分子生物学で最も注目されているテーマである。

しかし、ファインマンも予測していたように、生物の系を原子レベルで探ることは、受身なだけの活動ではない。科学者たちは、データを読むことができるなら、ある程度までは、そのデータを書くこともできる――つまり、彼らは生体分子を一から作り上げることができるのである。さらに、生体分子を作り上げることができるなら、彼らは究極的には生物的系――すなわち生物――を一から作り上げることができるはずだ！　そして、このような系を一から作り上げることができ、かつ、それらの系がそのように機能しているのはなぜかを理解できるなら、わたしたちは、現在地球に存在していない生命体を設計することができるだろう。たとえば、大気から二酸化炭素を抽出してプラスチックを作る生物や、ガソリンを生み出す藻などだ。そんなことはありそうもないと思われるかもしれないが、そうではない。ハーバード大学のジョージ・チャーチや、ヒトゲノムの最初の解読に一役買った企業を率いていたクレイグ・ベンターのような生物学者たちは、まさに今、そのような難題に取り組んでおり、ベンターの企業はつい最近、ガソリン生成藻事業にエクソンから六億ドルの投資を受け取ったばかりだ。

（3）原子を一個ずつ観察し、動かす

一九五九年の講演で、ファインマンは当時まだ比較的新しい分野だった、電子顕微鏡法の情けない状況を嘆いた。電子は重い（質量のない光子に比べれば）ので、電子の量子力学的波長は短い。したがって、光学顕微鏡は可視光の波長――原子の大きさの一〇〇〇から一〇〇〇〇倍――という限界より小さなものは観察できないのに対して、電子は磁場で操作すれば、光で観察できるよりもはるかに小さな対象物から跳ね返って、その像を形成することができる。しかし一九五九年の時点では、個々の原子の像が得られる可能性などほとんどありそうにないと思われた。というのも、原子ほど小さなものを見るのに必要なエネルギーの大きさを考えると、観察するためには、対象の系を乱さざるをえないと考えられたからだ。

今、状況は大きく変わっている。これもファインマンが予測したとおりに、量子力学的系の性質そのものを利用した、走査トンネル顕微鏡と原子間力顕微鏡という新しい顕微鏡が登場し、分子を構成している原子一個ずつの像を捉えることが可能になったのだ。ファインマンはさらに、「物理学の諸原理は、わたしが見るかぎりでは、対象物の原子を一つずつ操作する可能性を否定するようなことは何も述べていません。そのようなことを試みても、どの法則に反しているわけでもない。それは原理的には可能なことなのですが、われわれが大きすぎるために、実際にはまだ行なわれていないのです」と予測した。そのとおり、今では、新型顕微鏡と同様の技術を使った「原子ピンセット」が開発されており、また、強力なレーザーが作られて、研究者たちは好きなときに個々の原子を操作して動かすことができるようになっている。この分野でも、やはりノーベル賞が三度贈られている。

今や科学者たちは、一個の原子を空間のなかで解像するだけでなく、時間のなかでもそうすることができる。レーザー技術で、フェムト秒（一〇のマイナス一五乗秒）というごく短い時間間隔のレーザー・パルスが作り出せるようになった。これは、分子と分子のあいだで化学反応が起こる時間尺度と同程度の長さだ。研究者たちは、これほど短いパルスで分子を照らすことによって、化学反応で何が起こっているのか、一つひとつのステップを原子レベルで観察したいと望んでいる。

（4）量子工学

ファインマンが原子の尺度の機械や技術について一番興奮していたのは、この尺度で仕事を始めたなら、量子力学の奇妙な特徴がはっきり現れてくるという点だった。このことに気付いた人は、特定の量子力学的性質――それは、風変わりな性質であることもあるだろう――

―を持った物質を設計しようと思うかもしれない。再び、ファインマンの講演から引用しよう。

われわれが思い通りに原子を配列できるなら、物質はどんな性質を持つようになるでしょうか？ このことは、理論的に検討するととても面白そうです。厳密にどういうことになるとは予想できませんが、小さな尺度で物の配列をある程度コントロールできるようになれば、物質が持つことのできる性質は今よりもはるかに幅が広がって、われわれができることもそれだけ多様になるということはほぼ疑いないと思います。とてもとても小さな世界――たとえば、七個の原子でできた回路などのような――に行ったなら、新しいことがたくさん起こって、それらがまた、まったく新しい設計の機会を提供してくれることでしょう。小さな尺度における原子は、大きな尺度で見られるどんなものとも似ても似つかぬ振舞いをしますが、それは原子たちが量子力学の法則に従うからです。したがって、われわれが小さな尺度まで下りていって、原子をいじくりまわすとき、われわれは違う法則を相手にしているのであり、それだけに違うことがやれると期待できましょう。いろいろ違う方法で物作りができます。回路だけでなく、量子化されたエネルギー準位を含む何らかの系、あるいは、量子化されたスピンどうしの相互作用などを利用することもできるでしょう。

米国物理学会には、現在二万五〇〇〇人以上の会員が所属している。これらのプロの物理学者や学生の半分以上が凝縮系物理学と呼ばれる領域で研究しているが、ここでの彼らの努力の相当部分が、量子力学の法則に基づいて物質の電気的・力学的性質を理解することのみならず、まさにファインマンが予測したとおりのことができるような風変わりな物質を作り出すことに捧げられている。高温超伝導からカーボン・ナノチューブまで、さらに、もっと風変わりな、量子化抵抗や伝導性ポリマーなどがその結果実現しており、一〇件ものノーベル物理学賞が、これらの人工物質の風変わりな量子力学的性質を探究する実験と、それに関連する理論研究とに対して贈られている。トランジスタ——量子力学の法則に基づいて機能する素子で、事実上今日使われているすべての電子デバイスの基礎である——が、世界を完全に変えてしまったのと同じように、二一世紀以降の世界の技術は、目下世界中の研究所で行なわれている量子工学の上に成り立つことになるのは間違いないだろう。

ファインマン賞の設立

微小なスケールでのエンジニアリングの可能性について、自分が提供したおおまかな説明だけでは知性を刺激するには不十分かもしれないと思ったのか、ファインマンは一九六〇年に、それぞれ一〇〇〇ドルを賞金とする「ファインマン賞」を二つ、自ら資金提供して設立することにした。一つめの賞は、「本の一ページに書かれた情報を、電子顕微鏡で読めるようにページの各方向を均等に二万五〇〇〇分の一に縮小することに最初に成功した男」に贈り、二つめの賞は、「機能する電気モーター——外部から制御でき、引き込み線を除いて、六四分の一立方インチの体積に納まる回転電気モーターを最初に作った男」に贈るというのだ（悲しいかな、ファインマンも彼の時代に縛られていた。彼の妹も物理学者だったのに、彼にとっては、物理学者と技術者はみな男性だったのだ）。

いろいろな事柄について先見の明があったファインマンだったが、時代のほうが彼より先に進んでいた領域もあったようだ。彼が大変驚いたことに（そして、新技術などまったく使わずに成し遂げられたという点で、大変がっかりもしたことに）、彼の講演から一年も経たないうちにウィリアム・マクレランという紳士が、木箱と顕微鏡——木箱の中に納められた、自作の微小モーターを見てもらうため——を携えてファインマンの元を訪れ、二つめの賞を要求したのだ。ファインマンは、賞の体裁を正式にはまだ決めていなかったが、約束どおり一〇〇〇ドルを支払った。しかし、マクレランへの手紙には、「わたしは、もう一つの賞については、賞金は支払わないつもりです。あの項目を書いたあと、結婚して家を買いましたので！」と書き添えた。だが、彼は心配する必要などなかった。誰かがファインマンの指定した内容を完全に満たして、賞を要求するまでに二五年もかかり、それまでには一〇〇〇ドルの価値ははるかに下がっていたからだ。ちなみに、これを達成したのは、スタンフォード大学の大学院生（男性）だった。

コンピュータはどこまで小さくできるのか？

このような賞を自ら設立し、実用的な機械にたいへん興味を持ってはいた（ファインマンは、学者生活をとおして随時、ヒューズ・エアクラフト社のような企業に助言をしていた。それは、学者としての努力のほとんどを奇妙な粒子や重力に捧げていた時期でさえも変わらなかった）が、一九五九年の講演のなかでファインマンが一番興味を持っており、また、そもそもこれらの問題を考えるようになった理由であると事実上述べた事柄で、のちに実際に自分で専門的に探究した唯一の対象となったのが、より速く、より小型で、まったく新しいタイプのコンピュータを作り上げる可能性だった。

ファインマンはかなり以前から計算機と計算全般に関心を抱いており（ちょっと信じがたいことだが、MITのコンピュータ科学者、マーヴィン・ミンスキーはファインマンから、じつは彼は物理学よりもコンピュータ関連のことのほうにいつも興味を持っていたのだ、と聞いたことがあるという）、それが最初に最高潮に達したのはおそらく、これらの活動が原爆計画の成功に不可欠だった、ロスアラモスで過ごしたあいだのことであったと思われる。彼は、普通には見通せないような複雑な量を頭のなかで素早く見積もるため、あるいは、複雑な微分方程式を解くために、まったく新しいアルゴリズムを作り上げた。大学院を出たばかりだったにもかかわらず、ハンス・ベーテに実力を認められたファインマンは計算グループのグループ・リーダーに任命された。そして、紙と鉛筆で計算するところから始まったこのグループは、やがてマーチャント計算機と呼ばれる、不恰好な手動の機械で計算するようになり、最後には新型の電子計算機（IBMの専門家たちがやってきて作業をする前に、ファインマンと彼のチームが箱から取り出して組み立ててしまったのだった）を使うところまで到達した。臨界質量に達するにはどれだけの量の物質が必要かを決定するのに不可欠だった、爆弾内で中性子が拡散する様子から、プルトニウム爆弾の成功に肝要な爆縮過程のシミュレーションに至るまで、このグループはあらゆることを計算した。ファインマンはあらゆる点においてすばらしいというほかなく、彼と暗算の一騎打ちに興じたこともあったベーテをして、ファインマンを失うくらいなら、誰でもいいからほかの物理学者を二人失ったほうがましだと言わしめた。

電子計算機がやってくるずっと前に、ファインマンは世界初の並行処理人間コンピュータとでも呼べそうなものを作るのに一役買った。やがて登場する大型並行プロセッサを先取りするものだ。彼の計算グループは、それに先立って緊密に調和がとれたチームにまとめあげられていたので、ある日ベーテがやってきて、彼らにある量を数値積分してくれと頼んだところ、こんな芸当を披露してみせた。ファインマンの、「オーライ、鉛筆、計算！」という号令で、全員が一斉に、鉛筆を空中に飛ばして回転させたのだ（ファインマンが教えた技である）。これは単なる遊びではなかった。電子計算機以前の時代には、複雑な計算は小さな部分に分割しないと、短時間で計算することはできなかった。どんな計算も、一人の人間、あるいは一台のマーチャント計算機でやるには複雑すぎた。だがファインマンは、研究所の科学者たちの妻を中心に人を集めて大きなグループを作り、複雑な計算をたくさんの単純な部分に分割して、一人ひとりのメンバーに一つずつ計算させては、次の人に送らせたのだ。

経験をとおして、ファインマンはコンピュータのからくりの詳細なところまで――コンピュータが解けるように問題を分割する（ファインマンの言葉を借りれば、コンピュータを効率的な「ファイリング担当者」にする）にはどうすればいいかや、もっと面白いこととしては、どの問題は妥当な時間内で解くことが可能で、どの問題はそうではないかを判定したりして――深く親しむようになった。小型化のプロセスを考え始めて、これらすべてが記憶によみがえったのだった。コンピュータはどこまで小さくできるだろう？　どんな難題が行く手に待ち構えているだろう？　そして、電力の使用や計算能力の点で、小型化にはどんな利点があるだろう？　また、小さくすれば、よりたくさんの要素を持ったより複雑なコンピュータが作れるのだろうか？　一九五九年、当時のコンピュータと彼の脳を比較して、彼はこんなふうに述べた。

わたしのこの骨の箱（訳注：頭蓋骨のこと）のなかには、わたしたちの「すばらしい」コンピュータのなかにあるよりも、はるかに多くの「素子」が含まれています。しかし、それに比べるとわれわれの機械式コンピュータはあまりに大きすぎる。一方、この骨の箱のなかにある「素子」は、顕微鏡レベルの大きさだ。わたしは、顕微鏡レベルよりさらに小さな素子をいくつか作りたいのです……。これらすばらしい特別な質的能力をすべて備えたコンピュータを作りたいなら、おそらく、ペンタゴンほどの大きさにせねばならないでしょう。そうなった場合、少なからぬ不都合が生じます。第一に、あまりに多くの物質が必要です。世界中からゲルマニウムを集めてきても、この途方もないコンピュータに組み込むトランジスタすべてをまかなうには足りないかもしれません。さらに、発熱や電力消費の問題もあります……。ですが、もっと大きな実際の問題は、そうやって作ったコンピュータのスピードには上限があるだろうという点です。サイズが大きくなると、ある場所から別の場所に情報を送るのに、かなりの時間がかかってしまう。情報は光の速度よりも速く伝わることはできない――したがって、コンピュータをどんどん高速化し、ますます複雑化していくなら、いずれコンピュータを小型化せねばならなくなるでしょう。

一九五九年の講演のなかでファインマンは、将来の実際の展開につながる知的難問や機会をいくつも概説したが、彼がその後本気で詳細に取り組もうと再び取り上げたものは、この最後の問いだけだった――それはしかも、この講演で触れられたほかのいくつもの可能性をも結びつけた、驚くべき方向へと進んだ。だが、それには二〇年以上の時間がかかった。彼がこの問いに立ち返る気になった理由の一つは、息子のカールのことをいつも気にかけていたからだった。一九七〇年代後半には、カールは大学に――ファインマンの母校のMITに――入っており、ファインマンにとって嬉しいことに、はじめは哲学を専攻していたのが、その後コンピュータ・サイエンスに転向していた。ファインマンは、息子が取り組んでいる分野について、もっと考えてみたいと思うようになったのだ。彼は、カリフォルニアで会ったことのあるMITのマーヴィン・ミンスキー教授に息子を紹介した。ミンスキーは、自宅の地下に間借りしている大学院生、ダニエル・ヒリスにカールを引き合わせた。ヒリスは、一〇〇万個の独立したプロセッサが並行して計算を行ない、さらに、高度なルーティング・システムを通して互いに通信する、巨大なコンピュータを作る会社を始めようという、無謀な考えを抱いていた。カールは、自分の父をヒリスに紹介した――実のところはヒリスに、カリフォルニアに行ったら父の元を訪れるといいと勧めたのだった。ヒリスがたいそう驚いたことに、ファインマンは二時間車を走らせて、空港まで彼に会いに来た。ヒリスの計画をもっと詳しく知りたかったのだ。話を聞いて、ファインマンはその場でその計画を「いかれた計画」と評したが、これは、この計画の可能性と実用性について検討してみたい、という意味であった。この計算機はやがて、ファインマンがロスアラモスで作った並行処理人間コンピュータの最新電子バージョンとなるだろう、というのが彼の予測だった。このことと、息子が一翼を担っていたこととが相俟《あいま》って、この機会はファインマンにとっては見逃せなかった。

実際、ヒリスがほんとうにその会社、〈シンキング・マシンズ〉社を始めたとき、ファインマンは一九八三年の夏じゅう、ボストンで（カールと共に）過ごさせてくれと申し出た。ただし、ヒリスの願いに添って自分の科学専門知識に基づいて、全般的で曖昧な「助言」をすることについては、そんなことは「でたらめの山」だからできないと言って拒否し、なにか「具体的な仕事」をくれと要求した。結局彼は、並行計算が実際にちゃんと行なえるようにするために個々のルーターに必要なコンピュータ・チップの数は何個かという問題に対する解を導き出した。彼が導き出したこの解がすばらしかったのは、伝統的なコンピュータ・サイエンスの技法を一切使わず、その代わりに、熱力学や統計力学を含む物理学のさまざまな考え方を使って定式化されたものだったからだ。そして、なお重要なことに、その会社のほかのコンピュータ技術者たちが出した推定値とは一致しなかったけれども、実際にはファインマンのほうが正しかったのであった（同時に彼は、この会社のコンピュータが、素粒子からなる物理系の形態のシミュレーションをする際の問題など、ほかのコンピュータでは数値的に計算するのが難しい物理学の問題を解くのに大いに役立つだろうということを示した）。

コンピュータの原理的基盤への関心

このころ——具体的には一九八一年——、彼はコンピュータによる計算そのものの理論的基盤についてより深く考え始め、カルテックの二人の同僚、ジョン・ホップフィールドとカーヴァー・ミードと共に、パターン認識から計算可能性の問題そのものに至るまで、幅広いテーマを扱う講座を教えた。パターン認識については、ファインマンは常に関心を抱き続けており、突飛で、当時のコンピュータにはとても実行不可能な提案をいくつか行なっていた。パターン認識は今日なお、たいていのコンピュータでは能力不足な仕事で、みなさんがあちこちのウェブサイトに行かれた際に、画面に歪んだ文字がいくつか並んだ絵が出てきて、

「見えたとおりにキー入力してください」と求められ、そうしないと先に進めないのは、それらのサイトが、機械にはパターン認識が難しいということを利用して、自動コンピュータ・ウイルスやハッカーと、ごく普通の人間のユーザーを区別しているからである。

ファインマンの心を最終的に捉えたのは、コンピュータ計算の物理学と、それに関連した、物理学のコンピュータ計算という分野だった。彼はこの分野について一連の科学論文を書き、また、一九八三年に教え始めたこのテーマについての講義メモが、彼の死後、（彼の遺産を巡る法廷闘争ののちに）本として出版された。

ファインマンは、しばらくセル・オートマトンという考え方に引き付けられていた時期もあり、カルテックの若き神童で、のちにコンピュータの数式処理システム、「マセマティカ」――個々のユーザーの数値計算や解析計算の行ない方を革命的に変え、現在に至っている――の開発者として名を馳せるスティーヴン・ウルフラムと、セル・オートマトンを巡って長時間議論したこともあった。セル・オートマトンとは、要は格子に並んだ一組の対象物で、コンピュータ処理の一つの時間ステップごとに、一番近くにある別の対象物の状態に応じて、ある単純なルールに従って動くようにプログラムできるものである。極めて単純なルールでさえも、驚くほど複雑なパターンを生み出すことができる。ファインマンが、現実の世界もこのようになっている――つまり、時空の一点一点に対する極めて単純な局所的ルールが基礎にあって、そこから最終的に、巨視的な尺度で見られる複雑さが生まれている――のではないだろうかということに関心を抱いていたのは間違いないだろう。

だが、はたして彼の最大の関心は、コンピュータによる計算と量子力学についての問題へと向かった。彼は、古典力学的な系ではなく量子力学的な系をシミュレーションするためには、アルゴリズムをどう変えなければならないだろうかと自問した。つまるところ、基本的な物理のルールが違うのである。問題の量子力学的系は確率的に扱われねばならず、また、彼が量子世界を再定式化するにあたって示したように、そのような系が時間の経過に従ってどのように進化していくかを正しく追跡するには、系が取りうる多数の異なる経路の確率振幅（確率そのものではない）を同時に計算せねばならなかった。ここでもまた、彼の定式化による量子力学は、並行していくつも異なる計算を行ない、その最後に結果をすべてまとめあわせるという作業をコンピュータに対して必然的に要求したのだった。

一九八一年から八五年のあいだに発表された一連の論文のなかに記されている、このテーマを巡る彼の熟考は、一九五九年に彼が行なった提案に立ち返る、新しい方向へと彼を導いた。それは、量子力学的な働きをシミュレートするのに、古典的なコンピュータを使う代わりに、それ自身が量子力学のルールに支配されるほど小さな素子を使ってコンピュータを設計することができないだろうか、という問いと、さらに、もしもそれができるなら、コンピュータに可能な計算方法は、それによってどのように変わるのだろうか、という問いだ。

この問いに対するファインマンの関心が、彼が常に持ち続けていた、量子力学を理解したいという熱意から来ていたことは明らかだ。仮にほかの誰も理解できなかったとしても、ファインマンだけは量子力学がどのように働いているかを根本から理解していたはずだと思われるかもしれないが、じつは彼は、一九八一年の講義と、この問題を初めて論じた論文のなかで、量子力学に対してあまりしっくりした感じを抱いていないということを告白しているのだ。しかしそのくだりは、字面では確かにそう述べているが、むしろ、彼が取り上げて考えるべき問題――この場合は、量子コンピュータという問題――を決めるとき、どういう理由付けをしているかについての告白になっている。

わたしがどこに向かうつもりかおわかりいただけるように、この場ですぐ言ってしまいましょうか？　わたしたちはこれまでずっと（ここだけの内緒の話です、ドアを閉めてください！）――わたしたちはこれまでずっと、量子力学が示す世界観を理解するのに、たいそう苦労してきました。少なくともわたしはそうです。というのも、わたしはひどく年を取っているので、量子力学の話に文句なしに納得できる境地に達したことがないんです。そう、わたしはいまだに量子力学にはいらいらするんですよ。したがって、一番若い学生たちの何人かは……みなさんもご存知のように、新しい考え方というものは常に、たいしたことではない、当たり前のことになるまでに、一、二世代かかるものです。わたしにとって、こいつはまだ当たり前のことではないし、たいしたことないとは思えないし、たいしたことないのかどうか、わたしにはまだわからない。コンピュータについてのこの問いかけ――量子力学の世界観とは何かを巡る、謎かもしれないし、謎ではないかもしれない謎についての問いかけ――をすることによって、わたしは何かを学べるのでしょうか？

ほかならぬこの問題について検討するために、ファインマンは、古典的確率のみに従って作動する古典的なコンピュータ・システムで、量子力学的振舞いを正確にシミュレートすることは可能かどうかについて考えた。答えは「ノー」のはずだ。もしも「イエス」なら、それは、真の量子力学的世界は、ある種の量を測定できない古典的な世界と数学的に等価だということになってしまう。このような古典的世界では、これらの「隠れた変数」の値がわからないので、測定できる変数についても、その確率的な結果しか知ることができない。この場合、観察可能な出来事はどれも、未知の要素、観察されていない量の値に依存することになる。この架空の世界は、量子力学の世界にやけに似ているという感じがする——アルベルト・アインシュタインも、われわれはそんな世界に住んでいるはずだと考えていた。つまりこれは、量子力学が持つ奇妙な確率的性質は、自然の基本的な物理パラメータのいくつかをわれわれが知らないということだけが原因で生じているのであり、量子力学の世界とは、本質的には理に適った古典的世界なのではないかという立場につながる。しかし、ジョン・ベルが一九六四年に注目すべき論文のなかで示したように、量子の世界は、こんなものよりもはるかに奇妙なのである。好むと好まざるとにかかわらず、量子の世界と古典の世界は決して等価ではありえない（訳注：ベルは一九六四年、ベルの不等式と呼ばれる、局所的な隠れた変数理論が満たすべき相関の上限を与える式を発表した。量子力学ではこの上限を破ることができ、実験的に、量子論と局所的な隠れた変数理論を区別することができる)。

ファインマンは、系が進化するのに伴い、いくつかの観察可能な量に対して量子系が生み出すのとまったく同じ確率を生み出すことのできる古典的なコンピュータをでっちあげようとしたなら、それ以外の観察可能な量の確率が負になってしまうということを示し、ベルが主張する内容の見事な例を導き出した。こういう負の確率は、物理的にまったく意味をなさない。極めて現実的な意味で、量子確率の世界は、純粋に古典的な世界に収められるどんなものよりも大きいのである。

「隠れた変数理論」がすべて失敗する運命にあることを物理的にうまく示した一方で、ファインマンは同じ論文のなかで、もっと興味深い問いを投げかけている。「本質的に量子力学的なコンピュータを作ることはできるだろうか?」というのがその問いだ。これはつまり、基本ビットが一個の電子のスピンのような量子力学的対象物だとしたら、任意の量子力学系の古典的コンピュータでは効率的に処理できないさまざまな量子力学的シミュレーションを行なうことができるのだろうか、という問いかけである。

一九八二年の最初の論文では、彼の答えは、力強い「おそらく」だった。しかし、彼はその後もこの問いを考え続けた。ＩＢＭ研究所の物理学者、チャールズ・ベネットが、コンピュータによる計算の物理をめぐる社会通念の多くが間違っていることを示したのに刺激されたのだ。そうした通念のなかでもとりわけ、コンピュータは計算を行なうたびに必ずエネルギーを熱として放散するということがよく言われていた(なにしろ、ラップトップ型のパソコンを使ったことのある人なら誰もが、どれだけ熱くなるかよく知っている)。ところがベネットは、コンピュータによる計算は、原理上、「逆向きに」行なうことができると示した。言い換えれば、ある計算を行なったあと、その計算の一つひとつの操作をきっちりと逆の順序に行なって、エネルギーを熱として失うことなどまったくなしに、元の計算を始めたところまで戻ってくることが、理論上可能なのである。

量子コンピュータのモデルを造る

ここで一つの疑問が持ち上がった。「至るところで量子揺らぎが現れる量子力学の世界では、この結論は成り立たなくなるのだろうか?」という疑問だ。ファインマンは一九八五年の論文で、その答えは「ノー」だということを示した。しかし、そう結論するためには、彼は普遍的量子コンピュータの理論的モデルを作り上げねばならなかった。普遍的量子コンピュータとはつまり、純粋に量子力学的な系で、その進化を管理して、普遍的計算システムの重要な要素である、不可欠な論理素子(すなわち、「アンド」、「ノット」、「オア」など)を生み出せるようなものである。彼はこのようなコンピュータのモデルを構築し、そして、このようなコンピュータは原理的にどのように操作すればいいかを記述して、次のように結論づけた。「いずれにせよ、物理学の法則は、ビットが原子の大きさになって、量子力学的振舞いが圧倒的な支配力を振舞うまでコンピュータを小型化することを阻む障害など何ももたらさないように思われる」。

彼が取り組んでいた抽象的な物理の問題は、どちらかといえば学術的なものであったが、その個々の素子の振舞いを量子力学の法則が支配するほど小さなコンピュータを実際に作り上げることには、ほんとうに実用的な利益があるかもしれないと彼は気付いていた。自分がこの論文のなかで理論的に概要を記してきた量子コンピュータは、古典的コンピュータを真似るように設計されたもので、個々の論理操作は一つひとつ順次行なわれると述べたのに続き、ほとんど捨て科白のように、こう書き添えている。「これらの逆方向の操作も可能な量子系のなかで、並行操作と同じスピードを実現するにはどうすればいいかについては、ここでは検討されていない」。この一つの文章で示唆されている可能性は、わたしたちの世界を簡単に変えてしまうかもしれない。ここでもまたファインマンは、ある研究分野全体の研究の展開を一世代にわたって支配することになるアイデアを提案したのだった。彼自身がその後その分野で、影響力のある結果をもたらしはしなかったとしても。

量子計算の分野は、理論面でも実験面でも興味深い、今最もわくわくする分野の一つだが、その理由はまさに、古典的コンピュータは量子系を正確に真似ることは決してできないというファインマンの主張にある。量子系ははるかに豊かで、そのため、「量子コンピュータ」は、今日存在する最大の古典的コンピュータでは宇宙の年齢よりも長い時間がかかるような計算を実際に効率的に完了させられるような、新しいタイプの計算アルゴリズムを実行できるかもしれないのだ！

鍵となるアイデアは、ファインマンがロスアラモスで堂々と活用し、また、ファインマンの経路積分による量子力学の定式化がじつにはっきりと示している、あの単純な特徴である。量子系は、まさにその本質からして、無数の異なる経路を同時に取る。一つひとつの経路が、ある特定の計算に対応するようにできたなら、一つの量子系が、自然が提供する完璧な並行プロセッサになるかもしれない！

ファインマンが最初に議論した、二つのスピン状態——それぞれ「上向き」と「下向き」と名づけることにしよう——を持った、一個の量子力学的粒子を考えてみよう。上向きの状態を「1」、下向きの状態を「0」と呼ぶことにすると、このスピン系はコンピュータの計算で使う、あの情報の1ビットを表していると見なすことができる。しかし、このような量子力学系の重要な特徴として、わたしたちが測定して、それが上向き、下向き、どちらの状態にあるか特定するまで、量子力学の法則に従って、系はいずれの状態にも、ある特定の確率で存在しうる。つまり、その系は同時に両方の状態に存在するというのと同じことなのである！　このようなビットのことをいまでは量子ビット、またはキュビットと呼んでいるが、キュビットは古典的なビットとはまったく違う。このようなキュビットを実際に測定することなしに操作し、それを強制的に特定の状態にする方法を見出せたなら、二つ以上の計算を同時に行なう一個の量子プロセッサが作れる可能性がある。

量子コンピュータ実現に向けて

一九九四年、ベル研究所の応用数学者、ピーター・ショアは、このような系が潜在的にどれほど力を持っているかを示し、それに世界が関心を寄せた。ショアは、古典的なコンピュータでは実質的に無限の時間をかけずに解くのは不可能だと証明されたある数学的な問題を、量子コンピュータは効率的に解くことができると示したのだ。その問題は、次のように簡単に述べることができる。すべての数は、素数の積として一意的に（つまり、ただ一通りに）書くことができる。たとえば、15は3×5、99は11×3×3、56は2×3×3×3、などのように。数が大きくなるにつれて、このような一意的に決まる素数、つまり、素因数の積に分解するのは難しくなる。ショアは、任意の数について正しい素因数分解を導き出すために素因数の空間を探索するアルゴリズムを、量子コンピュータに対してなら作ることができると証明したのだ。

そんなたいしてぱっとしない結果をどうして気にしなければならないのかと思われるかもしれない。実際、銀行に預金のある人や、取引でクレジット・カードを使う人、あるいは、国家機密を保持するのに使われている暗号の安全は確保されているのかどうか心配な人には、これは大いに重要なことのはずだ。現在、銀行取引も国家機密情報もすべて、どんな古典的コンピュータを使っても解けない暗号で暗号化されている。暗号化するのに使われている「鍵」は、あるひじょうに大きな数の素因数を知っていることを中核に作られている。したがって、その素因数を前もって知らないかぎり、普通のコンピュータで暗号を解こうとしても、宇宙の年齢よりも長い時間がかかって事実上不可能になってしまう。しかし、十分「大きな」量子コンピュータは、対処可能な時間内にこの仕事をすることができるのである。

「大きな」がどの程度の大きさを意味するかは、解きたい問題の複雑さによって異なるが、数百から一〇〇〇キュビットのシステムなら、たいていの仕事は果たせるだろう。

それなら、銀行に飛んでいって、自分の大事な預金を下ろし、ベッドの下に隠したほうがいいのだろうか？　あるいは、命あってのものだねとばかりに、シェルターのなかに駆け込み、まもなく国家機密の暗号が破られて侵略者たちがやってくるのに備えるべきだろうか？言うまでもなく、そんなことはない。そもそも、目下進行中のさまざまな実験段階の努力に莫大な資源が投じられてはいるものの、二、三キュビット以上の量子コンピュータを作るのに成功した者はまだいない。その理由は単純だ。コンピュータが量子力学的に振舞うには、外部から及びうるあらゆる作用からキュビットが注意深く隔絶されていなければならない。さもないと、外部からの干渉によって、系に保存されていた量子力学的情報はすべて事実上たちまち破壊されてしまうだろう——わたしたちの振舞いが量子力学的ではなくて古典的であるのと同じ理由だ。ほとんどの系で、普通「量子コヒーレンス」と呼ばれているもの——系の個々の構成要素の量子力学的な配置が保たれること——は、極めて短い瞬間に破壊されてしまう。量子コンピュータを「量子的」に保つのは大きな難題で、ちゃんとコンピュータが使えるレベルでそんなことがほんとうに可能なのか、誰にもわからない。

実用に関するこのような問題よりも重要なのが、量子コンピュータでは素因数分解のような問題における古典的コンピュータの限界がなくなる、まさにその量子力学の原理そのものが、情報をある地点から別の地点へと完全に安全に伝達することを原理的には可能にする、新しい「量子伝達」アルゴリズムの開発も可能にするだろうということだ。ここで「完全に安全に」とは、伝達される情報を盗もうとしている第三者が実際にメッセージを傍受したかどうかを決定できるという意味である。

一九六〇年にはファインマンの目に輝いた光でしかなかった量子コンピュータという新分野を、現代科学技術の前線にまで押し進めたのは、爆発的に生まれたたくさんのアイデアだったが、その爆発はあまりに大規模で、ここで十分に説明することはできない。これらのアイデアは、最終的には、現代工業化社会の組織改革をもたらすかもしれない。実際的な意味で、これらの研究開発は、ファインマンの最も重要な知的遺産のいくつかをかたちにしたものに相当するのかもしれない――たとえファインマン自身は、自分の提案がいかに重要だったかを十分理解できるほど長生きしなかったとはいえ。大胆で独創的な精神による一見風変わりでややこしい思惑が、世界を変える一助となるということに、わたしは何度も驚嘆させられてきたが、今後も驚嘆させられ続けるだろう。

第17章　真実、美、そして自由

僕は、物事がわからないからといって恐ろしいとは感じない、何の目的もない不可解な宇宙のなかで途方に暮れてしまっても、恐ろしいとは感じない。僕が知るかぎり、宇宙とはほんとうにそのようなものなのだから。たぶん、ほんとうにそうなのだ。僕はそれを恐ろしいとは思わない。

——リチャード・ファインマン

クォークへの無関心

一九六七年一〇月八日の《ニューヨーク・タイムズ・マガジン》に、「クォークを追い求める二人の男」という記事が載った。著者のリー・エドソンは、こんなふうに書きたてた。「多くの科学者を、このあてどもないクォーク探しの旅へと駆り立てている元凶は、カリフォルニア工科大学の二人の物理学者、マレー・ゲルマンとリチャード・ファインマンである……。カリフォルニアのある科学者は、二人のことを、『今日《こんにち》の理論物理学で、一番売れっこの役者たち』と呼ぶ」。

この二つの文章のうち、後のものは、当時の実情を正しく記しているといえるが、はじめのものはそうではなかった。二人は弱い相互作用について共同研究を行なったことはあったが、そのあと、ちょうどこの記事が書かれる六、七年前ごろから、ファインマンは素粒子物理学から徐々に離れていたからだ。そのころの素粒子物理学では、強い相互作用をする素粒子が加速器を使った実験で次々と発見され、混乱を深めていくのをなんとか整理しようと多くの科学者たちがやっきになっていたが、その状況は、『オデュッセイア』でセイレーンの歌声に呼び寄せられた船乗りたちが、ただ岩に打ち砕かれるばかりだったのとまるで同じで、解決しようとやってきた科学者たちをただ愚弄するためだけに作り出されたかと思われた。一方ゲルマンは、この状況に真正面から取り組み、自分や同僚が使える手段をすべて駆使して、苦労を重ね、スタートできたと思った直後に躓《つまず》くという失敗を何度も繰り返した末にとうとう、すっきり明瞭な状況に至れるかもしれないという、いくばくかの希望をこの分野にもたらすことに成功した。

「堅い胡桃が割れる音」——ゲルマンのもたらした進展

ファインマンはこの様子を、コーネル大学で行なわれたハンス・ベーテの六〇回めの誕生日の祝いの席で行なったスピーチのなかでざっととまとめて話したが、その内容は、一九五〇年代前半に液体ヘリウムについて書いた最初の論文の書き出しの文章を彷彿させる。「強い相互作用をする粒子についてわたしがこれまであまり何もしてこなかった理由の一つは、いアイデアを得るに十分な情報がないと思えたからです。わたしの良き同僚、ゲルマン教授は、そんなわたしが間違っていたことをいつも証明していました……。そして今、堅い胡桃が割れる音が、突然聞こえてきたのです（訳注：「堅い胡桃」は、「難問題」を意味する英語の慣用句）」。

一九六〇年代前半、素粒子物理学を支配していた混乱がどのようなものだったか、少しでも実感を得たいなら、量子重力と、量子重力とも関係が深い「万物の理論」になるかもしれない理論を理解するための現時点で最良のアプローチがどんな状況にあるかを考えてみれば十分である。アイデアはたくさんあるのに、物理学者たちを導いてくれるようなデータはほとんどなく、理論上の提案を徹底的に追究しようとすればするほど、状況はますます混乱して見えてくる。一九六〇年代にはもっとたくさんのデータが実験装置から生み出されていたのは確かだが、それがどこへ導いているのか、誰にもわからなかった。一九六五年に、弱い力のみならず強い力をも理解できるほぼ完璧な理論的基盤が一〇年以内にできあがると誰かが言ったとしても、たいていの物理学者はなかなか信じなかっただろう。

ゲルマンは、まことに驚くべき洞察によって、この困難な状況を打開した。多くの物理学者が、量子電磁力学（QED）ではあれほどうまくいった手法を使って素粒子物理学を理解する可能性そのものをあきらめようとしていた一九六一年、ゲルマンは群《ぐん》論の重要性に気付いた。その群論が彼にとって、手に余る夥《おびただ》しい数の新しい素粒子をその対称性によって分類する数学的なツールとなったのだった。すばらしいことに、素粒子は群の「多重項」と呼ばれる性質に則って分類でき、同じ多重項に分類される粒子どうしは、その群に付随する対称変換を施すことによって互いに変換できる。この対称性は、本書で前に述べた回転と似ている。特定の条件で回転すると、三角形や円は回転前と同じに見えるのだった。ゲルマンの構想では（ゲルマンのほか、世界各地の数名の科学者たちも同じことを独立に見出したのだが）、同じ多重項に属するそれぞれの粒子は、その性質（電荷、ストレンジネス、など）に応じて、ある一つの多面体の頂点のどれかに相当すると見なすことができる。そして、一つの多面体に配置できたすべての粒子は、対称性が存在するおかげで、さまざまな方向に多面体を回転することによって、うまく相互に変換できるのである。

それを使えば強い相互作用をする粒子がうまく分類できることをゲルマンが発見した群は、SU（3）と呼ばれる特殊ユニタリ群だ（訳注：このころ、ゲルマンをはじめ一部の理論家たちが、粒子の対称性は行列の群が持つ対称性で表現できることに気づくようになり、強い相互作用をする粒子はSU（3）という行列の群と同じ対称性を持つことをゲルマンが突き止めた。特殊ユニタリ群とは、ある条件を満たす行列がなす群で、SU（3）は対称性が三つの成分で表現されるが、ゲルマンはアップ、ダウン、ストレンジの三種類のクォークがなす対称性がこれと同じであると示した）。SU（3）には、基本的には八つの異なる内部回転があって、さまざまな項数の多重項（八重項、九重項、十重項など）を持つ既約表現を使って、同じグループに属する素粒子を、多重項の項数と頂点の数が同じである多角形の頂点に配置させるかたちで関連付けることができるが、一番わかりやすいのは八重項の場合だろう。このようにしてゲルマンは、それまでに知られていたほとんどすべての強い相互作用をする粒子を分類することに成功した。自分の分類法がうまくいったことに大喜びしたゲルマンは（とはいえ当時入手できた証拠だけでは、それが確かに正しいという確信は、ゲルマンもほかの物理学者たちもとても持てなかったのだが）、それを「八正道《はっしょうどう》」と名づけた。これは、ＳＵ（３）が八重項だから、という数の一致だけが理由ではなくて、ゲルマンらしいやり方で、仏陀が説いた涅槃に至る八つの道という意味にも引っ掛けているのである。「比丘《びく》たちよ、これこそが苦の消滅に導く聖なる真理である。すなわち、正見、正思惟、正語、正業、正命、正精進、正念、正定である」（パーリ律「大品」）。

ゲルマンは、イスラエルの物理学者、ユヴァル・ネーマンと時を同じくしてハドロンをこのように分類したが、そのとき、九個の粒子からなる別のグループは、これと同じやり方では分類できなかった。しかし、ＳＵ（３）対称群には十重項からなる既約表現があることが知られていた。そこで二人は独立に、こちらを使えばうまく分類できるかもしれないし、それなら、現状で知られている粒子が九つしかないのは一つ足りないということになるので、未発見の粒子がもう一個存在するはずだと提案した。ゲルマンは、こうした新粒子が存在するに違いないといち早く宣言し、これをオメガ－マイナスと名づけ、対称性の議論を用いてこの粒子が持っているはずの性質を説明してみせ、おかげで実験家たちは、これを探す仕事が楽になった。

読者の皆さんのご期待どおり、やっきになってこの粒子を探していた実験家たちがもうあきらめようとしていたちょうどそのとき、ゲルマンが予測したとおりの性質を持った粒子――ストレンジネスも彼が言ったとおり、質量も彼の予測の一パーセント以内の値だった――が見つかった。映画脚本ばりの劇的効果である。八正道は単に生き残ったばかりか、大成功を収めたのだ。

一九六四年の一月末、オメガ・マイナスが実験で発見された翌日、ゲルマンが書いた論文がヨーロッパの物理学の学術誌、《フィジックス・レターズ》に載った。ゲルマンは、突拍子もない推測と、彼お得意の言語学の知識を生かした新しい造語を、アメリカの《フィジカル・レビュー》誌の口やかましい査読者たちが受け入れるはずはあるまいと踏んだのだった。

SU（3）の3が、何らかの物理的意味を持っているかもしれないということは、ゲルマンも、またほかの物理学者たちも、常に意識していた。SU（3）の八重項は、じつのところ、SU（3）対称群の「基本表現」――三つの要素からなる、もっと小さな表現――の、三つのコピーを適切に組み合わせて作ることができた。もしかしたら、これら三つの要素は、なんらかの素粒子に対応しているのではないだろうか？

問題は、強い相互作用をする陽子のような粒子が三つの構成要素の組み合わせでできているのだとしたら、これらの構成要素は一般的に分数の電荷を持っていなければならなくなるという点だ。だが、その頃の物理学の常識の一つに、それまでに観察されたすべての粒子の電荷は、電子と陽子の電荷（両者の電荷は大きさが等しく符合が逆）の整数倍だということがあった。どうしてそうなのかは、当時誰も知らなかったし、ある意味、今日のわたしたちもそうだ。だが、それが自然の要求するところのように思われていた。

ところが、一年ほどのあいだ強い不安を抱きながら議論を重ねたすえ、ジェームズ・ジョイスの『フィネガンズ・ウェイク』のなかに「マーク大将のために三唱せよ、くっくっクオーク」（柳瀬尚紀訳）というすばらしい一行があることを知ったことに促されて、ゲルマンは二ページというじつに短い論文を書いて、「八正道」を強い相互作用をするすべての粒子の基本的な分類法として使うことは、この分類法の根底に、異なる値の分数の電荷を持った三つの対象物があれば、数学的に意味をなすと主張し、この三つの対象物をクォークと名づけた。

ゲルマンは、風変わりでばかげているかもしれない一組の粒子を新たに提案することには慎重で、また、物理学者のコミュニティー全体が、その頃までには、素粒子という考え方そのものが間違っており、すべての素粒子は、ほかの素粒子が組み合わさってできているのかもしれないという考え方へと傾いていた。いわゆる「核民主主義」である。そのような次第で、ゲルマンは注意深く、彼がアップ、ダウン、ストレンジと命名したこれらの対象物は、計算がより効率的にできるようにするための数学的な工夫に過ぎないかもしれないと述べた。

注目すべきことに、かつてカルテックの大学院生としてファインマンのもとで学び、今やCERN——ヨーロッパの加速器研究所。欧州原子核研究機構——でポスドクをしているジョージ・ツワイクが、ほぼ同じ時期に、ほとんど同じ提案を完成させ、はるかに詳細な点まで提示していた。そのうえツワイクは、これら分数の電荷を持つ新しい粒子――彼はエース、と名づけた――は実在するに違いないということを、ゲルマンよりもはるかに積極的に提唱しようとしていた。ゲルマンの短い論文が発表されたのを見ると、ツワイクは急いで、自分の八ページの論文を《フィジカル・レビュー》誌に載せてもらおうとした。しかし《フィジックス・レターズ》を選んだゲルマンのほうが一枚上手で、ツワイクの論文が、お固い《フィジカル・レビュー》に載ることはついぞなかった。

言うまでもなく、V－A相互作用からオメガ－マイナスに至るまで、造語で次々とすばらしい大ヒットを飛ばしてきたゲルマンが相手では、クォークがエースに勝つのは必然的だった。しかしこれは、物理学のコミュニティーがゲルマンの提案を熱狂的に受け入れたということではない。むしろ、まるで歓迎せざる妊娠の知らせを聞いたときのように騒ぎ立てたのである。そもそも、分数の電荷を持った粒子など、どこにあるというのか？　加速器のデータから牡蠣の内部に至るまで、あらゆるものを調べたが、何も出てこなかった。そのような状況だったので、一九六七年に《ニューヨーク・タイムズ》がクォークをれっきとした粒子と認める記事を載せてからもゲルマンは、もしかしたらクォークは単に「便利なだけの数学的虚構」に過ぎないということになるかもしれないと言ったと伝えられている。

ファインマンがついに、初恋の相手、素粒子物理学に戻って、どんな面白い問題に取り組めるか見てみようと決心をした一九六七年は、このような状況だった。雑誌の記事で書いていたゲルマンを褒める言葉とは裏腹に、ゲルマンが素粒子物理学を前進させようとこの五年間やってきたことに、ファインマンはそれほど関心を示してはいなかった。むしろ、オメガ－マイナスの発見には極めて懐疑的だったし、クォークに至っては少しも興味がわかなかった――かつての自分の学生、ツワイクがエースを提案したときにも熱意のかけらも示さなかったくらい無関心だった。理論家たちが群論の言葉のなかに、より楽な道を見つけようと努力しているのは、真に理解することをあきらめて、代わりにすがりつくものを求めているだけのようにファインマンには思えた。彼は、物理学者たちが数学の言葉を使っていかに同じことばかり繰り返すものであるかを、「まるでべろべろバーなどの、単なる赤ちゃん言葉に過ぎない」と表現した。

パートンというアイデア

ファインマンの反応には、嫉妬が混じっていたのかもしれないという気もするが、むしろ、彼の生来の懐疑主義が、ほかの理論家たちが何を考えていようが無関心という彼の質《たち》と相俟《あいま》ったものというのがほんとうのところかもしれない。これまで彼は、強い相互作用に関するデータはあまりに混乱していて、建設的な理論的説明は不可能だという立場を守ってきたし、素粒子という概念そのものを否定する核民主主義という考え方を含め、一九六〇年代に流行ってその後すぐに廃れた理論上のアイデアはすべて避けてきた。彼の喜びは問題を解くこと、しかも、自分自身で解くことにあった。ノーベル賞受賞後に、「無視せよ」を自らのモットーと決めたのを受けて、このころ彼が「わたしが説明せねばならないのは自然の規則性だけです——友人たちの方法を説明する必要など、わたしにはありません」と言い放ったとおりだ。ところが、そんな彼が再び素粒子物理学の講座を一つ教え始めたのは、この分野の現状に追いつきたいということを意味していた。ファインマンにとってそれは、実験データの詳細に追いつくということだった。

ちょうど、そのようなことに取り組む絶好の時期だった。カリフォルニア州北部、スタンフォード大学の近く——したがってカルテックにも程近い——に、線形加速器が新たに稼動を始めていた。この新しい加速器は、それまでとは違う手法に基づいて、強い相互作用をする粒子を探ろうとするものだった。そういう粒子どうしを衝突させて何が起こるかを見るのではなく、このSLAC（Stanford Linear Accelerator Center、スタンフォード線形加速器センターの略称）と呼ばれるようになった研究所の加速器は、長さ二マイル（約三・二キロメートル）の直線軌道で電子を加速し、原子核にぶつけるのだ。電子は強い相互作用を感じないので、科学者たちは強い相互作用のさまざまな不確定さを考えることなく、電子と原子核の衝突をより簡単に解釈することができる。このようにして、七五年前にアーネスト・ラザフォードが電子を原子にぶつけて原子核を発見したときと同じように、原子核の内部を探ろうと科学者たちは考えたのだ。一九六八年の夏、ファインマンは、妹のもとを訪れる旅のついでにSLACを訪問し、何が起こっているのか、その目で確かめることにした。

ファインマンは、強い相互作用をする粒子に関する実験データをどう理解すればいいかについては、少し前から考えており、この点についてわたしは、彼が以前行なった液体ヘリウムの研究が影響しているのではないかと思う。液体をなす原子と電子の高密度な系が、低温においては、まるで原子どうしがまったく相互作用しないかのように振舞うのはどうしてかを理解しようと、ファインマンがどのように取り組んだかを思い出していただきたい（二三二〜二四四ページ参照）。

これと幾分似た振舞いが、強い相互作用をする粒子どうしの複雑な散乱について初期に行なわれた実験の結果から示唆されていた。ファインマンは、そのデータを何かの基本的な理論から説明する気にはあまりなれなかったが——あるいは、むしろ、そうしたくなかったからこそかもしれない——、いくつかの特徴は、詳しい理論的なモデルには一切頼ることなく説明できることに気付いた。その実験結果から推測されることの一つに、衝突が起こっているのは、主に陽子など、関与している粒子の尺度においてであって、それより小さな尺度ではない、ということがあった。ここからファインマンはこう考えた。もしも陽子がその内部に構成要素を持っているのなら、それらの構成要素は、陽子の尺度よりも小さな尺度では強い相互作用を行なってはいないはずだ。なぜなら、もしも行なっていたなら、実験データに現れているはずだからだ。だとしたら、強い相互作用をする粒子——ハドロンと呼ばれている——を、単純な玩具のようなモデルで描くこともできるはずだ。ファインマンが考えたその玩具のようなモデルこそ、小さな尺度では強い相互作用を行なわないが、何らかの制約を受けてハドロンの内部に留まっている、パートンという粒子だった。

それは、今日わたしたちなら現象論的と呼ぶような考え方だった——すなわち、データを理解するための一つの方法、つまり、根底に存在する物理について何らかの手がかりを得るために、規則性を求めて泥沼のなかを探ることが可能なのかどうかを見極める一つの手段に過ぎなかった。ちょうど、ファインマンが作った液体ヘリウムのモデルと同じように。もちろん、ファインマンはゲルマンのクォークもツワイクのエースも知っていたが、彼がやろうとしていたのは、ハドロンの重要な根本的理解をもたらそうということではなくて、ただ、実験から有用な情報を抽出するにはどうすればいいかを理解するというだけのことだった。そのような次第で、ファインマンは自分のパートンをゲルマンやツワイクの粒子と結びつける試みは一切しなかった。

ファインマンは彼の描像の限界を認識していたし、それが通常のモデル構築とは違っていることも承知していた。このテーマについて彼が初めて書いた論文でも、次のように述べているとおりだ。「これらの提案は、いくつかの方向からの理論的な研究から生まれたものであり、どんな既存のモデルを検討した結果を表すものではない。相対性理論と量子力学、そして、いくつかの実験事実から、ほとんどどんなモデルとも無関係に推測できる特徴を抽出したものである」。

いずれにせよ、この描像のおかげでファインマンは、このデータを何らかの基本的なモデルによって説明しようとしていた、ほかの大抵の物理学者たちが避けてきた、あるプロセスについて熟考することができた。ほかの物理学者たちは、あらゆる可能性のなかで最も単純なもの——二個の粒子が衝突体積のなかに入り、この領域を励起《れいき》するという可能性——に焦点を当ててきた。ところがファインマンは、彼の単純な描像を使えば、もっと複雑なプロセスを探究できることに気付いた。その複雑なプロセスというのは、十分なエネルギーでハドロンどうしを正面から衝突させて多数の粒子が生み出されるプロセスで、この場合実験家たちは、うまくすれば放出される粒子の二、三個について、エネルギーと運動量を詳細に測定できるかもしれない。でも、それでは使いものになる情報はあまり得られないのではないかと思われるかもしれない。だがファインマンは、自らのパートンの描像に刺激されて、これらのプロセス——包括的プロセスと彼は名づけた——は、実際に検討してみる価値があるかもしれないと主張した。

彼が気付いたのは、極めて高いエネルギーにおいては、相対性理論の効果によって、運動の方向に沿った長さは縮んで見えるので、どの粒子も別の粒子から見れば、パンケーキのようにひしゃげて見えるはずだということだった。おまけに、時間の遅れの効果で、個々のパートンがパンケーキのなかを動き回るとき、衝突する方向に沿った動きはゆっくりとなって、まるで止まっているかのように見えるはずだ。したがって、どのハドロンも、別のハドロンから見れば、たくさんの点状の粒子の集合がパンケーキのなかで静止しているかのように見えるだろう。それなら、続いて起こる衝突では、衝突するそれぞれのパンケーキのなかのパートンが一個ずつ衝突に関与し、残りのパートンはただ互いに通り過ぎるだけ、と仮定すれば、衝突で外へ出て行く一個の粒子だけが詳しく測定され、ほかの粒子はすべて、分布の全体的な特徴だけが記録されるだけで飛んでいってしまうという包括的プロセスを、物理学者たちは理解することができるだろう。ファインマンは、この衝突の描像が正しければ、入射ビームの方向で測定された、外へ出て行く粒子の運動量などの測定値は、単一分布になるはずだと示唆した。

ファインマンの提案と「スケーリング」

ルイ・パスツールは、「運は準備のできた精神に微笑む」と言ったといわれている。ファインマンが一九六八年にSLACを訪れたとき、彼の精神は十分準備ができていた。SLACの実験家たちは、彼らのデータをすでに解析しつつあった。それは、標的の陽子にぶつかって散乱する高エネルギー電子について、世界で初めて取られたデータで、ここで働いていた若い理論家、ジェームズ・ビョルケン——通称「BJ」で広く知られていた——の意見によれば、予測されたよりもかなり大量の電子が逸れて脇のほうへ飛んでいるのだった。ビョルケンは、決意に燃えた、しかし物腰は柔らかな優秀な理論家で、ときどき聞き慣れない言語で話すけれど、その結論は常に耳を傾けるに値した。当時のSLACはそのような状況だった。

場の理論の細かい概念——その多くはゲルマンが最初に提唱したものだった——をいろいろと使い、ビョルケンは一九六七年に、これらの衝突実験で実験家たちが、側方へ逸れて飛んでいく電子の性質だけを測定したなら、その分布のなかに見出される規則性は、陽子が点粒子のような構成要素でできている場合と、そうではない場合とではまったく異なるはずだということを示した。彼はこれらの規則性を、スケーリング特性と名づけた。

SLACの実験に携わっていた実験家たちは、ビョルケンのスケーリング仮説が正しいという詳細な理論的説明がほんとうに理解できたわけではないが、彼の提案が彼らのデータを解析する有効な方法を提供してくれたのは確かだったので、彼らはその解析をやってみた。すると、驚いたことに、データは彼の予測と一致した。とはいえ、データが予測とこんなふうに一致したからといって、ビョルケンの、意味があまりよくわからない提案が正しいという保証にはならなかった。ほかのメカニズムでも同じ効果が生じる可能性もないわけではない。

ファインマンがSLACを訪れたとき、ビョルケンは町を離れていたので、ファインマンは直接実験家たちと話した。言うまでもないが、彼らはビョルケンがどういう根拠から、また、いかにして理論的に実験結果を予測してみせたかということはさておき、実験結果そのものを十分理解できるように説明してくれた。ファインマンは、はるかに複雑なハドロンとハドロンの衝突をすでに検討していたので、電子と陽子の衝突はもっと簡単に解析できそうだと感じ、また、スケーリングはパートン・モデルを使えば簡単に物理的な説明ができるかもしれないと見抜いた。

その夜ファインマンは、やる気を出すために（この点については、今なお異論がある）トップレス・バーに行ったあと、ひらめきを得、ホテルの部屋に戻って、スケーリング現象は実際、簡単に説明できることを示すのに成功した。こんな説明だ。入射してくる電子にとって、陽子がつぶれたパンケーキのように見える座標系においては、電子が個々のパートン——一つひとつのパートンは、本質的に独立である——にぶつかって跳ね返るのだとすると、ビョルケンが導き出したスケーリング関数は、ある与えられた運動量を持ったパートンを陽子の内部で発見できる確率に、そのパートンの持つ電荷の二乗を重みとして掛け合わせたものとして単純に理解できる！

この説明なら実験家たちにもよくわかった。そして、ビョルケンが登山を終えてSLACに戻ったとき、ファインマンはまだおり、ビョルケンをつかまえ、彼は何を知っているのか、また何を知らないのかを巡って、たくさんの質問を浴びせた。ビョルケンは、ファインマンがこのときどんな言葉を使って話したか、そしてそれが、自分がそれまで物事を考えるときに取っていた方法といかに違っていたかをひじょうに生々しく覚えている。このときのことを、彼はこんなふうに述べている。「それは誰もが理解できる、平易で、魅力的な言葉でした。パートン・モデルが広まるのに、少しも時間はかかりませんでした」。

言うまでもなく、ファインマンは、自分の単純な描像が新しいデータをこれほどうまく説明できることに満足と興奮を覚えた。彼とビョルケンはまた、陽子に別の粒子のビームをぶつけて探ることによって、陽子について、電子をぶつけたデータを補う情報を得ることができるかもしれないと気付いた。パートンと電磁相互作用ではなく、弱い相互作用をするような粒子を入射ビームとして使うのだ。そのような粒子とはすなわち、ニュートリノである。ファインマンは再びこの分野の活動の中心に立った。そして、彼がこのアイデアについて最初の論文を発表する（SLACでの実験の数年後だった）ころまでには、深部非弾性散乱――このアイデアは、このように呼ばれることになった――は、注目の的となっていた。

もちろん、次に中心問題となったのは、「パートンは実在するのか？」と、もしもそうなら、「パートンはクォークなのか？」である。ファインマンも、彼のモデルがまったく単純であることと、実際の物理現象はもっと複雑かもしれないという可能性からして、最初の問題に完全に答えるのは難しいと認識していた。何年かのちに出版された、このテーマに関する本のなかで、彼はこの懸念をはっきりと記している。「わたしたちがトランプ・カードで作った家が壊れずに存続し、正しいと証明されたとしても、それによってパートンの存在が証明されたことにはならない……。パートンは、どのような関係を期待すべきかについての、有用な心理的ガイドを務めてきたかもしれない――そして、今後もその役目を果たし続け、まっとうな予測をほかにももたらすなら、もちろん『実在のもの』になり始めるだろう。おそらく、自然を記述するために作り出されたほかのどんな理論的構築物に負けず劣らず『実在性のある』ものとなるだろう」。

二つめの問題については、二重の難しさがあった。一つには、多くの理論家たちが素粒子という概念そのものに疑問を抱いているこの雰囲気のなかで、人々がこの問題を真剣に考えようという気になるには時間がかかった。そしてもう一つ、パートンがほんとうにクォークの表面的にあらわれたものだとしても、それならなぜ、誰もが見ることのできるように、高エネルギー衝突実験で単独の粒子として弾き出されてこないのか、という疑問があった。

だが、やがて物理学者たちはファインマンが作り上げた形式を使って、データのなかからパートンの性質を抽出することに成功した。その結果、驚いたことに、パートンが持つはずの分数の電荷が、データで確認できたのである。一九七〇年代前半までには、ファインマンはパートンにはゲルマンが仮説として提案したクォーク（そして、ツワイクのエース）の性質がすべて備わっていると確信するようになった。しかし彼は依然としてパートンという言葉を使い続けた（おそらくゲルマンを苛つかせるためだろう）。ゲルマンのほうは、「ファインマンによる単純化された描像を笑いものにしながら、クォークの実在性を信じようとしていない」という批判をかわしていた。結局、クォークのほうが基本的なモデルから生まれたものだったので、物理学の世界は一九七〇年代のあいだに、陽子のパートン描像からクォーク描像へと移行していった。

しかし、どこを探せばクォークは見つかるのだろう？　どうしてクォークは陽子のなかに隠れていて、それ以外のところに潜んでいるのが見つからないのだろう？　それに、陽子どうしの衝突を――したがって、クォークどうしの衝突も――支配する強い相互作用が、自然界で知られている最も強い力であるにもかかわらず、クォークが陽子のなかで、まるで自由粒子のように振舞うのはどうしてなのだろう？

意外なことに、強い力に関するこれらの疑問が五年のうちに基本的に解決されたばかりか、理論家たちは、弱い力の本質を根本的に理解することにも成功した。混迷が始まって一〇年で、自然界に存在すると知られている四つの力のうち、三つが基本的に理解された。自然を根底から理解しようという人類の努力の歴史における、最も重要な理論上の革命とおぼしきもの――それにもかかわらず、いまだに一般にはあまり知られていない――が、ほぼ完了したのである。スケーリングを発見し、それによってクォークも発見したSLACの実験家たちは、一九九〇年にノーベル賞を受賞し、弱い力と強い力に関する、わたしたちが現在最善と考える「標準模型」を構築した理論家たちは、一九七九年、一九九七年、そして二〇〇四年にノーベル賞を受賞した。

「標準模型」完成への歩み

注目すべきなのは、この時期を通しての、そしてそれに先立つ五年間のファインマンの研究は、この革命の実現を、大いに、しかも直接支援したのだった。その過程でファインマンの仕事は、科学的真理の性質そのものに関する新しい認識を生み出すのに貢献した――彼はそう意図したわけではなく、また、そのような結果になったことを彼が心から喜んだことはついぞなかったであろうが。しかしこのことは、彼自身のQEDの研究はその場しのぎの便法などではなく、自然に関するまっとうな理論が、わたしたちが測定できる尺度において有限の結果をもたらすのはなぜかについて、根本的な新しい物理的理解を提供したのだということを意味する。

標準模型の完成がどのように起こったかという物語は、偶然にもゲルマンの研究に端を発する。ゲルマンが一九五三年から翌年にかけて、イリノイ大学で同僚のフランシス・ロウと共に行なった研究だ。彼らの論文は――ちなみにファインマンも、ゲルマンが初めてカルテックにやってきたときに、この論文にひじょうに感心した――、電子の有効電荷は半径に応じて変化する、具体的には、電荷を遮蔽している仮想電子‐陽電子対の雲のなかをどんどん進んで、中心に近づくほど大きくなると結論していた。

一九五四年の夏、イリノイよりもう少し東、ロングアイランドのブルックヘヴン研究所で、フランク・ヤン（前出の楊振寧《ヤン＝チェンニン》と同一人物）とロバート・ミルズはQEDが自然を説明するのに見事に成功したのに刺激されて、QEDの有効な拡張形である可能性を持った理論を提案する論文を発表した。これによって強い核力をうまく説明できるかもしれないと、彼らは考えたのだ。

QEDにおいては、電磁力は、質量を持たない粒子である光子の交換によって伝達される。電磁相互作用の方程式のかたちは、ゲージ対称性と呼ばれる対称性によって大いに制約を受けている――ゲージ対称性によって、光子の質量がゼロであり、したがって電磁相互作用は長距離力であることが保証されているのである。この点は、本書でも前に説明したとおりだ。電磁力では、光子は電荷どうしが交換するゲージ粒子であり、光子自体は電気的に中性であることに注意していただきたい。

ヤンとミルズは、もっと複雑なゲージ不変性を提案した――いくつか異なる種類の「光子」が何種類もの「電荷」のあいだで交換され、それらの光子のなかには電荷を持ったものも存在し、したがってそれらの光子は、同じ種類の光子どうしや、ほかの種類の光子と相互作用する、そんなゲージ不変性だ。彼らの提案をまとめた方程式は、ヤン－ミルズ方程式と呼ばれるようになったが、その対称性は魅力的であると同時に示唆に富んでいた。たとえば、強い力は陽子と中性子を区別しないように見えたので、これらのあいだに対称性を新たに導入し、同時に、電荷を持った光子のような粒子で、陽子や中性子のゲージ粒子として働いて、両者を互いに相手に変換させられるようなものを導入することは、物理学として大いに意味があった。それに、QEDで無限大を排除するのに成功したのは、QEDの理論のゲージ対称性によるところが極めて大きかった。

問題は、彼らの方程式のゲージ対称性は、一般的な要請として、新しい光子も質量がゼロであることを要求していたのに、強い相互作用は原子核の尺度でしか働かない近距離力なので、実際には、これらの新しい光子はかなり大きな質量を持っていなければならないということだった。こんなことがどうして起こるのか、その詳細なメカニズムについては、彼らは皆目わからなかったので、彼らの論文はほんとうの意味でのモデルではなく、どちらかといえば、一つのアイデアであった。

このような問題があったにもかかわらず、ジュリアン・シュウィンガーやマレー・ゲルマンなどの熱烈な支持者たちは、一九五〇年代から一九六〇年代にかけて、ヤン－ミルズ理論の考え方に何度も立ち返った。というのも、この理論の数学的構造が、弱い力と強い力のどちらか一方、あるいは両方を理解する鍵を提供してくれるかもしれないと思われたからだ。面白いことに、ヤン－ミルズ理論の群論は、ゲルマンがのちに強い相互作用をする粒子の分類に使ったのと同類の群論用語で表現できた。

電弱統一モデルへ

シュウィンガーは、どのような種類の群構造と、どのような種類のヤン－ミルズ理論が、弱い相互作用に付随する対称性を記述できるかを考察する仕事を、彼が指導していた大学院生、シェルドン・グラショウに任せた。一九六一年、グラショウは候補となる対称性を見つけたばかりか、なかなか見事なことに、それをQEDのゲージ対称性と結びつければ、弱い相互作用と電磁相互作用の両方を同じ一組のゲージ対称性から生み出すことができ、さらにこのモデルのなかでは、QEDの光子のほかに、新しく三つの光子――ゲージ・ボソンと呼ばれるようになった――が登場するということを示した。だが、ここでも問題は、電磁相互作用は長距離力なのに、弱い相互作用は近距離力だということで、グラショウはこの違いがどうして生じるのかを理論の枠組みのなかで説明できなかった。新しい粒子、ゲージ・ボソンに質量を与えるや否やゲージ対称性は失われ、それと共に、このモデルの見事さと、それが数学的一貫性を持つかもしれないという期待も、消え去ってしまうのだった。

問題の一つは、ヤン－ミルズ理論をQEDのように完全に一貫した場の量子論に変換するにはいったいどうすればいいのか、誰にもまったくわからないことにあった。出てくる数学ははるかに扱いにくく、しかも、そんな仕事にわざわざ乗り出すような動機もなかった。そこにリチャード・ファインマンが登場する。それにはじつはこんな経緯があった。ファインマンが重力の量子理論を構築しようと研究を始めたとき、対処すべき数学的問題があまりに難しかったので、彼はゲルマンに助言を求めた。ゲルマンは、最初はよく似た、もっと簡単な問題を解くのがいいと応えた。彼はファインマンにヤン＝ミルズ理論のことを話し、この理論が持つ対称性は、一般相対性理論に付随する対称性と極めて似ているが、それほど手ごわくないと説明していたのである。

ファインマンはゲルマンの助言を受け入れ、ヤン＝ミルズ理論の量子論的性質を分析し、重要な発見をいくつも行なったが、彼がそれらを詳しく論文に書いたのは数年後のことだった。とりわけ彼は、量子化されたヤン＝ミルズ理論に一貫性のあるファインマン規則を持たせるには、内部ループに架空の粒子を一つ加えて、確率の値が正しく出てくるようにしなければならないことに気付いた。のちに、ルドヴィク・ファデエフとヴィクトル・ポポフという二人のロシアの物理学者たちがこのことを再発見したので、この架空の粒子は現在ファデエフ＝ポポフ・ゴースト・ボソンと呼ばれている。これだけではなく、ファインマンは場の量子論におけるファインマン・ダイアグラムの新しい一般定理も発見した。この定理は、内部仮想粒子ループを持つダイアグラムを、そのようなループを持たないダイアグラムと関係付ける定理である。

量子化されたヤン＝ミルズ理論を理解するためにファインマンが使った方法は、一九六〇年代の終わりに起こった物理学の大進展にとって、極めて重要であることが判明した。まず、スティーヴン・ワインバーグが、グラショウの電弱統一モデル――電磁力と弱い力を統一しようとする彼のモデルは（訳注：一九六一年に発表された）、このように呼ばれるようになった――を再発見した。ワインバーグはグラショウのモデルを、具体的で、より現実的なヤン－ミルズ理論として発展させたのだった。それは、ウィーク・ボソンがはじめは質量ゼロ――これで対称性が保たれているわけだ――なのだが、その後、理論の動力学のせいで、自発的に対称性が破れて質量を持つようになる、という理論であった（訳注：ワインバーグとサラムは、グラショウの一九六一年のモデルを自発的対称性の破れを使って高度化し、一九六七年ワインバーグ－サラム理論として発表した）。

これは、弱い相互作用の理論を見出したいという課題の解決法の候補として、じつに美しいものだった。だが、ほんとうの解決法と認めるには、まだ一つ疑問が残っていた。それは、「この理論は繰り込み可能だろうか？」という疑問だ。言いかえれば、ファインマン、シュウィンガー、そして朝永がＱＥＤで示したのと同じように、物理量の予測で出てくるすべての無限大を効率的に取り除くことができるだろうか？　一九七二年、若きオランダ人大学院生のヘーラルト・トホーフトと、彼の指導教官、マルティヌス・フェルトマンは、ファインマンがこれらの理論を量子化する際に使った手法を足場として、そこから発展させて、答えを導き出した。それは、「イエス」というものだった。にわかに、グラショウとワインバーグの理論が面白くなってきた！　続く五年のうちに、この理論が正しい――大きな質量を持ったゲージ・ボソンが三つ新たに必要だということも含めて――という証拠を実験家たちが出し始めた。そして一九八四年、ＣＥＲＮにおいて、重いボソンそのものが発見された。このような一連の展開で、グラショウ、ワインバーグ、そして、この二人と同様の研究を行なったアブドゥス・サラムの三人、トホーフトとフェルトマン、そして、ウィーク・ボソンを発見した実験家たちに、ノーベル賞が与えられたのだった。

量子色力学と漸近的自由

今や理論家たちは、弱い相互作用と電磁相互作用を包括的に説明する、すばらしい基本理論を手にした。しかし、強い相互作用は依然として不可解なままだった。電弱相互作用をうまく説明したものよりもなお一層複雑なヤン＝ミルズ理論が、クォークどうしがいかに結びついてハドロンを形成するかについて、現象論的な特徴を説明できるように思われた。この複雑なヤン＝ミルズ理論というのは、ゲルマンがクォークを分類するのに使ったのと同じ対称群、SU（3）に関連付けられているが、ここではクォークの「フレーバー」――アップ、ダウン、そしてストレンジであった――に対応するのではなく、色と呼ばれるようになった、新しい内部量子数に対応する。この理論は、QEDと似せて、量子色力学、もしくはQCDと呼ばれた。しかし、ここでもやはり強い相互作用は近距離力で、重いボソンを要求しているように思われた。

だが、より重要だったのは、陽子の内部にあるもの――それをパートンと呼ぼうがクォークと呼ぼうがどちらでもかまわない――どうしが、まるで一切相互作用をしていないように振舞うという事実を、新しい強い力がどう説明しうるのか、という点であった。この答えは一年経たないうちに現れた。その答えは、電子の電荷の有効値が、尺度が小さくなるほど強化される、すなわち中心からの距離が短くなるにつれて大きくなるという、ゲルマンとロウの結果に立ち返るものだった。

電弱理論の前進を受けて、場の量子論の株が上がっていると感じられた一九七三年、カリフォルニア大学バークレー校で、素粒子も場も、強い相互作用に取り組むときに使うべき正しい方策ではないと主張する核民主主義を教わったあと、今はプリンストン大学に在籍するある若手理論家がこの、強い相互作用を説明するという希望をまだなんとか保っていた最後の理論に引導を渡そうと決心した。それがデイヴィッド・グロスで、彼は指導していた学生のフランク・ウィルチェックと共に、QCDの「色荷」の有効値は、長い距離では仮想粒子の遮蔽効果が大きくなるために、距離が短くなるほど大きくなるように見えることを示す目的で、ヤン－ミルズ理論の（とりわけ、QCDの場合の）近距離における振舞いを調べることにした。もしもほんとうにそうなら、ファインマンとビョルケンが見出したようなSLACのスケーリング効果を説明できるQCD理論への希望はもはやなくなるのだった。これとは別の理由から、ハーバードでシドニー・コールマンの指導を受けていた大学院生のディヴィッド・ポリツァーも、まったく独立に、QCDのスケーリング特性を調べていた。

三人の科学者全員が驚いたことに、結果として得られた方程式は、期待していたのとまったく逆の振舞いをした（重大な符号の誤りがいくつかチェックされ修正されたあとでもなお）。しかも、QCDタイプのヤン－ミルズ理論に対してだけ、そんな妙な振舞いをするのだった。すなわち、QCDでは、クォークの有効「色荷」は、距離が短くなると大きくなるのではなく、小さくなる（訳注：すなわち、クォークどうしが近いほど、それらをひとまとめに束縛する力が弱くなり、遠いほど強くなる）のだ！ 彼らはこの予期せぬ注目すべき性質を、「漸近的自由」と名づけた。最初、グロスとウィルチェックが、そして次にポリッツァーが、一連の論文によってこの発見をさらに詰めていったのだが、そのなかで彼らは、SLACでのスケーリング実験の結果との比較を行なうためにファインマンが作り上げた形式を、そっくりそのまま採用した。彼らは、QCDがスケーリングを説明できることだけでなく、さらに、クォークどうしの相互作用はゼロではなく、漸近的自由の効果がなかった場合よりも弱いという事実のために、スケーリング効果への補正を計算することが可能で、その補正後の効果は実験で観察されるはずだということも見出したのだった。

一方、このようなことが起こっているあいだファインマンは、新しく出てきた結果を巡ってみんなが興奮しているのを、いつまでも懐疑的に眺めるばかりだった。彼はそれまでにも、理論家たちが新しい壮大なアイデアに夢中になって、どんな流行にでも乗ってしまうのをいやというほど見てきた。しかし、とりわけ興味深いのは、これらの新しい結果はスケーリング実験を理解するため、そして、ヤン－ミルズ理論に取り組むためにファインマン自身が開発した手法そのものを利用して生まれたものなのにもかかわらず、彼の懐疑がいつまでも払拭されなかったという点である。

とうとう一九七〇年代中ごろになって、これらのアイデアには十分な価値があるとファインマンも納得し、強い熱意と大きなエネルギーを注いで、これを詳細にわたって徹底的に追究し始めた。ファインマンはポスドク研究員リック・フィールドと共に、QCDから導かれる、物理的に観察できる可能性のある効果をいくつも計算し、実験と理論が密接に結びついた新しくわくわくする領域の先頭に立って導いた。それは困難な仕事だった。というのも、QCDが十分弱くなることで理論家たちが行なえる計算の信頼度が上がるようなエネルギー尺度が、実験家たちが到達できる範囲よりも少し高かったからだ。このため、漸近的自由による予測を仮に確かめるような結果は出始めていたが、この理論が完全に確かめられるまでには、このあと一〇年は優にかかり、一九八〇年代中ごろ、ファインマンが亡くなる直前になってしまった。そして、グロス、ウィルチェック、ポリツァーが漸近的自由に関する研究でノーベル賞を受賞するには、さらに二〇年がかかるのだった。

晩年のファインマンは、QCDに魅力を感じ続けた一方で、心のどこかでQCDを完全に受け入れることに抵抗し続けていた。というのも、QCDはSLACで観察されたスケーリング現象を見事に説明し、それに続いてQCDが予測したほかのスケーリング現象もまた観察されていたし、そして何より、QCDの相互作用を測定したすべての実験が、それが短距離・高エネルギーでは弱くなることを示していたとはいえ、その逆の長距離の尺度では、QCDの相互作用はあまりに大きくなって見苦しいまでになってしまうのだった。そのため、ファインマンにとって、QCDの正しさの保証となるはずのことを試す理論面でのテストがまったく行なえなかった。そのテストとは、自然界でクォークを単独で観察できない理由を説明することであった。

一般通念では、ＱＣＤが長距離でそれほど強くなるのは、クォークどうしのあいだに働く力は距離が長くなっても一定のままなので、二個のクォークを完全に引き離すには無限大のエネルギーが必要になるからだとされていた。この予測は、コンピュータによる複雑な計算で——ファインマンがボストンでヒリスのために連結コンピュータに取り組んでいたころに先頭に立って案出したのと同じタイプの計算で——支持されていた。

しかしファインマンにとって、コンピュータによる結果は、「では、その根底にある物理を理解しましょう」という招待に過ぎなかった。もう何年も前になるが、ベーテのもとで学んで以来、彼はなぜあることが起こるのかという解析的理解が自分で得られないかぎり——つまり、実験データと比較できるような数値として、ある値が出てこないかぎり——その方程式を信頼しないのだった。そして今回、彼はそんな解析的理解を得ていなかった。それが得られるまで、彼は矛《ほこ》を納めようとはしなかった。

これが本書の冒頭でご紹介した、わたしが初めてリチャード・ファインマンに会ったときの状況だった。彼はバンクーバーにやってきて、ＱＣＤは「クォークの閉じ込め」——クォークが単独で分離された状態では観察されないことを、「クォークの閉じ込め」と呼ぶようになった——の根拠を与えるということを証明できると彼が考える一つのアイデアについて、たいへんな昂揚ぶりで講演を行なった。この問題は、三次元で扱うには難しすぎる。しかし二次元においてなら、解析的なアプローチを構築し、それを端緒にして、最終的には自分が満足できるようなかたちでこの問題を解決できると自信満々だった。

ファインマンの真の遺産

ファインマンは、癌との闘い——一九七九年に初めて治療を受けたあと、一九八七年に再発した——を通し、そしてまた、ベストセラーになった自伝的著作数冊にまつわる活動から、スペースシャトル・チャレンジャー号の事故調査委員会での任務——覚えておられる方も多いと思うが、このなかで彼は、シャトルの悲劇的な爆発の原因を明らかにするのに個人として協力したのだった——に至るまで、名声が高まるのに伴って気を逸らされるような用事がますます増えてくるなかで、目標に向かって懸命に進み続けたが、その目標の実現をその目で見るまで生きながらえることはできなかった。今日に至っても、コンピュータを使った計算は格段に向上して、クォーク閉じ込めという考え方を支持する結果を次々と出しているにもかかわらず、そしてまた、ヤン＝ミルズ理論に取り組む新しい洗練された方法を可能にする新しい理論的手法が多数登場しているにもかかわらず、この理論がクォークを閉じ込めるに違いないという、単純でエレガントな証明はまだ誰も見つけていない。QCDの帰結としてクォーク閉じ込めが起こることについては誰も疑っていないけれども、そのことの、「ファインマン・テスト」とでも名づけるべき検査は、まだクリアされていない。

しかしファインマンの遺産は、一日、一日と生き続けている。ヤン＝ミルズのゲージ理論にしても、重力にしても、真に効率的かつ生産的に扱う唯一の技法は、ファインマンの経路積分の形式を使ったものだ。それ以外の方法で定式化した場の量子論は、現在物理学者たちには事実上使われていない。だが、それより重要なのは、経路積分、漸近的自由、そして、強い相互作用および弱い相互作用の繰り込み可能性の結果が新しい方向を物理学者たちに指し示し、科学的真実についての新しい理解をもたらしたということだ。その新しい理解がどのようにもたらされたかをファインマンが見ることができていたなら、彼は、自分がQEDについて行なった仕事のことを、問題を絨毯の下に掃き入れて隠すエレガントな方法を一つ見つけたに過ぎないと思うのではなく、ついに誇らしく思うことができたはずである。ファインマンの経路積分の手法のおかげで物理学者たちは、無限大が出てこないように理論に繰り込み操作を施す際、ますますエネルギーの高い仮想粒子の効果を除去しようと、理論を変更する距離尺度をどんどん変えていくとき、理論が出す予測がどのように変化するかを体系的に検証する方法を手に入れることができた。彼の手法では、量子論は時空経路をはっきりしたやり方で調べることによって定式化されているので、選んだ尺度に応じて経路に生じる細かな曲がりを「積分することによって消し去る」（すなわち、平均化して滑らかにしてしまう）ことができ、その結果、そんな曲がりのない経路だけを考慮すればいいことになる。

のちにノーベル賞を受賞する物理学者、ケネス・ウィルソンは、この「積分することによって細かな曲がりを消す」という操作の意味するところは、その結果得られる無限大を含まない理論は、実際には「有効理論」、つまり、カットオフ・スケールよりも大きな尺度で自然を記述するのに適した理論に過ぎないということだと示した。

だとすると、ファインマンが無限大を取り除くのに使った手法は、その場しのぎの技巧ではなく、物理学的に本質的なものだということになる。その理由は、今やわたしたちは一つの理論が、あらゆるエネルギーと距離の尺度において変更されることなく成り立つと期待してはならないことを知っているからだ。物理学において、最もよく検証され、最も愛されている理論であるQEDが、尺度がどんどん小さくなっていっても自然を適切に記述し続けるとは、誰も期待していない。実際、グラショウ、ワインバーグ、そしてサラムが示したように、十分高いエネルギー尺度ではQEDは弱い相互作用と融合し、新たな統一理論（すなわち、電弱統一理論）を形成する。

わたしたちは今や、すべての物理理論は、ある尺度範囲において自然を記述する有効理論に過ぎないということを理解している。仮に、絶対的な科学的真理とはあらゆる尺度で常に有効な理論のことだとすると、そのような絶対的な科学的真理など、いまだ存在したことはない。だとすると、繰り込みの物理的必要性は、次に説明するように、ごく単純なものとなる。無限大が出てくる理論――すなわち、手持ちの理論を、好きなだけ小さな距離尺度まで外挿して使う状態――は、正しい理論ではない。そんなことをすれば、理論をそれが適切である範囲を超えたところまで外挿することになる。ある小さい尺度でその理論をカットオフしてしまうことで、仮にこの理論がそれ以上小さな尺度では現状わたしたちが使っているかたちから変化することを余儀なくされるとして、そんな未知の新しい理論は、単に無視するのである。わたしたちが手にする有限の答えが意味を持つのはまさに、大きな距離尺度で諸現象を探りたいと思うなら、この未知の新しい物理を無視することができる――QEDのような、理に適った、繰り込み可能な理論は、この新しい未知の物理には影響を受けないことが保証されているので――からだ。

したがって、繰り込みを使わずにQEDの無限大の問題がなんとか解決できないものかというファインマンの望みは、見当違いだった。わたしたちが理解できない物事をどのように無視すればいいかを系統立って理解させてくれるファインマンの描像は、わたしたちが到達しうる最善のものと言ってもいいくらいだということを、今やわたしたちは理解している。要するにファインマンはできるかぎりのことをやったのであり、さらに、場の理論の問題を隠すどころか、彼が提示した数学的対処法は、それ以上のものだった。それはまさに、いつの日か自分で発見したいと彼が望んでいた、新しい物理学の原理を表していたのである。

この新しい見解は、ファインマンの若いころの研究に新たな意味を与えるのみならず、世界を巡る謎を尽きせぬものにしてくれるがゆえに、ファインマンを喜ばせたことだろう。現在知られているどの理論も、「最後の答え」ではない。彼はこの状況を喜んだに違いない。なにしろ一度、このように発言したことがあるくらいだから。「人々は僕に、『あなたは究極の物理法則を探しているのですか？』と尋ねる。とんでもない。僕は、世界についてもっといろいろなことを発見しようと探っているだけだ。もしも、すべてを説明する単純な究極の法則が存在することが明らかになるのなら、それはそれでいいじゃないか。もしもその理論が、まるでタマネギのように無数の層でできていて、むいてはむいて、どんどん奥へ奥へと見ていくのはもううんざりだと思わされるとしても、それが真実なんだよ。だが、どんなことになっていたとしても、それが自然なのであって、自然はありのままの真実の姿を見せてくれるはずだ」。

同時に、ファインマンの仕事を足場とすることによって可能になった一九七〇年代のさまざまなすばらしい進展を受けて、大勢の物理学者たちが別の方向へ進み始めた。電弱統一理論と漸近的自由の成功のあと、新しい可能性が生まれたのだ。なんといっても、ゲルマンとロウが示したように、QEDは小さい尺度で強くなる。そして、グロス、ウィルチェック、ポリツァーが示したように、QCDは小さい尺度で弱くなる。もしかすると、ひじょうに小さい尺度——陽子の大きさよりも一六桁小さい尺度、つまり、現在最高の加速器で探ることのできる尺度よりも一二桁小さい尺度と見積もることができる——まで行けば、知られているすべての力は同じ一つの強さになって、一つの理論に統一されるかもしれない。グラショウが大統一と名づけたこの可能性は、一九八〇年代のほぼすべてを通して素粒子物理学を推進する力となったが、弦理論が発見され、重力とそれ以外の三つの力を統合する可能性が出てくると、より大きな目標へと包含されていった。

しかしファインマンは、このような流れを一貫して疑わしげに眺めていた。彼は生涯を通して、データからあまりに多くを読み取ることに強く反対してきたし、すばらしいエレガントな理論がいくつも、途中で挫折するのを目撃してきた。おまけに彼は、理論家というものは、実験の厳しく客観的な光に照らし合わせて自分のアイデアを常に検証し続ける意志を保ち、また実際にそうできないかぎり、自己欺瞞に陥る大きな危険を抱えているということを重々承知していた。しばしば口にもしていたように、最もだましやすい相手は自分自身であるということを、彼はよく知っていたのだった。

似非《えせ》科学者、宇宙人による誘拐事件の「専門家」、占星術師、偽医者を激しく非難したとき、彼はどうも人間には、自分たち一人ひとりに起こることには、たとえそれが実際にはただの偶然であっても、特別な意味や重要性が当然のこととして含まれていると思い込んでしまう傾向が生まれつき備わっているらしいということを、わたしたちに思い出させようとしていたのだ。わたしたちはこの思い込みに陥らないよう注意しなければならないが、その唯一の手段が経験的な現実をきちんと尊重することである。そのようなわけで、物理学の終焉が間近に迫っているという主張や、究極の物理法則がまもなく発見されるという発言に直面したときには、ファインマンは、長年の経験で得た英知をもって、「僕は、生涯にわたってそんな主張を聞いてきたし……答えはまもなく得られると信じこんでいる人々を、ずっと見てきた」とだけ言った。

「驚くようなことが、まだいくらでも隠れているよ」

二〇世紀の最も優れた科学者の一人の、科学者としての注目すべき生涯が、わたしたちに何かを教えてくれるとすればそれは、隠された自然の謎をほんの一部だけでも明らかにするという、めったにない栄誉を得れば感じて当然の興奮と高慢な気持ちは、「われわれがどれだけ学んでも、われわれに探究を続ける意思のあるかぎりさらなる驚きがいくつも待ち構えているのだ」と肝に銘じて、抑えなければならないということである。リチャード・ファインマンのような、大胆不敵で頭脳明晰な冒険者にとっては、「驚くようなことが、まだいくらでも隠れているよ」ということが生きる理由であった。

エピローグ　性格こそ運命なり

僕らは何をやっているのかというと、僕らは探究しているのだと思う——僕らは、世界についてできるかぎりたくさんのことを見出そうとしているんだ……僕が科学に関心を抱いているのは、世界についてより多くのことを見出したいからで、それだけであり、より多くを自分で発見できたなら、なおのこと結構だ。

——リチャード・ファインマン

リチャード・ファインマンは、一九八八年二月一五日、午前零時になる少し前に亡くなった。六九歳だった。この短い年月のあいだに、彼は世界を——少なくとも、世界についてのわたしたちの理解を——変えてしまったのみならず、彼が出会ったすべての人の人生を変えてしまった。彼に会うという栄誉に浴した者は誰も、彼の影響を受けずには済まされなかった。彼にはどこかひじょうに独特なところがあって、他の人たちと同じように彼を見ることは不可能だった。性格が運命を決めるというのがほんとうなら、彼は偉大な発見をするために生まれてきたように見えた――彼の発見は、信じがたいほどの勤勉と、尽きることのないエネルギーと、頑《かたく》なまでに筋を通す態度が、抜群の頭脳と結びついた結果の産物であるとしても。

そして、もしかしたら、彼がもっと他人の話に耳を傾け、周りの人々から学ぼうとし、さらに、絶対にすべてを自力で発見するんだと、徹底的にこだわったりしなかったなら、彼はさらに多くのことを成し遂げられたかもしれない。しかし、達成は彼の目的ではなかった。彼の目的は、世界について学ぶことだった。彼は、楽しみは何かを発見することにこそあると感じていた――たとえそれが、彼以外の世界中の人々がすでに知っていることだったとしても。ある発見で、誰かに先を越されていたことをあとから知るという経験をするたびに彼は、落胆するのではなく、「へえ。われわれはちゃんと正しい答えを得ていたんだ。それってすごいじゃないか」と言うのだった。

ある人物について最も多くを知るための方法は、その人物の周囲にいる人々の反応を集めることではないかと思われるので、リチャード・ファインマンの人物像を完全なものにするために、本書のこれまでの流れでは触れられなかったけれども、彼を知るというすばらしい経験を少しでもうまく伝えられるかもしれない、そんな反応のいくつかと、さらに、彼の本質を捉えているとわたし自身には感じられる二つのエピソードをここでご紹介することにした。

最初に、ある日の午後、ファインマンのオフィスで過ごすという幸運に恵まれた若き学生、リチャード・シャーマンの経験を見てみよう。

とりわけすごいと感じた出来事を覚えています。一年めの中ごろ、わたしは超伝導について研究しており、ある日の午後、結果を議論するために彼のオフィスへ行きました。……わたしが黒板に方程式を書き始めると、彼はものすごい速さでそれを解析し始めました。すると、電話がかかってきて、わたしたちは中断させられてしまいました。……ファインマンは即座に、超伝導から高エネルギー素粒子物理学の何かの問題へと頭を切り替え、誰かほかの人がその瞬間に取り組んでいた、おそろしく複雑な計算の只中に入っていきました……。彼はその人と、五分から一〇分くらい話していました。話が終わると、彼は電話を切り、さっきまでやっていたわたしの計算に戻って、中断したまさにその箇所から議論を再開しました。……やがて、また電話が鳴りました。今度は、誰か理論固体物理学をやっている人からで、それまでファインマンが話していたこととはまったく関係のない問題でした。しかし彼はその場で相手に向かって、「ノー、ノー、そんなやり方じゃだめだ……それはこうやらなくちゃ……」と言っていたのです。……このようなことが、三時間ほどのあいだ続きました——いろいろな種類の専門的な問い合わせの電話が、その都度まったく違う分野からかかってきて、しかも、毎回異なるタイプの計算が関わっていたのです。……圧倒されました。その後、これと同じような経験をしたことは一度もありません。

また、ダニー・ヒリスが、〈シンキング・マシンズ・コーポレーション〉での夏の仕事にファインマンがとりかかり始めたときに、これとよく似た経験をしたという話をしている。

うちの会社の誰かが彼に助言を求めると、彼はよく、「それはわたしの得意分野じゃないんでね」と、ぶっきらぼうに断っていました。じゃあ何が彼の得意分野なのか、わたしにはついぞわかりませんでした。でもまあ、どのみちそんなことはどうでもいいことでした、なにしろ、彼はほとんどの時間をそういう「わたしの得意分野じゃない」問題を考えて過ごしていましたから。……たいてい、助言を断った数日後に戻ってきて、「この前、君に訊かれたことをずっと考えていたんだが、あれはこういうことじゃないかと思うんだ……」と言うのです。……ですが、リチャードが大嫌いだったのが、あるいは、少なくとも大嫌いなふりをしていたのが、助言を求められることでした。じゃあ、どうしてみんな、いつも彼に助言を求めていたのでしょう？　それは、リチャードが理解していないときでさえも、彼は常にほかの人たちよりもよく理解しているように見えたからです。そして、ちゃんと理解しているときはいつも、彼はほかの者たちもよく理解できるようにしてくれたのです。リチャードはわたしたちを、大人からはじめて大人扱いされた子どものような気分にしてくれました。彼は真実を告げることを決して恐れたりしませんでした。

大学時代の親友、テッド・ウェルトンが早くから気付いていたように、ファインマンにとって問題解決は、選択肢ではなくて、必然だった。一度手をつけたら、ファインマンは途中でやめることはできなかった。そして彼が問題解決に手をつけるのは、それが得意だからではなかった。死に至る病でさえ、彼にそれをやめさせることはできなかった。例として、彼のカルテックでの同僚、デイヴィッド・グッドシュタインがBBCの番組制作者、クリストファー・サイクスに語ったエピソードについて考えてみよう。

ある日、ファインマンの秘書のヘレン・タックが電話をかけてきて、静かな口調で、ディックは癌で、来週の金曜日、手術のために入院することになったと言いました。……そしてその手術のちょうど一週間前の金曜日のことですが……わたしはファインマンに、わたしたちが以前にやった計算に、明らかな誤りがあるのを誰かが見つけたという話をしました……でも、わたしには、どこが間違っていたのかまったくわからなかったのです。それで彼に、どこが間違っているのか、しばらく一緒に探してもらえないだろうかと尋ねると、彼は、「もちろん」と応じてくれました。……月曜日の朝、わたしのオフィスで顔を合わせると、彼は腰を下ろし、作業にかかりました……そのあいだ、わたしはほとんどただそこに座っていただけで、そして彼を見ながら、「この男を見ろ。

彼は今死の淵にある。今週生き延びられるかどうかもわからないのに、ここで彼がやっているのは、まったく取るに足らない二次元弾性理論の問題だ」と、心のなかで考えていました。しかし彼はその問題に没頭して、結局一日中やっていました……とうとう夕方の六時になって、この問題はどうも解決できないようだと判断しました……それで、あきらめて家に帰ったのです。……二時間後、彼はわたしの自宅に電話をかけてきて、さっきの問題が解決したと言いました……彼は大喜びで、ほんとうに舞い上がっていました。……これが手術の四日前の話です。何に駆られて彼が動いていたのかが、少し垣《かい》間見《まみ》られるような話ではないかと思います。

ファインマンにとって、プロセスこそが最も重要だった。それは存在の退屈さからの解放だった。数学ソフト、マセマティカを作ったスティーヴン・ウルフラムは、カルテックの学生だった時代に数年間ファインマンの指導を受けたことがあり、やはり同様の経験を語っている。

たしか、一九八二年のことだったと思います。わたしはファインマンの家にいたのですが、彼と話していて、そのころ起こっていた、ある不愉快なことに話題が移ったのです。わたしは、もうおいとましようと思いました。するとファインマンはわたしを押しとどめ、「ねえ、君や僕はとても運がいいんだよ。なぜって、ほかに何が起こっていようが、僕たちにはいつも物理学があるんだから」と言ったのです……。ファインマンは物理をやるのが大好きでした。彼が最も愛したのは、そのプロセスだったのではないかと思います。計算のプロセス。物事を理解するプロセス……。出てきたものがビッグで重要かどうかは、彼にはあまり問題ではないようでした。奥義《おうぎ》めいて風変わりかどうかも。彼にとって大事だったのは、それを見出すプロセスでした。……一部の科学者たちは（たぶん、わたしも含めて）、壮大な知の体系を築き上げようという野心に突き動かされています。しかしファインマンは――少なくともわたしが彼と接していた時期には――むしろ、実際に科学をやるという純粋な喜びに突き動かされていたのだと思います。彼は物事を明らかにしようとして、とりわけ、計算をやりながら時間を過ごすのが一番好きでした。しかも彼は偉大な計算者だったのです。おそらくあらゆる点において、これまでに存在した最高の計算者でしょう。いつ見ても、信じられないくらい見事だと思いましたね。何かの問題に取り組み始めると、どんどん何ページも計算で埋め尽くしていくんです。そして、最後に、ちゃんと正しい答えを出しているのです！　しかし彼はいつも、それでは満足しませんでした。答えを出したら、また初めに戻って、どうしてそれが明白だったのかを理解しようとするのです。

ファインマンが何かに、あるいは誰かに関心を抱いたときは、いつもそんなふうだった。それは、人々を引き付けずにはおかなかった。彼はエネルギーのすべて、集中力のすべてを、そして、どうやら才知のすべてさえも、その一つのこと、あるいは、一人の人間に注いだ。だからこそ、自分のセミナーを聞きに来たファインマンが最後まで残って質問してくれたことに、これほど多くの人々がいたく感銘を受けたのだ。

ファインマンの同僚たちの反応は総じてひじょうに強烈でそのためそこには、ファインマンの人となりのみならず、同僚たちのほうの人となりも反映されていることが多い。たとえば、QCDの漸近的自由を発見したディヴィッド・グロスとフランク・ウィルチェックという、まったく違うタイプの二人の人間に、QCDや、彼らが一九七三年に出した結果についてファインマンがどのように反応したかをわたしが尋ねたときのように。ディヴィッドは、ファインマンがあまり関心を示さなかったことに苛立ったが、彼の考えでは、それはおそらくファインマン自身がその結果を導き出したのではなかったからだと思うと言った。そのあとフランクに同じ質問をすると、彼はファインマンが関心を示してくれたことに驚き、光栄だと感じたと言った。ファインマンは懐疑的だったが、当時まだ登場して間もなかったQCDに対する反応としては妥当なものだったと思う、と語った。わたしはディヴィッドもフランクも、どちらも正しかったのだと思う。

本書を執筆するうちにわたしが知るようになったエピソードのなかでも、リチャード・ファインマンと、彼の生活を導き、彼の物理学の性格を方向付けた原則を最もはっきりと捉えたものは、彼の友人、バリー・バリッシュがわたしに語ってくれたものだ。バリッシュは、リチャードの生涯最後の二〇年間を、カルテックの同僚として共に過ごした。二人は住まいも比較的近かったので、よく顔を合わせた。おまけに、二人ともキャンパスから五キロメートルほどのところに住んでいたので、車ではなく徒歩で職場に向かうことが多かった——二人一緒のことも、そうでないこともあった。あるときリチャードがバリーに、ある通りに建っているある家を見たことがあるか、あるならどう思うかと尋ねた。バリーは、わたしたちがたいていそうであるように、自分が気に入った通勤路を見つけてしまい、毎日その道を往復していたので、そんな家のことは知らなかった。彼が気付いたのは、リチャードはその正反対のことを守り通しているのだということだった。彼は、同じ道は決して再び通らないようにしていたのである。

訳者あとがき

「おや、ファインマンさんについての新しい本ですか？　自伝がもう何冊も出てるじゃありませんか？　『他伝』だって、いい本があるし。それこそご冗談でしょう」と言われてしまいそうだ。確かに、いくつもの自伝や、グリックの好著『ファインマンさんの愉快な人生』など、彼の人物像を魅力的に伝えるたくさんの本こそ、ファインマンを世界一親しみやすい物理学者にしてきたのであり、ポピュラーサイエンス本好きの人なら、そのうち二、三冊はもう読んでいるに違いない。しかし、そこにあえて登場した本書には、それだけのユニークさがある。それに、じつのところ、他者によるファインマンの伝記で、邦訳されているのは事実上グリックによるものだけで、クリストファー・サイクスの編集による『ファインマンさんは超天才』は、多くの科学者を含め、ファインマンを知る人たちによる回想を集めたものなので、いわゆる伝記のスタイルでファインマンに正面から取り組む本書は、その点でも意義が大きい。

本書の著者ローレンス・クラウスは、現在アリゾナ州立大学に在籍する宇宙物理学者で、以前から市民に現代科学を広めるための活動に力を入れており、多数の著書がある。じつはこのクラウス、学部学生時代にファインマンに二度会い、物理について議論したという経験の持ち主だ。しかもクラウスは、物理学の多くの分野に関する自分の考え方は、ファインマンから大きな影響を受けていると公言しているのである。確かに、実験で確かめられない理論に対する不信や、現代物理学の聖杯、「すべてを説明する理論」への疑いなど、クラウスが『物理学者はマルがお好き』や『超ひも理論を疑う』などの著書で表明している意見は、本書で紹介されているファインマンの考え方そのものと言えそうなほどだ。

そんなクラウスが「ファインマンの科学上の業績を通して、彼の人物像を映し出すような本」を書いて欲しいともちかけられたのに応えて目指したのは、天才科学者ファインマンの成果、それが二〇世紀の物理学に及ぼした影響、二一世紀の謎を解明するうえでどんな刺激になるかを、一般の読者にもなるべくわかりやすい文章で示すことだった。一般読者向けの科学書として、ファインマンの物理学をその広い範囲にわたって、ここまで詳しく説明しようとしたのは、本書が初めてではないかと思われる。学生時代に議論の続きをやりそびれたまま、その後再会の叶わなかった敬愛するファインマンに対する、クラウスとして最高のトリビュートと言えるかもしれない。

まるで何かに駆り立てられるかのように、あらゆることを第一原理から独自に導き出さずにはおれず、しかもそこで終わりにせず、今度は逆に辿ってみたり、他の方法でも導出してみたりというファインマンのスタイルは、幼いころからの父親の教育で身に付いたものなのだろうか？　それとも、もって生まれたものだったのだろうか？　とにかく、彼の科学者人生の全体にわたって、超流動、ベータ崩壊、強い核力、重力など、驚くほど広範なテーマについて、独自の手法で取り組んでいる。それらの取り組みの多くが、二〇世紀の物理学の数々の難問解決に大きな影響を及ぼし、今後も謎の解明の手がかりになりそうだというのは、まさにファインマンの天才性の証明であろう。

だが、本書を見ると、独自のやり方にこだわるというファインマンの際立った特徴と、それを可能にする驚異的な数学力と物理の直感が彼に備わっていたことに加えて、ファインマンは師や同輩、後輩との出会いにも恵まれていたことがよくわかる。パスツールの名言、「幸運は準備のできた精神に微笑む」はクラウスも本書で引いているところだが、まさにそのとおりということだろう。

「時間を遡って進む粒子」というアイデアを共に展開させた師、ホイーラーは、ブラックホールの命名者としても知られる、独創性溢れる科学者で、ファインマンとは絶好のペアとなった。また、迷いながら参加したマンハッタン計画では、オッペンハイマーやフォン・ノイマンと接する機会を得、さらに、おそらくファインマンが最も敬愛する師と言えるであろう、ベーテ（クラウスも「物理学者のなかの物理学者」と呼ぶ）とは、戦後も共に研究を続けた。そして、ファインマン独自の定式化による量子力学が広く受け入れられるようになったのは、フリーマン・ダイソンの尽力によるところが大きい。マレー・ゲルマンとも、対等の力を持つ物理学者どうしの緊張感のある関係を育んだ。これらの優れた科学者たちとの出会いは、ファインマンがこれほどたくさんの成果を収めるうえで、きわめて重要であった。

ところでクラウスは、「対称性あるところ、それに対応する保存則が存在する」という、二〇世紀物理学に大きな影響を及ぼしたエミー・ネーターの定理を発見したネーターが、女性であるがゆえに大学入学を拒否され、辛い経験を強いられたことにさりげなく言及している。クラウスの、女性科学者への公平な立場と、過去の差別への憤りの表れなのだろうかと、訳しながら感じた。一方のファインマンは、自分の妹も物理学者だったにもかかわらず、科学者といえば男性に決まっているという先入観を持っていたと思われる節があるという。また、その漁色家ぶりが続いた様子は、当時の大学は教員の素行にそれほど寛容だったのかと、首をかしげたくなるほどだが、クラウスの言うとおり、ファインマンもこと女性に対する態度に関しては、時代の先を行ってはいなかったということなのかもしれない。おそらくは最愛の、最初の妻を早くに亡くした喪失感が、そのような行動に表れざるをえなかった面もあるのだろう。彼女との結びつきにまつわる逸話は、既刊のさまざまな本で紹介されており、本書ではごくさらりと紹介されているだけだが、それでも心を揺さぶられずにはおれない。

訳者がもう一つ個人的に印象深く思うのは、ファインマンが子どもたちにたいへん人気があったことだ。彼のショーマンシップの表れの一つなのかもしれないが、何にでも興味を持ち、それを気が済むまでとことん突き詰めていくメンタリティーそのものが、子どもの心そのままだったのかもしれない。それは、大人たちよりも、子どもたちのほうが敏感に感じ取り、また共鳴できたのではないだろうか。もともと音楽や絵画には関心はなかったというファインマンが、中年になるころには、ボンゴという打楽器の名手になり、裸婦を好んで描くようになったのも、自分が興味のあるもの、自分の心と共鳴するものを好きなだけ追及していく、彼の子どもらしさがいつまでも健在だったからかとも思われる。

訳者が大学で物理学を学んでいた当時、『ファインマン物理学』の邦訳は刊行されてまだ数年めだったが、確かにたいへん人気があった。訳者はとりあえず〈1〉を買い求め、読んでみて、ほかの教科書や参考書とあまりにスタイルが違うのに驚きと新鮮さを感じた。残念ながら、〈2〉以下は購入しなかったし、講義でも、ファインマンの手法はごく簡単に紹介されただけだったように記憶している。そんなファインマン流の物理学に正面から取り組み、平易な言葉で表現した本書を訳すにあたっては、ファインマンの共著書の『量子力学と経路積分』や、竹内薫氏の『「ファインマン物理学」を読む——量子力学と相対性理論を中心として』を大いに参考にさせていただいた。また、『ファインマンさんの愉快な人生』の物理に関する記述や、『光と物質のふしぎな理論』もたいへん参考になった。

＊

このたびの文庫化にあたり、今一度読み返してみると、人々を惹きつけるファインマンのすごさにあらためて圧倒される。権威や流行には背を向け、独自の道を見つけては、ユニークな偉業を成し遂げてしまう一匹狼的ヒーロー。自分はカリスマ的なのにカリスマ的な他人や、優勢な理論などは好まぬ負けず嫌い。驚異的な数学力がありながら、純粋数学的側面の強い物理理論には魅力を感じない。確かに、ファインマン・ダイアグラムをはじめ、彼のもたらしたものは、具体的な物理と強く結びついている。そう、超人的なことを成し遂げながら、一方で地に足がついているのだ。

マスカルチャーでは、「神の方程式」や「万物の理論」など、「ひとつですべてを説明できる物理理論」を理論物理学者たちは目指していると喧伝されがちだ。たしかにそういうアプローチはあるし、そんな理論の構築に魅力を感じて理論物理学を志すのも悪くない。だが、ファインマンを駆り立てていたのは、パズルを解くのに熱中していた少年時代と同じ、目の前の謎を自力で解決したいという気持ちであり、神の視点から世界を見たいという意志ではなかった。それは大局観がないというのではなく、より大きな、「メタ大局観」と呼べそうな、健全なバランス感覚があったということだと思う。一昨年のヒッグス粒子発見の際も、物理の大発見を巡り賑やかな報道があったが（発見自体はすばらしいことだし、ポピュラーサイエンス翻訳者たちは、そういう場面で多くの人にわくわくしてほしいと願っているが）、ややもすれば空騒ぎ的になる盛り上がりへのファインマンの冷静な視線に、謙虚な人間の叡知を見る思いがする。究極の理論を完成させたと誰が言おうが、「驚くようなことが、まだいくらでも隠れているよ」と、悠然と構えるファインマンの知恵があれば、精神を柔軟に保ち、豊かな好奇心を維持できるに違いない。

二〇一五年四月

解 説

ファインマン、ファインマン……嗚呼《ああ》、ファインマン

サイエンス作家
竹内 薫

リチャード・P・ファインマン……物理学を囓《かじ》ったことがある人間なら誰でも知っている伝説の物理学者だ。

もちろん、名を知られているというだけならば、ニュートン、アインシュタインといった超有名どころもいるけれど、ニュートンは古典力学、アインシュタインは相対性理論の完成者であり、ともに現代物理学「以前」の物理学者だ。

現代物理学とは、ようするに量子力学のことである。そして、量子の発見「以降」で一人だけ好きな物理学者の名前をあげろと言われれば、私は躊躇なくファインマンと答える。

（読者の声 想定）

いやいやいや、それはさすがに大袈裟でしょう？ 量子を発見したマックス・プランクや量子力学の方程式を発見したエルヴィン・シュレディンガーとヴェルナー・ハイゼンベルク

はどうしたの？ 日本人初のノーベル賞受賞者となった湯川秀樹や、ファインマンと一緒にノーベル賞を受賞した朝永《ともなが》振一郎は？ なんでファインマンなの？

たしかに、シュレディンガーとハイゼンベルクは量子力学の創始者だから尊敬している。もちろん、湯川の中間子論や素領域の研究、あるいは朝永の超他時間論とくりこみ理論も凄いと思う。

でも、ファインマンには、ニュートンやアインシュタインと共通した「匂い」があるのだ。それは、あえて言語化するならば「ひとりで全てをやってしまう」という超人特有の匂いだ。よく言われることだが、量子力学以降、現代物理学は、数え切れないほどの物理学者たちによる分業の世界となった。実際、量子力学の方程式を発見したのはシュレディンガーとハイゼンベルク、確率解釈はマックス・ボルン、電子の方程式はポール・ディラック（量子電気力学の始まり）……という具合に、量子力学関連のノーベル賞受賞者を列挙するだけで大変な数になってしまう。

ファインマンも、一九六五年度のノーベル物理学賞を朝永振一郎、ジュリアン・シュヴィンガーとともに受賞している。ノーベル財団のホームページを見ると「ファインマン・ダイアグラムの導入」が実績として評価されていることがわかる。うん？ やはりファインマンも分業の一人じゃないの？

ファインマン・ダイアグラムというのは、「グラフィックス」を利用して量子電気力学の計算をやってしまう方法で、この発見により、計算が何百倍も速く効率的にできるようになった。よく引き合いに出されるのは、「クライン＝仁科の公式」という超難しい計算にかかる時間が、一年から一日に短縮された、というもの（すみません、一年や一日というのは個人差があるので変動します）。とにかく、ファインマン・ダイアグラムのおかげで、第一線の物理学者でなくても、大学院の修士課程に入ってしばらくすれば、物凄い計算ができるようになったのだ。

で、ここからが重要な点だが、ファインマンの業績は、このファインマン・ダイアグラムの発見（発明？）にとどまらない。なんと、ファインマンは、経路積分という独自の方法で量子力学を「再発見」してしまったのだ。一説によると、ファインマンはどうしてもシュレディンガー方式やハイゼンベルク方式の量子力学が「理解できなかった」ため、自分で考えに考えて、とうとう、自分にわかる独自の量子力学を編み出してしまったのだという。普通だったら、わからなくても「わかった振り」をしてみたり、「練習問題が解けるからいいや」と諦めてしまうものだが、さすが天才は違う。なんでも「オレ流」に染めてしまうのである。

いま、ファインマンが量子力学を再発見したと書いた。シュレディンガー流が「波動力学」で、ハイゼンベルク流が「行列力学」であるのに対して、ファインマン流の量子力学は「経路積分」あるいは「時空アプローチ」と呼ばれるものだ。この三つの方式は全く異なった外見をしているが、数学的には同等なのだ。

この本の第5章にも出てくるが、ファインマンの時空アプローチは、きわめて独創的だ。たとえば、東京から大阪まで量子が飛んで行ったとしよう。その際、電子は、古典的には一つの決まった経路を移動したわけだが、量子力学的には「可能なあらゆる経路」を移動したのである。実際、可能なあらゆる経路について和をとると（あるいは、同じことだが積分すると）、シュレディンガー流やハイゼンベルク流と全く同じ確率予測ができる。時空のあらゆる経路について和をとるので、経路和もしくは経路積分と呼ばれている。

「量子は波動だ」と考えるのか、「世界は行列でできている」と考えるのか、「量子はあらゆる経路を移動する」と考えるのか……この三つのアプローチのどれが一番しっくりくるのかは、個人差があるだろう。個人的には、私はファインマン流の時空アプローチが一番好きだ。物理学科の学生の頃、初めてファインマンの論文を読んだとき、頭にガツンと衝撃を受けた憶えがある。高校までに教わる古典光学では、光の経路は一つに決まっていたが、ファインマン流では、実際はあらゆる経路を通っていることになる。でも、経路同士が巧妙に相殺し合うため、結果的に、古典光学で教わる「最短経路」だけしか生き残らない。そうやって森羅万象のメカニズムを別の視点から見てみると、単に量子力学だけでなく、むかし教わった古典光学への理解も深まる。ファインマンのオレ流は、世界の見え方を変えてくれるのだ。

ところで、ファインマンといえば、世界中の物理学科の学生が読んでいる『ファインマン物理学』（全五巻、岩波書店）という教科書が有名だ。これは、ファインマンがカリフォルニア工科大学で教鞭を執っていたときの講義録で、まさにオレ流の面目躍如といった感のある名著だ。ファインマンは決してごまかさない。オレ流で完全に「腑に落ちる」まで方程式の意味を考える。だが、『ファインマン物理学』は、決して読みやすい教科書ではない。天才の思考過程を丹念に追いながら、練習問題を必死になって解いて、学生自らがオレ流に理解しない限り、宝の持ち腐れになってしまう。そんな敷居の高い教科書なのだ。

私はかつて某カルチャースクールで『「ファインマン物理学」を読む』（同名書全三巻、竹内薫著、講談社）という講座の講師を務めたことがあるが、熱心な生徒さんが数十人集まり、二年ほどかけて全巻を読破した憶えがある。自分が物理学科の学生時代にも読んだことがあったが、改めて読み直してみると、ファインマンの「徹底的に理解する」という姿勢が随所にあらわれていて、名著の奥の深さを思い知らされた。

ファインマンの物理学に対する徹底さと奥深さを示す例をあげてみよう。たとえば、通常の物理学の教科書であれば、「色とは光の波長のことだ」とだけ書いてある。ところが、『ファインマン物理学』には、まるで脱線しているのではないかと思うほど長々と「眼の生理学」について書かれている。なぜかといえば、そもそも「色」には二種類があるからだ。第一の色は、ふつうの教科書に書いてあるように「光の波長」で決まる。でも、第二の色がある。それは、人間の眼の中に三種類の錐体《すいたい》細胞があって、それぞれ別の波長に強く反応するからだ。ほら、テレビ画面が三色のドットからできているではありませんか。あれは、人間の眼に三つの錐体細胞があるからなのだ。で、ここから話が複雑になるのだが、テレビ画面で青、赤、緑以外の（たとえば）黄色が見える理由は、この三つの色の組み合わせによって、人間の脳が黄色だと「錯覚」してしまうからなのだ（錯覚というのは比喩です）。つまり、純粋に黄色の波長の光が眼に入っても、青、赤、緑の適切な組み合わせの光が眼に入っても、人間は「これは黄色だ！」と感じてしまう。ちなみに、青と赤と緑の波長の光を混ぜても、黄色の波長になることはない。ようするに、われわれが「色」と呼んでいるものは、第一に物理学的な色であり、第二に生理学的な色なのだ。「ファインマン物理学」は、本来は関係のないはずの眼の生理学を徹底的に解説することにより、「色」の深い意味を学生に教えてくれる。

本書は、このようなファインマンの業績だけでなく、天才の数奇な人生を生々しく描いている。特に第6章を読むと胸が詰まってしまう。最初の妻アイリーンを結核で失ったことや、原爆製造のためのマンハッタン計画など、天才といえども運命に翻弄され続けたことがわかり、深い感銘を受ける。

ファインマンは知的でユーモアたっぷりのキャラだと思いがちだ。それは事実なのだろうが、人懐《ひとなつ》こい笑顔の背後には、たくさんの苦しみや哀しみが詰まっている。その複雑な人生を知った上で、改めてファインマンの業績を振り返ってみると、淡々と書かれた物理論文の行間にも、言い尽くせぬ想いが一杯詰まっていることに気づく。

本書の第13章や第17章に登場するマレイ・ゲルマンとの「人間味あふれる」(?)交流についても触れておこう。ゲルマンは素粒子の究極的な構成要素であるクォークの提唱者として有名だが、ファインマンとゲルマンは、弱い相互作用の研究で激突し、しまいには大学の上層部が仲介せざるをえない状況にまでなった。ファインマンはゲルマンのクォークをわざと「パートン」(部分子)と呼び、ゲルマンはファインマン・ダイアグラムのことをあえて「ステュッケルベルク図」と呼んでいた。このエピソードだけでも、二人がかなり反目し合っていたことがわかる。

ゲルマンはもともと外国語にも堪能で文学肌の学者だった。それに対してファインマンは典型的な理系オタクで文学になんぞ興味がなかった。だから、『ファインマン物理学』も書き下ろしではなく、教室でしゃべった内容を同僚のサンズとレイトンが編集して本にしてくれたわけだし、世界的なベストセラーになった『ご冗談でしょう、ファインマンさん』にしても、実際にはライトンが書いたのだ。で、ゲルマンは、ライバルのファインマンの本がベストセラーになったことが面白くなかった。なにしろ、ファインマン本人に文才があったわけではないからだ。そこで、ファインマンの向こうを張って『クォークとジャガー』(草思社)という一般書を自ら書き下ろした……しかし、結果は散々。ゲルマンの本は格調が高すぎたのか、ベストセラーになることはなかった。

ファインマン好きが高じて、この解説は、少々、筆が滑ったかもしれない。本書の記述と事実関係の齟齬《そご》があった場合は、本書の記述のほうを信じていただきたい。私はファインマンの大ファンで、ファインマンの著作は論文も含めて全て読んでいるが、本書は、ファインマン関連本の中で三本の指に入る名著だ。

本書の単行本は本屋さんの科学コーナーに置かれていたが、文庫になって、物理学にあまり縁がなかった読者にもファインマンの素晴らしさが伝わるようになった。嬉しい限りである。

最後になるが、ファインマンの素晴らしい業績と人生を味わった読者には、彼が愛した「物理学」にも興味を持ってもらいたい。文庫コーナーや科学書コーナーで面白そうな物理学の本を、是非、手に取ってみてください！

二〇一五年春　裏横浜にて

謝辞と参考文献

「はじめに」でも触れたが、この本を書く話をジェームズ・アトラスからもちかけられたときにわたしがそれを承知したのは、ひとつには、この仕事を引き受ければ、ファインマンの科学論文のすべてに立ち返って、どの程度詳しく読むかはそれぞれ違うにしても、それらを全部読み直す、願ってもない機会が得られるとわかったからだった。わたしも物理学者なので、そのような経験はとても啓発的だろうし、あやふやな技法に過ぎなかったものを物理学者たちが精緻化かつ単純化していくにつれて必ず生まれてくる修正主義的な解釈などに比べれば、物理学の歴史が実際に辿った道筋をはるかによく理解できるだろうということは心得ていた。

とはいえ、わたしは自分が本書の執筆で重要な歴史研究を遂行したとうそぶくつもりはない。これまでに何度か歴史的調査を行なったことはあるが、その際は、古い記録を参照して、手紙を探し出したり、その他の1次資料に当たったりせねばならなかった。ところがリチャード・ファインマンの場合は、必要だったほとんどすべての資料が、すでに都合よくまとめられ、出版物のかたちで入手できたのだ。これに2冊の類稀な本――1冊は主にファインマンの生涯に焦点を当てたもの、もう1冊は彼の量子電磁力学研究を物理学史として詳細に記したもの――を補えば、科学の素養のある読者で、特にファインマンに関心のある人なら、わたしが使ったほとんどすべての文献を自分で実際に読むことができるはずである。

これらの文献に頼ったほかに、同じ物理学に取り組む多くの同僚に、彼らがファインマンに対して持っている印象や、彼と個人的に接した経験について議論させていただいたことに深く感謝している。ここにその名前を挙げさせていただきたい。シェルドン・グラショウ、スティーヴン・ワインバーグ、マレー・ゲルマン、デイヴィッド・グロス、フランク・ウィルチェック、バリー・バリッシュ、マーティ・ブロック、ダニー・ヒリス、そしてジェームズ・ビョルケンのみなさんである。しかし、そのほかにも大勢の方にご協力をいただいた。さらに、ハーシュ・マートゥルには、これまでにも何度か凝縮系物理学の文献調査では協力をいただいてきたが、今回はファインマンがこの分野で行なった研究を調べるに際して、準備段階でご指導いただいた。

興味を抱かれた読者の皆さんは、出版されている1次資料――ファインマン自身が書いたものと、ファインマンについてほかの人が書いたものの両方

がある――を参照することができるし、うまい具合に、本書に引用したファインマンの言葉はどれも、これらの資料のなかに見つけることができる。具体的には、先にも述べたが、ファインマンのQEDについての研究を科学の立場で総合的に解説した本が1冊、さらに、彼の主要な論文を再収録した書籍多数、そして、彼の生涯を記したすばらしい決定的な伝記が1冊ある。これに加えて、最近出版され、ファインマンの人となりを新たに照らし出す、彼の手紙をまとめた本が1冊と、彼を知る科学者や、科学者でない人々が、ファインマンについての思いをまとめたさまざまな著作もある。

・*QED and the Men Who Made It*（QEDとそれを創った者たち), Sylvan S. Schweber（シルヴァン・S・シュウェーバー), Princeton University Press, 1994（未訳）

・*Selected Papers of Richard Feynman*（リチャード・ファインマン論文選集), Laurie Brown (ed.)（ローリー・ブラウン編), World Scientific, 2000（未訳）

・*Genius: The Life and Science of Richard Feynman*（ファインマンさんの愉快な人生), James Gleick, Pantheon, 1992（ジェームズ・グリック、大貫昌子訳、岩波書店）

・*Perfectly Reasonable Deviations: The Letters of Richard Feynman*（ファインマンの手紙), M. Feynman (ed.), Basic Books, 2005（ミシェル・ファインマン編、渡会圭子訳、ソフトバンククリエイティブ）

・*Most of the Good Stuff: Memories of Richard Feynman*（良いことのほとんど――リチャード・ファインマンの思い出), Laurie Brown and John Rigden (eds.)（ローリー・ブラウン、ジョン・リグデン編), Springer Press, 1993（未訳）［1988年に行なわれた終日ワークショップの議事録。主要な科学者たちが記した、ファインマンについての思いが収録されている］

・*No Ordinary Genius: The Illustrated Richard Feynman*（ファインマンさんは超天才), Christopher Sykes (ed.), W.W. Norton, 1994（クリストファー・サイクス、大貫昌子訳、岩波書店）

The Beat of a Different Drum: The Life and Science of Richard Feynman, Jagdish Mehra, Oxford University Press, 1994.

さらに、補助的な情報源として、物理学および、彼以外の物理学者たちに関する科学史的著作を３冊紹介しておく。

・*Pions to Quarks: Particle Physics in the 1950s*（パイオンからクォークへ―― 1950年代の素粒子物理学), Laurie M. Brown, Max Dresden, Lillian Hoddeson (eds.), Cambridge University Press, 1989（未訳）

・*Strange Beauty: Murray Gell-Mann and the Revolution in the Twentieth Century Physics*（風変わりな美――マレー・ゲルマンと20世紀物理学の革命), G. Johnson, Vintage, 1999（未訳）

・*Drawing Theories Apart: The Dispersion of Feynman Diagrams in Postwar Physics*, David Kaiser, University of Chicago Press, 2005（未訳）

最後に、ファインマン自身が書いた優れた科学書を挙げておく。

・*QED: The Strange Theory of Light and Matter*（光と物質のふしぎな理論――私の量子電磁力学), Princeton University Press, 1985（釜江常好、大貫昌子訳、岩波書店）
・*The Character of Physical Law*, MIT Press, 1965（『物理法則はいかにして発見されたか』江口洋訳、岩波書店に収録）
・*The Feynman Lectures on Computation*（ファインマン計算機科学), A. J. G. Hey, R. W. Allen (eds.)（原康夫、中山健、松田和典訳、岩波書店）
・*The Feynman Lectures on Gravitation*（ファインマン講義　重力の理論), with F. B. Morigo, and W. G. Wagner; B. Hatfield (ed.), Addison-Wesley, 1995（和田純夫訳、岩波書店）
・*Statistical Mechanics: A Set of Lectures*（ファインマン統計力学), Addison-Wesley, 1981（西川恭治監訳、田中新、佐藤仁訳、シュプリンガー・ジャパン）
・*Theory of Fundamental Process*（素粒子物理学――ファインマン・レクチ

ャー), Addison-Wesley, 1961（大場一郎訳、丸善）
・*Quantum Electrodynamics*, Addison-Wesley, 1961
・*Quantum Mechanics and Path Integrals*（量子力学と経路積分), with A. Hibbs, McGraw-Hill, 1965（北原和夫訳、みすず書房）
・*The Feynman Lectures on Physics*, with R. B. Leighton and M. Sands, Addison-Wesley, 2005（『ファインマン物理学』１－５、岩波書店）
・*Nobel Lectures in Physics, 1963-72*, Elsevier, 1973
・*Elementary Particles and the Laws of Physics: The 1986 Dirac Memorial Lectures*（素粒子と物理法則――窮極の物理法則を求めて), with S. Weinberg, Cambridge University Press, 1987（小林澈郎訳、培風館）
・*The Meaning of It All: Thoughts of a Citizen Scientist*（科学は不確かだ！), Helix Books, 1998（大貫昌子訳、岩波書店）
・*Feynman's Thesis: A New Approach to Quantum Theory*, Laurie Brown (ed.), World Scientific, 2005

本書は、二〇一二年一月に早川書房より単行本
として刊行された作品を文庫化したものです。

訳者略歴　京都大学理学部物理系卒業。英日・日英の翻訳業。訳書にオールダー『万物の尺度を求めて』，ウィルチェック『物質のすべては光』（以上早川書房刊）他多数

HM=Hayakawa Mystery
SF=Science Fiction
JA=Japanese Author
NV=Novel
NF=Nonfiction
FT=Fantasy

〈数理を愉しむ〉シリーズ

ファインマンさんの流儀《りゅうぎ》
量子世界を生きた天才物理学者

〈NF432〉

二〇一五年五月　十日　印刷
二〇一五年五月十五日　発行

（定価はカバーに表示してあります）

著　者　ローレンス・M・クラウス
訳　者　吉《よし》田《だ》三《み》知《ち》世《よ》
発行者　早川　浩
発行所　株式会社　早川書房
郵便番号　一〇一 - 〇〇四六
東京都千代田区神田多町二ノ二
電話　〇三 - 三二五二 - 三一一一（大代表）
振替　〇〇一六〇 - 三 - 四七七九九
http://www.hayakawa-online.co.jp

乱丁・落丁本は小社制作部宛お送り下さい。
送料小社負担にてお取りかえいたします。

印刷・三松堂株式会社　製本・株式会社フォーネット社
Printed and bound in Japan
ISBN978-4-15-050432-8 C0142

本書は活字が大きく読みやすい〈トールサイズ〉です。